煤层结构异性特征理论及测试研究

岳高伟 著

应急管理出版社

·北京·

图书在版编目（CIP）数据

煤层结构异性特征理论及测试研究/岳高伟著. --北京：应急
管理出版社，2019
ISBN 978 - 7 - 5020 - 7860 - 7

Ⅰ.①煤…　Ⅱ.①岳…　Ⅲ.①煤层瓦斯—研究　Ⅳ.①TD712

中国版本图书馆 CIP 数据核字(2019)第 280050 号

煤层结构异性特征理论及测试研究

著　　者	岳高伟
责任编辑	徐　武
编　　辑	杜　秋
责任校对	邢蕾严
封面设计	王　滨

出版发行　应急管理出版社（北京市朝阳区芍药居35号　100029）
电　　话　010 - 84657898（总编室）　010 - 84657880（读者服务部）
网　　址　www.cciph.com.cn
印　　刷　北京虎彩文化传播有限公司
经　　销　全国新华书店

开　　本　787mm×1092mm$\frac{1}{16}$　印张　14$\frac{1}{2}$　字数　339千字
版　　次　2019年12月第1版　2019年12月第1次印刷
社内编号　20193137　　　　　定价　58.00元

前　　言

在井下煤炭开采过程中，与采煤伴生的煤矿灾害一直是制约煤矿安全生产的一大难题。我国瓦斯资源分布广、储量大，大部分矿区煤层属于低透气性，抽采难度大，给矿山安全生产造成严重威胁。随着我国对煤矿安全的日益重视，煤矿灾难发生的次数与严重度得到了很大改善。但随着煤矿开采深度的增加与开采强度的增大，煤层赋存条件不断恶化，使得煤矿井下各类动力灾害事故威胁也逐渐增大。煤矿瓦斯事故频发不仅对煤矿井下安全生产产生巨大威胁，还对我国国民经济发展与社会稳定产生不利影响。

实践表明，煤体是由煤基体、孔隙、裂隙等组成的复杂多孔介质体。在漫长的地质年代由于煤层形成过程中经历了各种地质构造作用，煤层中存在层理、割理、裂隙、断层等结构面。煤层层理及割理的存在破坏了煤体的连续性和整体性，对煤的稳定性、可采性及气体的流动状态都有决定性影响，其存在使得煤层存在复杂的不连续性、非均质性及强烈的各向异性，改变了煤层的应力状态，成为影响煤层强度特性、变形特性及渗透特性的主要因素。因此，开展结构异性煤体力学特征及瓦斯流动规律的研究，对深刻理解结构异性煤体力学性能，掌握瓦斯流动规律，提高瓦斯抽采效率具有实际价值，同时为揭示煤层各类动力灾害的机制与有效地进行灾害防治提供理论支撑与科学依据。

基于此，作者通过参考前人从不同角度对煤体结构异性的描述，开展了煤体结构异性导致的瓦斯渗透、力学性能、瓦斯抽采、煤体爆破等方面的研究。全书共分为10章：

第1章较为详细地描述了煤层层理和割理系统及分类。

第2章从煤体反射率、超声、显微硬度、电阻率、CT和电镜扫描、孔隙度和声发射等方面对煤体结构各向异性进行了阐述。

第3章基于不同瓦斯压力条件下的原煤吸附—解吸瓦斯变形全过程试验，研究了煤样在3个方向上吸附—解吸瓦斯过程中的变形规律。

第4章基于煤体结构各向异性的特点，利用煤岩瓦斯渗流试验系统，在不同瓦斯压力下，对不同变质程度煤样试件的面割理和端割理方向上进行渗透率测试。同时，根据等效驱替原理，建立各向异性煤体渗透率的计算模型，数值计算分析煤体渗流的定向性特征。

第5章对不同变质程度煤样，在不同围压下对其进行瓦斯渗流实验，研究瓦斯在煤中的渗流特性；通过建立考虑滑脱效应的煤层瓦斯渗流模型，对煤层瓦斯渗流过程的压力分布进行了数值模拟。

第6章基于煤层各向渗透异性特征，建立煤层瓦斯抽采的气－固耦合模型，数值模拟了各向渗透异性煤层不同钻孔方位下有效抽采半径的时效特性，定量分析了钻孔方位对有效抽采区域的影响。

第7章基于各向异性煤层注气促抽瓦斯影响半径的现场测试，揭示钻孔注气促抽瓦斯影响半径变化规律；同时，采用瓦斯渗流－扩散等理论，建立注气促抽煤层甲烷模型，数值分析各向异性煤层注气促抽瓦斯时影响半径的时效特性。

第8章从垂直层理、平行层理垂直面割理、平行层理垂直端割理3个方向对煤体的抗拉强度和抗压强度进行测试，对比分析煤体的力学各向异性特征。

第9章采用SHPB试验装置，对平行层理方向、45°角方向和垂直层理方向煤样进行动态冲击实验，对比结构异性煤体的抗冲击力学性能及破坏特征。

第10章基于煤体拉伸和压缩试验，计算分析了不同方向的爆破致裂距离，设计并应用了结构异性煤层爆破孔布置的新方法，并对井下瓦斯抽放效果进行了现场考察。

本专著是作者在研究煤体结构异性性能方面的初步总结，由于时间和精力所限，没有将它们有机地、深入地、系统地概括总结，而其中每一项内容深入研究的空间都很大，在这里只当作抛砖引玉了。

本书的出版得到了河南理工大学土木工程学院、河南省力学一级重点学科、国家自然基金（41772163、51274090）、河南省高校科技创新团队支持计划（17IRTSTHN030）和河南省科技攻关项目（142102310268）的经济支持，在此表示感谢！

由于作者学识所限，书中难免存在不足之处，希望得到读者的批评和指正。

岳高伟

2019 年 7 月

目　　次

1　煤储层割理系统特征 ………………………………………………… 1

　　1.1　煤层层理构造 ……………………………………………………… 1

　　1.2　煤层割理 …………………………………………………………… 2

　　1.3　割理系统在煤层气勘探开发评价中的意义 ……………………… 13

2　煤体结构异性特征 …………………………………………………… 15

　　2.1　反射率各向异性 …………………………………………………… 15

　　2.2　超声各向异性 ……………………………………………………… 18

　　2.3　显微硬度各向异性 ………………………………………………… 24

　　2.4　电阻率各向异性 …………………………………………………… 27

　　2.5　CT扫面与扫描电镜分析各向异性 ………………………………… 33

　　2.6　孔隙度各向异性 …………………………………………………… 39

　　2.7　声发射各向异性 …………………………………………………… 41

　　2.8　本章小结 …………………………………………………………… 44

3　吸附解吸煤体变形各向异性 ………………………………………… 45

　　3.1　吸附变形理论 ……………………………………………………… 47

　　3.2　吸附—解吸煤体变形试验系统 …………………………………… 51

　　3.3　吸附变形测试结果与分析 ………………………………………… 55

　　3.4　煤体吸附膨胀效应的工程应用 …………………………………… 63

　　3.5　本章小结 …………………………………………………………… 64

4　煤层瓦斯各向渗透异性 ……………………………………………… 65

　　4.1　TC－Ⅲ型多层叠置气藏联合开发模拟仪 ………………………… 66

　　4.2　煤样制备 …………………………………………………………… 68

　　4.3　实验系统及测试方法 ……………………………………………… 70

　　4.4　测试结果及分析 …………………………………………………… 71

　　4.5　各向异性煤体渗透率计算模型 …………………………………… 78

　　4.6　抽采钻孔周围煤体瓦斯渗透率计算与分析 ……………………… 80

　　4.7　本章小结 …………………………………………………………… 85

5 煤层瓦斯非达西渗流特性及滑脱效应 ················· 86

  5.1 煤层瓦斯非达西渗流特性 ····················· 86

  5.2 煤层瓦斯渗流过程中压力分布的滑脱效应 ··········· 94

  5.3 本章小结 ····························· 101

6 各向渗透异性煤层瓦斯抽采特征 ················· 103

  6.1 煤层瓦斯流动的气－固耦合模型 ················ 103

  6.2 煤层瓦斯抽采模型 ······················· 110

  6.3 煤层瓦斯抽采有效影响半径测试验证 ············· 117

  6.4 煤层瓦斯抽采有效抽采区域分析 ················ 119

  6.5 钻孔间距及合理布孔计算分析 ················· 121

  6.6 本章小结 ····························· 124

7 各向异性煤层注氮促抽瓦斯影响半径时效特性 ·········· 126

  7.1 注气参数对驱替煤层甲烷效果的影响 ············· 127

  7.2 煤对各组分气体的吸附规律 ·················· 128

  7.3 煤层各向异性钻孔注气促抽瓦斯影响半径现场试验 ····· 130

  7.4 煤层注气驱替气体流动基本理论 ················ 133

  7.5 各向异性煤层注氮促抽瓦斯影响半径数值模拟及分析 ····· 134

  7.6 本章小结 ····························· 140

8 煤体结构异性力学性能 ····················· 141

  8.1 实验设备 ····························· 141

  8.2 试件制作 ····························· 142

  8.3 抗压强度测试 ·························· 144

  8.4 抗拉强度测试 ·························· 153

  8.5 抗压强度与抗拉强度对比分析 ················· 161

  8.6 本章小结 ····························· 162

9 结构异性煤层抗冲击性能 ···················· 163

  9.1 分离式霍普金森压杆（SHPB）试验基本理论与技术 ······ 165

  9.2 煤样冲击荷载的确定 ····················· 174

  9.3 变截面 SHPB 试验装置 ···················· 174

  9.4 煤岩的选择与煤样制备 ···················· 177

  9.5 煤样冲击压缩试验结果分析 ·················· 179

  9.6 本章小结 ····························· 187

10　结构异性煤层爆破致裂有效距离研究 ·················· 189

10.1　深孔爆破致裂基本理论 ·················· 190

10.2　结构异性煤层爆破致裂半径计算分析 ·················· 192

10.3　煤层爆破致裂有效距离测试 ·················· 198

10.4　煤层爆破孔设计 ·················· 201

10.5　本章小结 ·················· 205

参考文献 ·················· 206

1　煤储层割理系统特征

我国高度重视煤层气的勘探开发，在引进、消化、吸收国外煤层气开发经验的基础上，对煤层气生成、运移、含气性、储集、富集规律、地质控制因素、储层性质和储层类型等开展了广泛的研究，取得了许多重要成果。但我国含煤盆地具有复杂的热演化史和构造变形史，导致煤储层物性差异大，孔渗性低，构造样式复杂，多数煤层表现出强烈的非均质性和各向异性特征（图1-1）。

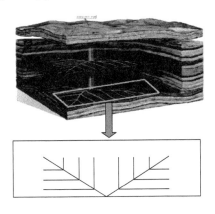

图1-1　煤田沉积非均质特征

煤层作为煤层气的源岩和储集层，有着与常规天然气储层明显不同的特征，最大的区别在于煤储层是一种双孔隙岩层，由基质孔隙和裂隙组成。经过漫长的地质年代，由于煤储层沉积过程中具有取向性，即储层存在各向异性，尤其在层理方向和节理方向上更为明显。其中，割理系统具有割理的间距及高度、连通性、充填度和闭合度等重要属性，这些重要性质受到煤阶、煤岩组分、灰分等多种储层因素的影响（Close，1993）。

煤层裂隙分两种：一是内生裂隙（通常称为割理）；二是外生裂隙，即构造作用形成的节理，它通常穿过煤层顶底板。割理系统的形成不仅与煤的煤化程度以及力学性质密切相关，而且还受凝胶化物质体积收缩产生的内引力和古构造应力的作用；外生裂隙的力学成因与岩石中节理的成因相近，受构造应力作用控制（张建博等，1999；苏现波等，2001）。割理和其他开放性裂隙是煤层气运移的主要通道，因此割理渗透率是影响低渗透储层煤层气勘探开发项目成败的关键因素（Tremain，1991；Tyler，1993；Close，1993）。

1.1　煤层层理构造

层理构造分为可见平行层理（图1-2a）、大型楔状交错层理（图1-2b）、正粒序层理、潮汐层理（包括水平层理、透镜状层理、脉状层理）（图1-2c）以及非潮汐作用下的水平层理（图1-2d）、透镜状层理（胡斌，2015）。

(a) 平行层理　　　　　　　　(b) 大型楔状交错层理

(c) 潮汐层理　　　　　　　　(d) 水平层理

图 1-2　层理类型

（1）平行层理形成于较强水动力条件下，由于平坦的床沙发生迁移，沙粒在床面上连续滚动导致粗细分离，从而使纹层得以显现。常与大型交错层理共生。

（2）大型楔状交错层理形成于较强水动力条件下，其纹层倾向代表水流流向，常见于三角洲、河流心滩、河口砂坝、障壁岛、滨海、滨湖沉积中。

（3）正粒序层理是沉积物由粗到细先后发生沉积造成的，是浊流沉积的特征性层理，亦可见于河流、海流、潮汐流沉积以及冰川季节性融化的冰湖沉积之中。

（4）潮汐层理形成于潮汐作用占主导的地带，是潮坪沉积的典型标志之一。受潮汐周期及沙泥供应比例影响，可形成水平层理、透镜状层理、脉状层理。

（5）水平层理（非潮汐作用成因）形成于较弱水动力条件下，由悬浮物沉积而形成。常见于湖泊深水区、潟湖及深海等低能环境，主要产于细碎屑岩（泥质岩、粉砂岩）和泥晶灰岩中。

（6）透镜状层理（非潮汐作用成因）。透镜状粉砂岩断续分布于铝土质泥岩中，在该层中由下向上逐渐增多且规模变大。

1.2　煤层割理

割理是煤化作用的结果，煤化作用过程中煤自身产生的收缩内应力和高孔隙流体压力是割理形成的主要动力，原始割理走向受古地应力场控制。因此，可以将割理的形成机理概括为在煤化作用过程中，煤因生成水、烃及其他气体而产生收缩内应力和高孔隙流体压力，当其超过煤的力学强度时，煤发生张性破裂形成割理。割理的原始走向受割理形成时期的古地应力场控制（张胜利，1996）。

按照英国采矿业的习惯，将煤中的裂缝称为割理，也就是说，煤层割理是煤层中内生裂隙和外生裂隙的总称。割理是指煤中天然存在的裂隙,一般呈相互垂直的两组出现,且与煤层层面垂直或高角度相交(苏现波,2002;郭亚静,2010;贾建称,2015;唐鹏程,2009;张胜利,1996;Dron,1925;Kulander,1993;Mcculloch,1974)。一般情况下,连续性较强、延伸较远的一组称为面割理(图1-3a);面割理之间断续分布的一组称为端割理(图1-3b)。这两组割理将煤体切割成一系列菱形或立方体基质块。割理一般集中分布在光亮煤分层中,割理面平整,无擦痕,多具张性特征。

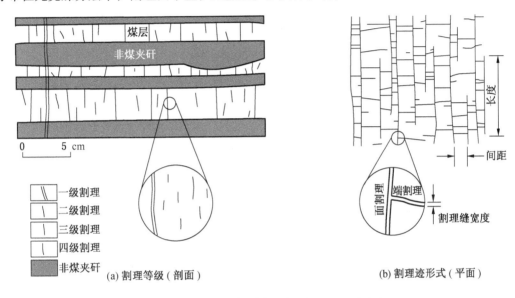

(a) 割理等级(剖面)　　　　　　　　(b) 割理迹形式(平面)

图1-3　煤割理几何形式示意(Tremain,1991)

1.2.1　割理成因

根据煤化作用及油气生成方面的研究成果和实际观测的有关割理的地质事实,认为割理的形成与以下因素有关。

1. 煤化作用过程中煤分子结构的变化

煤化作用过程中煤的分子结构发生一系列变化,随着煤化作用增强,煤的芳香化程度逐渐增高,芳香族物质逐渐缩合成较大的聚合体,脂肪族成分逐渐脱落并以挥发物质形式逸出,分子排列逐渐定向化(图1-4)。这将导致煤体积收缩而产生收缩内应力。

2. 煤化作用跃变

煤化作用的发展是非线性的,表现为煤化作用的跃变。煤化作用过程中共发生4次跃变,其中前两次最为重要。第一次跃变发生在长焰煤开始阶段(镜质组反射率 $R_{omax}=0.7\%$),它与石油开始形成阶段大致相当。第二次跃变出现在焦买阶段($R_{omax}=1.3\%$),本阶段与油气演化过程中的石油"死亡线"接近,烃类由液态转化为气态,每次煤化作用跃变都伴随着煤的物理-化学性质的突变,这是割理形成的内在原因。

3. 气体和高孔隙流体压力的形成

在温度、压力和持续时间作用下,煤生成大量的气态和液态物质,其中以甲烷为主的气态烃占主导地位。根据我国学者对煤样采用热模拟实验的结果,烃类主要生成于气煤至

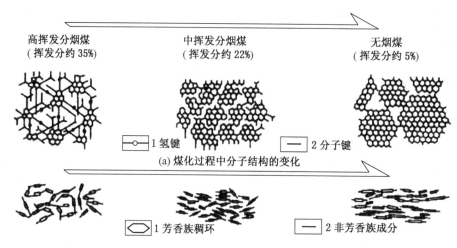

图 1-4　烟煤和无烟煤煤化过程中微镜煤的物理、化学和分子变化（张胜利，1996）

瘦煤阶段，其中甲烷主要生成于肥煤至瘦煤阶段，在 $R_{omax}=1.3\%$ 时达到最高峰值（图1-5）。对于不同煤种的生气量，许多学者采用了模拟试验的方法进行了测试计算（表1-1）。由表1-1可知煤的生气量是巨大的，而现今煤层中的实际含气量只有其生成量的1/10 或更少，这表明地质历史过程中煤层内发生过大规模的流体运移。

表 1-1　煤气发生率和视煤气发生率

项目	褐煤	长焰煤	气煤	肥煤	焦煤	瘦煤	贫煤	无烟煤
煤气发生率/$(m^3 \cdot t^{-1})$	38~68	138~168	182~212	199~230	240~270	257~287	295~330	346~422
视煤气发生率/$(m^3 \cdot t^{-1})$		100~130	144~174	161~192	201~232	219~249	257~262	306~374

（据苏联笠兹洛夫，转引自焦作矿业学院瓦斯地质研究室，1990）

　　然而，在不同的煤化作用阶段，流体运移出煤层的机理不同。在早期阶段（$R_{omax}=0.7\%$），大量的富氧官能团、富氧桥和脂肪族侧链联合和支撑形成一种立体开放性结构，故各类孔隙十分发育（吕志发，1991），煤基质孔隙渗透率高。此阶段煤层中流体主要是在上覆地层机械压实作用下通过孔隙排出，与之伴随发生的是大、中孔隙体积迅速减小。当 $R_{omax}=0.7\%$ 时，几乎降至最低点，之后再也没有增加（图1-6）。因此，当 $R_{omax}=0.7\%$ 时，煤基质变得十分致密，其渗透性实际上是不存在的。但在 R_{omax} 为 $0.7\%\sim1.5\%$ 阶段，煤的生气能量达到最高峰值，并远远超过煤层的储集能力。

　　煤基质渗透率极低，势必阻碍气体迅速排出。随着气体不断生成，体积膨胀，内部压应力不断增长，形成超高流体压力，当其积蓄到超过外界环境的压力和煤层力学强度时，必然导致煤层破裂，形成大量裂隙，气体得以排出。Tissot 和 Welet 指出，如果在岩石内部的流体压力或孔隙内部的局部压力中心大于周围静水压力的 $1.42\sim2.4$ 倍，超过了岩石的力学强度时就要产生裂隙。他们援引了 Tissot 等报道的一次页岩的实验结果。已知煤层的破裂力学强度要比页岩小，但有机质含量高，进而生气量也高得多，二者都是几乎不具

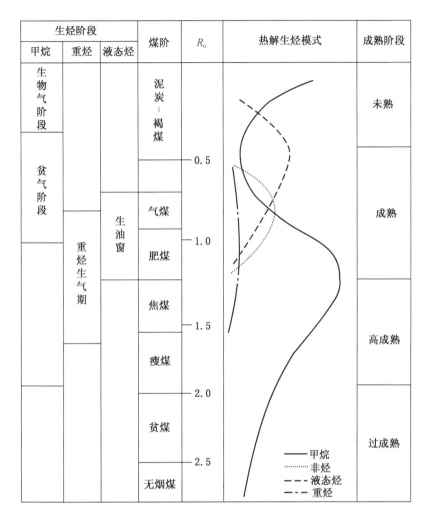

图 1-5　Ⅱ型干酪根热解生烃模式图（据地矿部石油地质研究所，1989）

渗透性的致密岩石。因此，煤比页岩更容易形成超高流体压力，进而发生破裂形成裂隙 - 割理。

4. 地应力

理论上，由煤基质收缩产生的收缩内应力和气体生成产生的高孔隙流体压力在各方向是同等的，因此，由其导致煤破裂产生的割理应是多方向不规则展布的。然而，实际观测表明，煤层主要发育 2 组垂直层面，并相互垂直的割理（面割理和端割理）（图 1-7）。造成这种现象的原因是煤层垂向收缩量因上援地层重力产生的压实作用调节而消失，从而限制了水平割理的发育。而水平收缩量，因煤层顶、底板高强度地层的支撑保护作用而得以保存，从而有利于垂直于层面的割理形成。两组割理相互垂直，走向上具有一定的区域稳定性则是由于水平地应力场异向性造成的。在垂直最小水平应力方向煤层最容易破裂，优先形成面割理，稍后则在平行于最小水平应力方向上形成端割理。因此，面割理和端割理分别平行于最大和最小水平应力，且端割理受限于面割理。

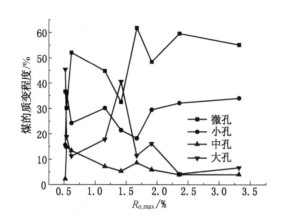

图1-6 煤的变质程度与煤的孔隙结构（吕志发等，1991）

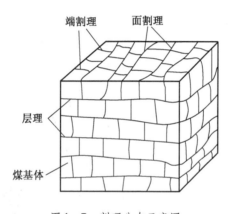

图1-7 割理分布示意图

5. 煤变质程度（煤级）和煤岩类型

随着煤级增高，割理密度在 $R_{omax} = 1.3\%$ 时最大，之后又降低（图1-8）。生烃量高峰值、煤化作用第二次跃变和割理密度最大值都出现在 $R_{omax} = 1.3\%$ 阶段。这不是偶然巧合，恰恰表明三者之间存在着内在的必然联系。由于大量烃（甲烷）的生成，煤的物理-化学性质发生突变，引起煤化作用第二次跃变，此时，煤的收缩内应力最大，孔隙流体压力最高（这些都有利于割理形成），因此割理密度最大。

在 $R_{omax} = 1.3\%$ 之后，割理密度逐渐降低，至无烟煤时割理几乎消失。其原因是，在此阶段，煤的生烃量逐渐降低，收缩内应力也随之下降；生成的烃又可以通过已形成的割理逸散，难以形成高孔隙流体压力，因此，新生割理不再出现。而已形成的割理在不断增大的地层温度和地应力作用下发生闭合而消失。从光亮煤→半亮煤→半暗煤→暗淡煤，割理密度逐渐降低，反映了煤岩组分对割理的影响。上述各种煤岩类型中，镜质组含量依次降低，因此，其生烃量也逐渐减小，从而导致收缩内应力和孔隙流体压力随之下降。另外，从光亮煤到暗淡煤，煤的破裂力学强度逐渐增大，这些因素都不利于割理的形成，因此，造成割理密度随上述煤岩类型逐渐降低。

另外，在镜煤和光亮煤中，割理面常呈贝壳状以及似泥裂的不规则网格状割理形态，

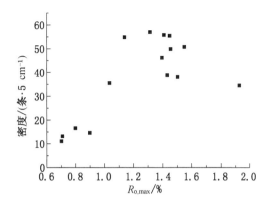

图1-8 镜煤面割理密度与$R_{o,max}$关系图（张胜利，1996）

表明割理为张性裂隙。鄂尔多斯东缘实测割理走向和煤系中非煤岩地层中节理走向不一致，表明割理的成因不同于节理，不是后期构造应力作用的结果。

1.2.2 割理间距与强度

割理间距是指2个同组割理面之间的垂直距离。煤割理间距变化较大，Tremain（1991）等在采煤工作面上测量了高度相近的割理间距的变化范围在数微米到大于1m，但在同一煤层内，同期割理间距是基本一致的。许多学者认为端割理间距大于面割理间距，Law（1993）的研究表明，至少落基山脉各盆地的端割理和面割理间距是相近的。

Ammosov（1963）指出，褐煤的割理不甚发育，从褐煤到中挥发分烟煤，割理间距逐渐变小；从中挥发分烟煤到无烟煤，割理间距又逐渐变大，总体上呈正态分布。这一观点被许多学者（Ting，1977；杨青雄，2011；Close，1991）接受，Law（1993）建立了煤割理间距与煤级或镜质体反射率之间的拟合关系式。

但是，Grout（1991）研究美国西部Piceance盆地南部上白垩统Mesaverde组下部Cam-ecrFairfield煤组的煤储层（$0.66\% < R_o < 2.10\%$）特征认为，割理间距随煤级升高而增大；巨厚煤层内，若割理高度小于纯煤层厚度，则割理间距与煤级之间不存在相关性。此外，一些学者（毕建军，2001；Tremain，1991；Law，1993；Spears，1986）还注意到煤厚以及煤分层、宏观煤岩成分、煤岩类型的分层厚度、灰分含量对割理间距的影响，认为高灰煤的割理间距大于低灰煤；大多数情况下，割理主要存在于富含镜质组的光亮型镜煤条带中，割理间距与镜煤条带层厚度相等或略小。煤分层厚度越小，割理间距就越小（Close，1991；Bogdanov，1947；Pollard，1988）。现场观察和扫描电镜实验显示，割理通常开始于煤层灰分显著变化的地方，且其间距由光亮煤→半亮煤→半暗煤→暗淡煤逐渐变大。

煤层割理间距的定量依赖于对割理强度或割理密度的正确估计。近年来，自动成像法（Automated imaging method）和图像分析技术的应用，提高了对割理强度定量评价的质量（Djahanguiri，1994）。另外，筛分试验确定的煤的块度是评价割理间距的间接定量数据。Rice等（1989）认为，煤的块度在统计学上有相似的形态和质量，因此可将块度的质量数据转换成表征块度分布特征的累积数据，进而可将转换的累积数据解释成割理间距分布的体积抽样：

$$N = ms^{-d} \tag{1-1}$$

式中，N 为累积体积；m 为煤体积和割理频率；s 为割理间距；d 为分维数，最佳拟合值为 2.31~2.34。

我国各煤田割理的详细定量数据很少，可利用煤田勘探报告中煤的筛分试验数据换算出割理间距。因此，式（1-1）对于割理要素的定量估计十分有用。

1.2.3 割理大小

描述割理的特征包括张开度、长度、高度、产状、充填特征、密度等几个方面。而控制渗透性的参数主要是长度、密度和空间组合特征。割理的规模对煤层气渗透性的影响各不相同，大割理稀而长，可以加强区块间的连通性；唯小割理短而密，强化了煤层的原始孔隙间的联系，使封闭的孔隙成为连通的孔隙。煤中割理的规模类型及特征简述见表 1-2。

表1-2 煤中割理的规模类型及特征简述（唐鹏程，2009）

割理大小	主 要 特 征
巨型	割理可切穿若干个煤岩类型或整个煤层，长度大于数米，高度大于 1 m，裂口宽度数微米，一般属外生割理，与层理斜交
大型	割理可切穿一个以上煤岩类型分层，长几十厘米至 1 m，高几厘米至 1 m，裂口宽度微米级至毫米级，以外生割理多见，与层理斜交，割理较少，垂直层理或以高角度与层理斜交
中型	割理限于一个煤岩类型分层内，长几厘米至 1 m，高几厘米至几十厘米，裂口宽度微米级，割理、外生割理以不同角度与层理斜交
小型	割理仅发育在单一煤岩成分中，在镜煤中最发育，长几毫米至 1 cm，高 1 mm 至几厘米，裂口宽度微米级，割理多见，垂直于层理或以高角度与层理斜交
微型	只有借助显微镜才可见的割理，长 0.1~1 mm，高小于 1 mm，裂口宽度微米级，割理多见，垂直于层理或以高角度与层理斜交，遇到丝质体、壳质组和矿物时，出现顺层方向裂开
超微型	借助高放大倍数，在扫描电镜下才可见的割理，长度 1 nm~1 mm，高 0.1~10 m，裂口宽度微米级，割理多见

割理大小指割理长度、高度与割理缝（Aperture）宽度。从宏观到显微，全煤层煤的割理长度和高度至少相差几个数量级。一般来讲，面割理长度大且变化较大，但总是大于同组 2 条相邻端割理的间距（图 1-3b），割理高度自微米级到米级均有分布（图 1-3a）。美国 San Juan 盆地上白垩统水果地组（Fruitland Formation）烟煤的割理高度从不足 1 cm 到大于数十厘米，镜煤分层内的割理高度为 0.1~60 cm（Tremain，1991）。鄂尔多斯盆地东北部一露天矿坑内中侏罗统延安组 2-2 煤层的面割理长度大于 10 m，高度大于 1 m。煤层气井间正干扰研究表明，割理化煤储层的内连通道可达 1000 m。因此，面割理长度可能与非煤岩石中的裂隙长度一样，分布服从幂函数定律（Tyler，1995）。割理缝宽度是影

响煤层渗透性的又一重要因素，虽然有人估计割理缝宽度 0.0001~2 cm（Gamson，1993），用缝隙槽裂隙渗透性模型 （Parallel - plate fracture permea - bility model） 估计的原地割理缝宽度为 3~40 μm（Laubach，1998），但已有的数据多来自无约束状态下的煤层露头、矿井煤样或钻井煤芯煤样，测得的割理缝宽度要小于地下天然应力状态下的实际宽度 （Close，1993）。

1.2.4 割理的几何形态

割理系统有大致互相垂直的两组，其中延深长度大且发育的一组为面割理；被面割理横切的另一组为端割理 （图 1 - 9）。

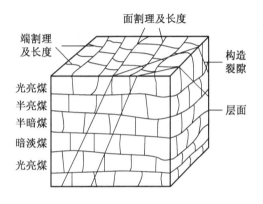

图 1 - 9 煤中割理系统图

面割理和端割理都是与层理垂直或微斜交发育的。割理的长度在层面上可以测量到，发育的面割理呈等间距分布，其长度变化范围很大，具体见表 1 - 2。受煤岩成分在平面上相变的控制，有的镜煤或亮煤分层在几米甚至几十米内分布都很稳定，而有的在几厘米内出现变化。不发育的面割理在层面上以短裂纹的形式出现，宏观上从几毫米到几厘米。面割理的高度受煤岩类型分层、煤岩成分厚度控制。总体光泽越亮，镜煤和亮煤越多，厚度越大；割理越发育，割理高度越大，割理高度小到几微米，大到几十厘米。端割理一般与面割理是互相连通的。端割理的长度受面割理间距的控制，面割理间距越宽，端割理越长。端割理的高度受控制因素与面割理高度相同，都与煤岩类型和煤岩成分有关。

割理的形态也是丰富多样，在层面上主要有 3 种：①网状，这种割理连通性好，属极发育；②一组大致平行排列的面割理极发育，而端割理极少，这种割理属于发育，连通性属较好；③面割理呈短裂纹状或断续状，端割理少见，这种割理连通性差，属于较发育。

1.2.5 煤层割理发育程度与煤岩类型的关系

割理的分布主要与煤的变质程度和煤岩类型有关。割理一般发育于亮煤和半亮煤条带中，在镜煤煤层中最为发育。所以，煤层中镜煤含量越高，则割理越发育。煤岩类型光泽越强，割理越长，壁距越宽，密度越高。割理发育密度与镜煤厚度的关系：镜煤条带厚度越大，割理密度越小；镜煤厚度越小，割理密度越大。

割理发育也可能起始于煤岩的微裂缝处。微裂缝延伸范围极小，宽度与岩石孔径在同一数量级，所提供的补充渗透率也在同一数量级的裂缝，有时也称潜在裂缝，随着应力加大它可以发育成显裂隙、小断层、大断层。这些观察结果与压应力场中张性裂缝发育于岩石中微小裂缝处的观点一致（刘洪林，2000）。由于割理形成时受温度控制，所以以岩浆热变质作用影响下的煤中割理最为发育，区域变质作用形成的煤中割理次之，构造变质作用形成的煤中割理最差。

1.2.6 煤层割理发育程度与煤阶的关系

煤阶是影响割理发育的主要因素。根据已有的研究成果，割理密度由低煤级开始逐渐增加，到中煤级焦煤阶段达到最大值，中变质阶段的煤内生裂隙最发育，每 5 cm 达 40 ~ 60 条；之后，高煤级阶段密度几乎不变，总体呈正态分布。这是因为凝胶化组分脆性在中变质阶段最强，因此镜煤或亮煤分层便成为构造应力优先破坏的对象。灰分、稳定组分、惰性组分含量较高的暗煤分层因韧性和强度大，在应力作用下不易被破坏（王荣魁，2012）。

Levine 曾指出，割理密度随煤级的增高逐渐增加，在达到最大值后，随煤级的增高，密度在镜质组反射率达到 1.3% 的时候几乎不变。割理间距与煤级的关系用公式可表示为（Levine，1996）

$$s = 0.473 \times 10^{0.389/R_o} \tag{1-2}$$

式中，s 为割理间距，cm；R_o 为镜质组反射率，%。

Ammosvo 的研究认为，割理密度随煤级变化存在以下所述 3 种变化趋势：

（1）割理密度随煤级增高呈偏正态分布，在反射率为 1.3% 左右时达到最大（图 1-10）。这一情形可用式（1-3）定量表达：

$$y = 2 + 91.29 \left[1 - \exp\left(-\frac{x - 0.5}{1.59} \right) \right]^{2.92} \exp\left(-\frac{x - 0.5}{1.59} \right) \tag{1-3}$$

式中，x 为煤级，镜质组反射率，%；y 为割理密度，条/5 cm。

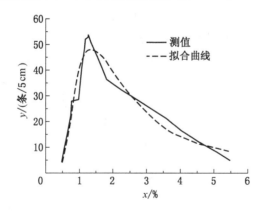

图 1-10　割理与煤级的关系（苏现波，2001）

（2）随煤级的增高，割理密度逐渐增加，在反射率达到 1.3% 左右时，密度达到极大值，此后割理密度随煤级的增高保持不变（图 1-11）。用式（1-4）定量表达为

$$y = \frac{-101.61}{1 + \left(\dfrac{x}{0.5}\right)^{2.41}} + 52.15 \tag{1-4}$$

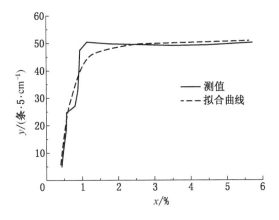

图 1-11　割理与煤级的关系（苏现波，2001）

（3）随煤级的增高，割理密度逐渐增加，在反射率达到 1.3% 左右时密度达到最大值，之后，随煤级的进一步增高，割理密度缓慢降低，但在反射率达到 4% 以后，密度几乎不再变化（图 1-12）。用式（1-5）定量表达为

$$y = 35.37x^{1.47x-1.62} \tag{1-5}$$

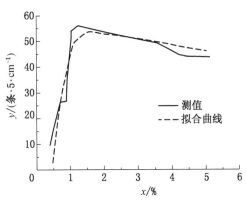

图 1-12　割理与煤级的关系（苏现波，2001）

1.2.7　割理的平面组合特征

割理的平面组合形态可以大致划分为网状、孤立 - 网状和孤立状 3 种类型（表 1-3）。在其他条件如现今地应力、地层压力、煤体结构、外生裂隙特征和充填程度相近时，网状割理的煤层渗透性好，孤立 - 网状的渗透性各向异性不明显。就开发井的布置而言，要使抽采区短期内达到峰值，孤立 - 网状或孤立状割理的煤层布设的井距应比网状割理的小一些（樊明珠，1996）。

表1-3　煤层割理平面组合划分表

割理形态	特　　征	示意图	渗透性（相对）
矩形网状	面割理密度大于端割理、彼此相互垂直并相交		渗透性好，异向性中等
不规则网状	不易区分面割理和端割理，割理呈不规则网状分布		渗透性中等，没有异向性
平行状	面割理彼此平行，端割理不发育		异向性强

由于不同割理组合类型的渗透性各向异性程度的差异，为了扩大抽采面积，提高区块气田产量，网状割理的煤层可布置等间距井网，但对孤立－网状或孤立状割理的煤层，沿端割理方向的井距应比沿面割理方向的小（刘洪林，2000）。

1.2.8　影响割理发育程度的煤储层因素分析

煤层割理的发育程度受很多煤层因素的影响，包括煤阶、类型（显微组分和岩石力学性质）、宏观煤岩组分组合模式和煤层厚度等方面。

（1）煤阶是影响割理发育的主要因素。通常低煤阶煤的割理不甚发育，演化到烟煤时割理发育，割理面最密集处主要发生在低挥发分烟煤煤阶附近，高于低挥发分烟煤煤阶，割理反而变得不发育，在手标本或露头上表现为割理封闭。Law（1993）等曾研究过割理间距和割理频率，认为割理频率（割理数/线性单元）与煤阶存在确定的函数关系。割理频率从褐煤到中等挥发分烟煤随煤阶升高而增大，然后到无烟煤时随煤阶上升而下降，形成一条钟形曲线。

（2）一般煤层厚度越小，割理密集度越大。在大多数情况下，割理间隔与煤岩厚度相等或略小。

（3）割理通常存在于富含镜质显微组分的光亮型镜煤条带中，极少出现在暗煤（丝质组及惰性组）中。割理高度一般是在垂直煤岩分界面上沿割理面测量，这种测量结果显然受煤岩成分控制。例如，水果地组在露头上的光亮煤条带中割理的高度在1至数十厘米之间，而其煤心中镜煤条带的割理高度小至肉眼无法观察，大至60 cm，平均长度为2.8 cm。镜质条带上下一般以丝质组、惰性组及非煤岩层界面为限，使得割理的发育也局限于镜煤条带之间（张彦平，1996）。

（4）大量的观察和实验数据显示，割理通常起始于煤层灰分显著变化的地方。

（5）通过对晋城矿区无烟煤中割理的研究发现，割理发育也可能起始于煤岩的微裂缝处。所谓微裂缝就是延伸范围极小，宽度与岩石孔径在同一数量级，所提供的补充渗透率也在同一数量级的裂缝，有时也称潜在裂缝，随着应力加大它可以发育成显裂隙、小断层、大断层。这些观察结果与压应力场中张性裂缝发育于岩石中微小裂缝处的观点是一致的。

1.3 割理系统在煤层气勘探开发评价中的意义

正确认识割理的形成机理是十分必要的，因为只有这样才能对割理分布规律及特征做出正确的预测，提高煤层气勘探开发的成功率。割理是煤化作用的产物，是由煤体内部的力（收缩内应力和高孔隙流体压力）而不是外部的力（构造应力）形成的，所以它们的分布并不一定像构造裂隙那样受局部地质构造控制。割理的分布主要与煤的变质程度和煤岩类型有关，在中变质的光亮煤和半亮煤中割理最发育。因此，在其他条件相同时，中变质光亮和半亮煤分布区是煤层气勘探开发的优先靶区（张胜利，1996）。

割理系统是影响煤储层渗透性的主要因素，其中又以割理密度、割理壁距、割理走向和平面组合特征对煤层渗透性的影响最为明显。一般割理密度越大，煤层渗透性越好，反之则越低。

割理壁距是影响煤层渗透性的又一重要因素。据休伊特—帕森斯的研究结果，理想的裂缝—基质系统，其水平方向的渗透率与裂缝各种要素间存在如下关系：煤层的水平渗透率与割理壁距的三次方呈正比，与割理密度的一次方呈正比，说明割理壁距在提高煤层渗透性方面起着很重要的作用。由于割理壁距受现今地应力影响，在地层压力一定时，地应力越高，割理壁距越小，渗透性越差，反之，渗透性越好。所以，在煤层高渗带预测中，低应力区的识别具有重要意义。

割理走向，尤其是面割理走向可用来识别潜在的流体流动通道，有助于煤层气开发方案的设计。割理长度是实现煤层气井井间干扰的必要条件。割理面形态的不规则性有利于高应力环境下的割理仍部分地保持着开启状态（钱凯，1995；刘洪林，2000）。

由于煤层渗透率各向异性突出，沿面割理方向瓦斯流动效率远远大于沿端割理方向。这就使得在划分区块时要考虑到煤层的渗透率差异，必须将煤层的割理特征考虑在内（王荣魁，2012）。

1. 割理的走向特征对区块划分的影响

垂直面割理方向布置钻孔能显著提高煤层气抽放效果，即割理的方向对煤层气抽放效果有很大影响，在区块划分工作中也是主要的影响因素。因此在区块划分部署时，应充分考虑割理走向，且面割理走向的权重应大于端割理，从而达到扩大泄压面积提高区块气田产量的目的，保证采收率和开采的经济性。

中国煤层气开采的难点在于渗透率太低，在煤层气含量可采的前提下，渗透率大小是决定开采价值的主要因素。煤层渗透率的大小主要取决于煤层本身的裂隙系统，所以研究煤层中的割理特征对煤层气赋存的影响以及抽采区块划分显得尤其重要。

割理在煤层中分布不均一，按不同面割理走向划分区块，使割理特征在单一区块上相对单一，没有明显的变化，但和相邻区块的差异较大，根据面割理的走向明显可以得到区块内煤层瓦斯流动的方向。在割理特征出现异常的区域有可能是没有探出的地质构造，这些地质构造对抽采区块的划分影响显著，漏掉这些资料可能造成区块划分失败。

2. 割理的发育程度对区块划分的影响

由于割理的特征在煤层中可以被很好地识别，学者早在19世纪就开始研究大规模有相似性特征的割理域。某些区域几百平方公里内的割理具有相同的特点，但是割理的走向可能在一个很小区域内的煤层中发生急剧变化，使瓦斯在割理系统中的流动受到阻碍。这是因为在成煤阶段受到外力影响，板块隆起或沉降，在构造区域造成割理的特征也发生变化，从渐变到突变，进而影响煤层的透气性，煤层割理域被划分为有同一走向或不同走向的区块，抽采区块划分时需要考虑这些因素。因此研究割理的特征能为区块划分提供依据，使区块划分更加合理。

2 煤体结构异性特征

2.1 反射率各向异性

煤的光学各向异性主要是指镜质组反射率各向异性。煤的镜质组反射率一直被用来作为确定煤化程度的重要参数。

2.1.1 煤的光学各向异性的成因及用于构造分析原理

镜质组反射率随煤化作用的加深而有规律地增加。在未受退变质作用的煤中，反射率的模式反映了这种煤经过整个埋藏史所承受的温度和压力作用的累计效应。平均反射率主要受温度和时间的控制，而反射率各向异性则主要受煤化作用时应力条件的影响。煤化作用期间煤中芳香族—石墨片层的"聚合作用"优先发生于最小压应力方向，而且推测最大压应力方向上聚合作用最弱。那么，在非静水应力场中经受煤化作用时，煤将逐渐地形成其反射率轴的定向。当应力场的大小为连续变化时，最终的反射率模式将反映出以前全部变化的累计，给出应力历史的综合概念（王晓刚，1996；曹代勇，1990）。

煤化作用期间存在的各种地质应力可以分为两类：一是重力作用产生的岩柱上的应力，也即由上覆地层自重产生的垂直向下的压应力；二是构造作用产生的构造应力。地层"平铺"时，构造力的影响很小，煤的最大反射率方向位于层平面，且在该平面内的各个方向大小几乎相等。最小反射率轴与层理垂直，与上覆负载重力的方向平行。在斜交层理的方向上，最大反射率平行于层理，而与之正交位置上的反射率值介于最大与最小反射率之间。这样，就形成了三个方向的反射率值，其几何表示则类似于有限应变分析中的三轴应力状态。对应于应变椭球体，反射率值的三向数值也可用三轴椭球体表示，称之为煤的反射率光率体。对于地层近于水平、变形微弱的地区，光率体的 c 轴与最小反射率对应，a 轴和 b 轴相等，因此有 $a=b>c$（图 2-1a）（高文华，1993；Ting，1984）。呈现反射率光率体一轴负光性模式，该模式主要反映上覆地层垂向载荷应力的效应。

在变形较强烈地区，侧向应力在某些阶段占优势，主要压应力是作用在与褶皱轴相垂直的平面上。在温度的共同作用下，煤化程度增高，反射率异向性增强，反射率模式趋于复杂。反射率轴相对于层面重新定向并产生中间反射率值，形成二轴光率体的反射率模式，即一种三轴不等的反射率椭球体（图 2-1b），此时 $a>b>c$。二轴光率体的镜质组反射率在平行层理面的光片上不是各向同性的，最小反射率一般不垂直于层面。从理论上讲，它代表了垂向压应力与侧向的构造挤压应力的合力方向。在侧向挤压应力足够大时，最大—中间反射率指示面可以与褶曲轴面平行，最小反射率轴与之垂直。

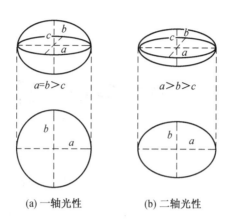

(a) 一轴光性　　　　　(b) 二轴光性

图 2 - 1　镜质组反射率光率体模式（王文侠，1988）

2.1.2　样品制备与测量方法

用于测量镜质组反射率各向异性数值的煤样，要求必须未受风化并没有明显的剪切痕迹。煤样新鲜且有一定的块度。因此野外采样有一定难度，最好在矿井生产工作面或巷道开拓中于新鲜煤层暴露处采集。用于区域问题分析的煤样，其产出位置应尽量避开构造复杂地段，也要尽量减少局部应力场作用的影响。要求采集定向样品，且样品应为边长约 20 cm 的立方体。在实验室，给这些样品涂上以环氧树脂以增加强度，然后用直径为 1 英寸 (2.54 cm) 的金刚石钻头钻取芯样，最后进行抛光 (Levine，1985)。

将每一定向煤样分别切制三块煤光片，三个煤片的测量面相互垂直，分别测量这三个面（图 2 - 1）。第一个面为水平面；第二个面是大体上与区域褶曲轴面平行的垂面，称作"轴切面"（或"纵切面"）；第三个面为与区域褶曲轴正交的面，称作"正切面"（或"横切面"）。轴切面上的最大反射率代表实际的最大反射率，正切面上的最大反射率代表实际的中间反射率，而正切面上的最小反射率代表实际的最小反射率；其光率体轴分别代表最大光率体轴、中间光率体轴和最小光率体轴。光率体长轴方位一般与区域褶皱轴向一致，而光率体短轴方位与区域主压应力方位一致 (Levine，1985；王晓刚，1988)。

煤的反射率各向异性比是反映煤的化学结构、孔隙率及表面特征的参数。煤的镜质组最大反射率 R_{max} 是反映煤化程度的指标之一。当 $R_{max} > 0.8\%$ 时，镜质组反射率开始具有较明显的各向异性。最大反射率和最小反射率 R_{min} 之差称为双反射率 R_{bi} ($R_{bi} = R_{max} - R_{min}$)，煤的 R_{bi} 的统计平均值为 $\overline{R}_{bi}$：

$$\overline{R}_{bi} = \frac{3}{2}(\overline{R}_{max} - \overline{R}_{min}) \tag{2-1}$$

式中，$\overline{R}_{min}$ 为平均表观最小反射率。

反射率的各向异性比为

$$\overline{R}_{r} = \frac{\overline{R}_{bi}}{\overline{R}_{max}} \tag{2-2}$$

2.1.3 测试与分析

1. 煤样 1

洪山殿矿区六对矿井,煤类分别为瘦煤、贫煤、无烟煤。共采集13块定向煤样,在室内每块定向标本切制3个互相垂直的光片,分别为平行层面、垂直走向、平行走向且垂直层面的光片。测试结果见表2-1。

表2-1 定向煤光片反射率 (高文华,1993)

煤样号	采样地点	反射率椭球体主轴值/%			各向异性化 R_{max}/R_{min}	相对各向异性 R_{bi}/R_{max}
		R_{min}	R_{max}	R_{bi}		
1	彭家冲井	7.45	10.57	9.00	1.42	0.295
2	彭家冲井	8.98	11.80	10.28	1.32	0.240
3	彭家冲井	7.93	11.97	9.07	1.51	0.337
4	彭家冲井	7.84	11.67	9.00	1.49	0.328
5	立新井	8.21	11.63	9.70	1.42	0.294
6	立新井	8.35	12.60	9.52	1.51	0.337
7	咸沙坝井	8.15	12.31	9.89	1.51	0.338
8	鲤鱼塘井	6.81	9.86	8.03	1.45	0.309
9	鲤鱼塘井	7.36	10.80	9.27	1.47	0.318
10	松木冲井	8.80	13.46	10.31	1.53	0.346
11	秋湖井	8.69	12.68	10.29	1.46	0.314
12	秋湖井	7.91	11.03	9.82	1.47	0.319

2. 煤样 2

渭北煤田东部地区,平均相隔35 km作为一个采样点,分别在南井头矿、马村矿、白水矿、澄合二矿、象山矿和桑树坪矿等6个矿的主采工作面采集了18块定向煤样,在12块煤样上成功地制取了煤光片,利用MPV-3显微光度计,每隔10°测量一个反射率值,一组测20个数据,每个光片测6组反射率值,共取得反射率值数据约1 500个。测试结果见表2-2。

表2-2 主反射率、双反射率 (王晓刚,1996) %

煤样号	采样地点	主反射率值			双反射率值		
		轴切面 R_{max}	正切面 R_{max}	正切面 R_{max}	$R_{max}-R_{mid}$	$R_{mid}-R_{min}$	$R_{max}-R_{min}$
1	桑树坪	1.678	1.647	1.392	0.031	0.255	0.286
2	象牙矿	2.210	2.089	1.757	0.121	0.332	0.453
3	二矿	1.774	1.616	1.529	0.158	0.087	0.245
4	白水矿	2.029	1.890	1.764	0.139	0.126	0.265
5	马村矿	2.044	2.000	1.596	0.044	0.404	0.448
6	南井头矿	1.782	1.619	1.342	0.163	0.227	0.515

3. 煤样 3

美国西弗吉尼亚和阿拉巴马两州 13 个煤层的 53 个煤样,该煤样的平均最大反射率变化范围为 0.7% ~ 1.23%,反射率各向异性比的变化范围为 0.09 ~ 0.23。不同反射率各向异性比的镜煤低温热解产物量 TOC 与煤的最大反射率的关系如图 2 - 2 所示。

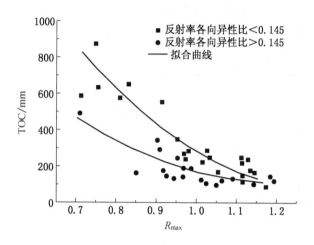

图 2 - 2 反射率各向异性比(李家铸,1994)

2.2 超声各向异性

当各向同性介质背景上存在定向排列的裂隙时,由于裂隙的散射作用,会形成各向异性,特别是平行、定向排列的裂隙表现为方位各向异性(桂志先,2004)。Crampin(1981)研究成果表明,通常由裂缝或其他因素引起的地层各向异性程度为 10%,最大可达到 30% 以上,这对地震资料处理和解释的影响是不容忽视的。因此通过分析裂缝的影响可以更合理地选择处理参数,减少解释的多解性,更重要的是这些地震属性的变化可以反映裂缝的方位和密度等分布特征,进而了解裂缝发育的部位,为找寻油气、煤层气富集区提供了可靠依据(郝守玲,1998;赵群,2005)。

裂缝对弹性波的传播速度和能量衰减有很大影响。裂缝一般使地震波速度降低,使地震波衰减增大。裂缝将导致介质属性的变化,不同的裂缝发育模式具有不同的表现特征(Crampin,1981;Rai,1988;曹均,2004;何登科,2015;赵宇,2017)。为了研究煤层各向异性和衰减,需认识纵波(P 波)和横波(S 波)通过煤层介质传播的特性。

2.2.1 超声弹性各向异性

煤样采集了淮南、平顶山、鹤壁和焦作 4 个矿区的 5 种不同变质程度的原煤样,成品样为 22 个,合计 30 块原煤样,代表 6 种不同变质程度的煤岩(表 2 - 3),对煤样进行了常温常压条件下的超声波测量实验;重点分析煤岩纵波与横波的波速和吸收衰减特征及其与煤岩密度、变质程度的关系,包括煤岩弹性模量特征及其各向异性。

表2-3 煤样信息

样品编号	煤样变质程度	矿区名	煤 层	$R_{o,max}$/%	样品个数
1	褐煤	义马	J_2 义马组 2-1 煤	0.39	1
2	气煤	阜康	J_1 八道湾组 44 煤	0.72	1
		淮南	P_{2-3} 上石盒子组 13-1 煤	0.75	4
3	肥煤	平顶山	P_2 下石盒子组戊 9-10 煤	0.94	6
4	焦煤	平顶山	P_{1-2} 山西组己 15 煤	1.01	5
5	贫瘦煤	鹤壁	P_{1-2} 山西组二 1 煤	1.84	6
		焦作方庄	P_{1-2} 山西组二 1 煤	3.39	1
6	无烟煤	焦作九里山	P_{1-2} 山西组二 1 煤	4.16	1
		焦作古汉山	P_{1-2} 山西组二 1 煤	3.86	5

纵波波速 V_P、品质因子 Q_P 计算结果见表 2-4；横波波速 V_S、品质因子 Q_S 计算结果见表 2-5。

表2-4 V_P 和 Q_P 计算结果

煤样编号	块编号	V_P/(m·s^{-1})			Q_P			视密度 ρ/(g·cm^{-3})
		x	y	z	x	y	z	
1	A	2013	1863	1395	1.36	2.07	1.38	1.15
	D	1935	2143	1744	2.68	3.70	0.72	1.24
2	2-1	2069	1622	1154	0.83	1.05	0.52	1.25
	2-2	2069	1091	1000	0.56	0.4	0.48	1.46
	2-3	2400	2308	1538	0.92	0.79	0.27	1.27
	2-4	2222	2143	2000	0.77	0.76	1.15	1.35
	B	2727	1622	2256	0.28	0.56	0.35	1.28
3	3-1	2609	1333	1818	0.36	0.6	0.4	1.48
	3-2	2143	2069	1714	1.09	1.1	0.92	1.37
	3-3	2500	2308	1200	0.89	1.45	0.57	1.36
	3-4	2000	2000	1132	1.19	1.28	0.43	1.54
	3-5	2000	1429	952	0.37	0.23	0.28	1.42
	C$_1$	1911	2143	1911	0.75	1.03	0.85	1.35
	C$_2$	2174	1875	—	0.97	0.84	—	1.38
4	4-1	2069	1500	1200	1.37	0.36	0.37	1.46
	4-2	1818	1714	984	0.3	1.2	0.37	1.47
	4-3	2143	2069	2000	0.37	1.04	0.56	1.42
	E	1705	1807	—	0.73	0.50	—	1.4

表 2-4(续)

煤样编号	块编号	$V_P/(m \cdot s^{-1})$			Q_P			视密度 $\rho/$ $(g \cdot cm^{-3})$
		x	y	z	x	y	z	
5	5-1	1500	923	759	1.21	0.34	0.57	1.38
	5-2	1667	1579	1500	1.15	3.15	1.58	1.43
	5-3	2222	1818	1429	1.34	1.19	0.46	1.48
	5-4	2000	1935	1538	1.4	0.46	0.3	1.35
	5-5	1875	1875	1714	0.78	1.07	1.84	1.32
	F_1	2419	2381	1563	0.52	0.97	0.39	1.51
	F_2	2885	2913	2655	**7.18**	**5.99**	**6.05**	1.73
6	6-1	2857	2857	2308	0.92	0.99	0.82	1.61
	6-2	2727	2609	2000	1.35	1.1	0.9	1.58
	6-3	2500	2222	2143	1.05	2.03	0.76	1.61
	6-4	3000	2222	1818	0.6	0.4	1 54	1.71
	6-5	2609	2222	2000	2.09	1.47	0.44	1.62

注：1. x 为走向，y 为倾向，z 为垂直层理方向。

2. "—"表示没有对应实验结果数据，由于样品裂缝复杂性使得接收到的波形过于杂乱，初值无法确定，且难以拾取一个完整的周期波形计算品质因子。

3. 加粗字体表示数据存在异常。

表 2-5 V_S 和 Q_S 计算结果

煤样编号	块编号	$V_S/(m \cdot s^{-1})$			Q_S					
		x	y	z	xy	xz	yx	yz	zx	zy
1	A	952	968	938	7.1	5.12	5.74	5.53	5.43	5.18
	D	1034	1071	1000	23.36	9.42	25.91	9.05	4.38	4
2	2-1	1034	1053	667	2.31	2.56	1.23	2.05	0.76	1.13
	2-2	968	750	706	0.49	0.4	2.05	0.81	1.1	1.49
	2-3	1200	1176	1000	2.82	3.4	2.51	2.12	1.74	2.36
	2-4	1154	1277	1000	0.7	1.26	1.67	2.01	0.68	1.9
	B	1333	1034	1224	2.2	1.16	1.25	2.50	3.84	3.11
3	3-1	1333	857	1200	1.76	2.08	1.11	2.36	0.8	0.82
	3-2	1071	1132	870	1.02	2.06	0 38	0.51	0.56	0.65
	3-3	1304	1132	789	3.45	5.01	0.71	1.73	1.39	2.32
	3-4	1053	714	690	1.96	1.91	0.73	0.96	0.64	1.14
	3-5	968	504	504	0.57	0.5	0.65	0.72	1.26	0.89
	C_1	1250	1000	1250	2.84	1.43	1.56	2.32	0.22	0.22
	C_2	1091	1053	1091	3.99	3.56	8.56	4.87	2.95	2.61

表 2-5(续)

煤样编号	块编号	$V_S/(\mathrm{m \cdot s^{-1}})$			Q_S					
		x	y	z	xy	xz	yx	yz	zx	zy
4	4-1	1017	800	667	1.37	2.57	0.72	0.93	0.63	0.72
	4-2	625	857	652	2.56	0.56	0.85	0.88	0.27	1.02
	4-3	1200	1111	1000	0.77	0.75	0.91	1.93	0.37	0.37
5	5-1	800	500	492	1.18	1	1.22	1.63	2.28	2.55
	5-2	1000	968	923	8.1	6.23	2.04	2.2	2 16	2.36
	5-3	968	690	750	0.58	0.68	1.35	1.55	2.18	1.17
	5-4	1034	1017	857	1.53	1.89	2.74	3.41	0 37	0.64
	5-5	1000	952	909	2.43	1.05	2.68	2.82	1.62	2.77
	F_1	1200	1176	—	5.23	3.57	5.56	3.65	—	—
	F_2	1538	1500	1395	19.35	16.05	14.66	10.13	11.64	11.68
6	6-1	1154	1395	1395	2.24	2.23	5.79	4.85	4.26	8.12
	6-2	1200	1200	1200	2.03	5.68	5.45	5.14	2.33	3.63
	6-3	1154	1132	1304	2.38	3.31	3.8	2.09	1.94	2.24
	6-4	1500	1395	1250	1.67	3.79	2.76	2.03	2.32	3.09
	6-5	1304	1154	1200	2.12	3.97	4.31	0.84	3.05	2.28

注:1. x 为走向,y 为倾向,z 为垂直层理方向。

2. xy、xz、yx、yz、zx、zy 第一个字母代表横波传播的方向,第二个字母代表与传播方向垂直的方向(即横波振动方向)。

3. "—"与加粗字体注释说明同表 2-4。

　　表 2-4 和表 2-5 的实验结果显示,在常温常压条件下相同变质程度的不同样品的弹性存在差异;尽管密度差异较小,一般都小于 10% ,但速度差异却可达 30% 。这说明速度的影响因素并非单一的体积密度,沉积变质作用、结构破坏程度(裂缝与层理、割理发育程度)的差异也会对煤岩速度产生明显的影响。

　　通过表 2-4 与表 2-5 不同方向测得的纵波与横波速度对比不难发现:对于同一样品,三个方向的速度存在差异,图 2-3 所示为纵波速度与横波速度相对于体积密度的散点图。显然,走向、倾向、垂向的速度各不相同,走向速度最大,垂向最小。

　　将表 2-4 与表 2-5 中各个变质程度煤对应的所有煤样速度值取平均,统计可以发现:走向、倾向 V_P 与垂向 V_P 平均比值分别为 1.5 和 1.2, V_P 各向异性特征明显;以垂向速度作为基准,三方向的纵波速度各向异性平均可达 50% 和 20% ;横波沿煤层走向、倾向、垂直层理 3 个方向的速度也逐渐减小,但相差并不大。 V_P 各向异性较 V_S 大,说明 V_P 是识别煤层各向异性的敏感参数。

　　由表 2-4 与表 2-5 中数据的统计分析可知,走向与倾向 Q_P 值相近,垂向相对较小,这说明纵波沿煤层垂直层理方向相对于水平方向衰减严重; Q_S 值在走向、倾向、垂直层理方向上没有明显的大小关系,但各向异性是十分明显的(图 2-4)。

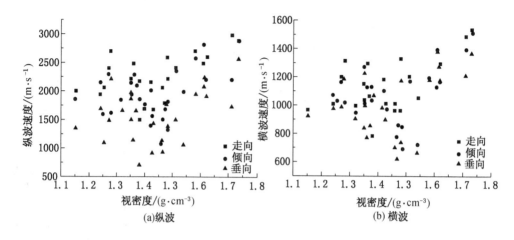

图 2-3 不同样品三方向的速度差异（王赟，2016）

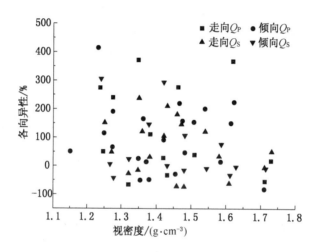

图 2-4 品质因子各向异性特征（王赟，2016）

2.2.2 含气煤体超声各向异性

煤样取自平煤八矿己 16-17 煤，按照煤层节理和割理发育情况，考虑各向异性测试的需要，把从工作面采集的边长不小于 200 mm 的原煤煤块，按图 2-5 中的 x、y 和 z 等 3 个方向上取其中：x 方向为平行层理和面割理方向，y 方向为平行层理垂直面割理方向，z 为垂直层理方向，最终加工成 $\phi 50 \times 100$ mm 的煤柱。

1. 负压状态下煤样超声响应各向异性特征

实验煤样 x、y 和 z 方向的纵、横波速度测试结果见表 2-6。从表 2-6 中可以看出，当轴压 0.5 MPa、围压 1.0 MPa 不变，气体压力（表压）从 0 抽真空至 -0.09 MPa，煤柱的纵、横波速度均有所增加；其中，纵波在 x、y、z 方向的增幅分别是 2.7%、5.9%、0.8%，可以看出煤体在抽真空状态下的纵、横波速度略大于常压下的波速，且两方向煤柱的纵波速度变化率小于其他两个方向波速。

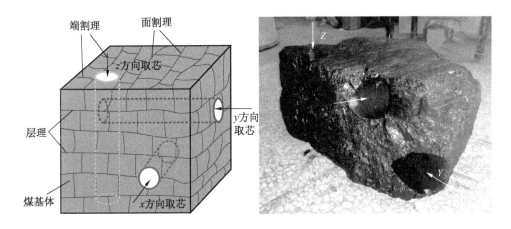

图2-5　煤样钻取示意图和实物图

表2-6　3个方向煤样在不同吸附时间和不同气体压力下纵、横波速度测试结果

编号	轴压/MPa	围压/MPa	气压/MPa	吸附时间/h	x方向		y方向		z方向	
					$V_P/$ (m·s^{-1})	$V_S/$ (m·s^{-1})	$V_P/$ (m·s^{-1})	$V_S/$ (m·s^{-1})	$V_P/$ (m·s^{-1})	$V_S/$ (m·s^{-1})
1	0.5	0	0		1797.87	762.64	1658.3	864.21	1507.35	790.74
2	0.5	1	0		1877.78	998.82	1666.7	877.59	1623.76	805.50
3	0.5	1	-0.09		1929.22	1003.56	1765.2	928.92	1636.73	820.00
4	0.5	3	-0.09		2041.06	1005.95	1836.5	969.08	1670.06	873.27
5	0.5	3	2	1	2031.25	1021.77	1812.7	954.67	1663.29	866.81
6	0.5	3	2	3	2046.00	1013.19	1846.2	968.13	1680.33	871.41
7	0.5	3	2	5	2107.23	1020.53	1863.6	979.20	1690.72	972.34
8	0.5	3	2	8	2123.12	1023.00	1891.9	980.74	1701.24	873.27
9	0.5	3	2	12	2150.13	1024.24	1911.3	987.85	1694.21	875.13
10	0.5	3	2	18	2177.84	1025.49	1922.8	997.05	1708.33	877.01
11	0.5	3	1.5		2172.24	1011.98	1902.5	981.47	1708.33	872.34
12	0.5	3	1		2166.67	1013.19	1886.9	978.34	1715.48	870.49
13	0.5	3	0.5		2139.24	1014.41	1879.8	972.64	1711.90	868.64
14	0.5	3	0		2123.12	1014.41	1852.5	965.41	1719.08	877.01
15	0.5	3	0		1786.47	810.16	1642.6	861.03	1601.56	803.13

注：1. x 为平行层理垂直面割理方向，y 为平行层理垂直面割理方向，z 为垂直层理方向。

2. 不同吸附时间对煤样纵、横波速度的影响

在注氮气吸附实验阶段，纵、横波速度随注入气体吸附时间的变化趋势如图2-6所示。可以明显地看出：①当保持轴压0.5 MPa、围压3.0 MPa和气压2.0 MPa恒定时，随着注入氮气时间的延长，煤样的纵、横波速度先稍微下降，然后不断增大，最后趋于稳定。其中，纵波的增幅在 x 方向为7.12%，y 方向为6.07%，z 方向为2.71%，横波变化

较小但仍有上升趋势；②煤体声波速度呈现明显的各向异性，z 方向的纵、横波速小于 y 和 x 方向。

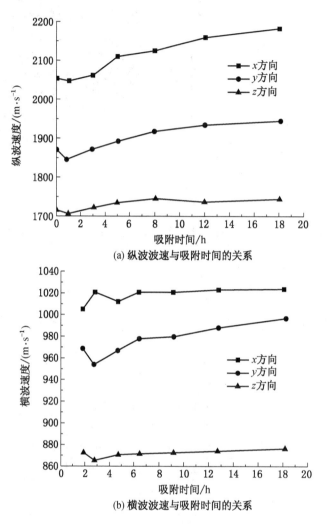

(a) 纵波波速与吸附时间的关系

(b) 横波波速与吸附时间的关系

图 2-6　煤样波速与吸附时间的关系（赵宇，2018）

3. 不同气体压力对煤样纵、横波速度的影响规律

当保持轴压 0.5 MPa，围压 3.0 MPa 一定时，降低气体压力，纵、横波速度随着气体压力的变化趋势，当气体压力下降时，煤样的纵、横波速度不断下降，其中，平行层理的两个方向（x 方向、y 方向）下降趋势比垂直层理方向（z 方向）明显。

2.3　显微硬度各向异性

煤的显微硬度可作为划分无烟煤变质阶段的良好标志。煤炭科学研究总院北京煤化工研究分院（原北京煤化学研究所）1977 年提出过专门报告，对此做了较全面的研究，提出以显微硬度作为详细划分无烟煤的指标。

2.3.1 测试方法

收集各变质阶段的主要是无烟煤阶段的煤样，找出煤的主要结构方向——层面方向，磨制垂直层面方向的块煤光片。在未沾浸油的相邻部位测定其显微硬度：先置煤光片层面平行于东西向，测得显微硬度值，以 H_V^1 表示；按规范测 20 个点，取平均值；然后顺南北向测得另一显微硬度值，以 H_V^2 表示；待一批样品上述两种测试完结后，对各样品中测定的镜质体条带进行平行层面方向切片，磨制成块煤光片，测定其显微硬度值以 H_V^3 表示（图 2-7）。

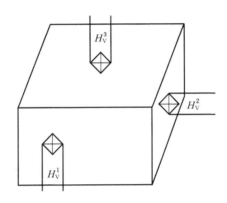

图 2-7 显微硬度各向异性测定示意图

硬度测定时应注意观察压痕的形态特征，并记录。最后将各试验煤样制成粒度小于 3 mm 的粉煤光片，测定任意方向的显微硬度值，以供对比之用。

2.3.2 测试结果与分析

采用 ⅡMT-3 型显微硬度仪，对煤样加负荷 20 g，煤片不涂蜡。各样品不同方向测得的显微硬度值及平均最大、最小反射率值见表 2-7 和图 2-8。

表 2-7 不同方向显微硬度值（何培寿，1982）

编号	样品采集地	Vicker's 硬度值/(kg·mm⁻²)			硬度各向异性 $\Delta H_V = H_V^1 - H_V^3$	反射率 R_{max}/%
		H_V^1	H_V^2	H_V^3		
1	宁夏石嘴山	34.8		33.7	1.1	0.967
2	四川沫江	32.5		29.1	3.4	1.26
3	四川城口	28.2		27.9	0.3	1.51
4	湖南谭家山	26.9	30.4	27.2	-0.3	1.57
5	广东连州连塘	27.6		27.1	0.6	1.99
6	四川开县新华矿	28.6		27.6	1.0	2.04
7	四川古蔺石屏	31.0		30.0	1.0	2.55

表2-7(续)

编号	样品采集地	Vicker's 硬度值/(kg·mm^{-2})			硬度各向异性 $\Delta H_V = H_V^1 - H_V^3$	反射率 R_{max}/%
		H_V^1	H_V^2	H_V^3		
8	四川珙县	31.9		30.6	1.3	2.87
9	湖南宜章江水	35.7		32.7	3.0	3.10
10	湖北巴东	36.3	31.4	32.9	3.4	3.25
11	湖北当阳漳河	35.4		31.2	4.2	3.51
12	湖北荆当煤田	36.3		32.9	3.4	4.58
13	广西罗城	82.6		72.5	10.1	5.29
14	湖南醴陵大障	93.4	76.5	77.7	15.7	6.17
15	湖南宜章红星矿	129.3		94.4	34.9	6.40
16	四川越西	125.0	121.8	81.9	43.1	6.91
17	四川越西	137.7		83.7	54.0	7.16
18	广东兴宁四望嶂	139.6	128.5	116.2	23.4	7.38
19	广东兴宁四望嶂	162.0		99.4	62.6	7.65
20	广东梅县	127.9	124.0	104.6	23.3	7.69
21	湖南宜章文化村	141.4		109.9	31.5	8.52

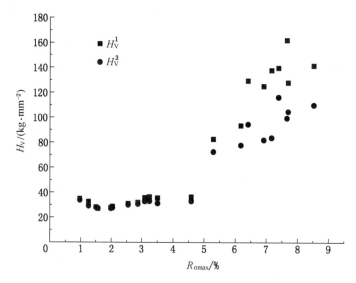

图2-8 煤的显微硬度各向异性与反射率的关系

从表2-7中可以看出，$R_{omax} < 2.5\%$ 的烟煤（个别样品例外）镜质组不同方向上的显微硬度值基本上是相等的，其差值在测量允许误差范围之内。这种特点可以认为是由于它们的各向异性很小，使用的测量仪器精度不够所致，或者说它们的显微硬度是各向同性的。到了无烟煤阶段，镜质组的显微硬度则表现出与一定的方向有明显的关系。实测数值说明：$H_V^1 > H_V^2 > H_V^3$，即在随垂直层面的光片上，平行层理方向的显微硬度值最大，垂直层理方向上的硬度值次之，在平行层面的光片上的硬度值最小。以 $\Delta H_V = H_V^1 - H_V^3$ 表示显微硬度的各向异性。从表 2-7 和图 2-8 中可以看出，随着变质程度增高，无烟煤显微硬度值增大，各向异性也变得明显起来。特别当 $R_{omax} > 6.0\%$ 以后，显微硬度值急剧地升高，各向异性表现得十分强烈，ΔH_V 最高可达 60 kg/mm^2 左右。值得注意的是，当 R_{omax} 达到 6.0% 时，似乎镜质组的 R_{omax} 达到了极大值（3.40% ±），这与邹韧（1980）研究的结果基本相同；$R_{omax} > 6.0\%$ 以后，R_{omax} 则不再升高，而是明显地下降，光学各向异性急剧地增大，这与上述的显微硬度各向异性增强的趋势是一致的。

研究结果表明：煤的各种物理、光学性质的各向异性显然与煤的大分子的定向排列有关。变质程度越高，大分子排列的定向化程度越高，各向异性也就更加强烈。

2.4 电阻率各向异性

在灾害孕育和发展过程中，存在多种物理力学响应（王恩元，2009；Wu Aixiang，2002），电阻率是其中的一个重要参数，其差异性也是煤矿井下开展电法勘探的物性前提（岳建华，2000；Wu Yanqing，1998）。基于电阻率测试原理的电法勘探已被广泛用于煤矿井下勘探和煤岩动力灾害预测（孟磊，2010；陈鹏，2013；王恩元，2014）。在测井工程领域，煤电阻率也可用于评价煤层的赋存情况、含水性、孔隙率等，具有广泛的用途（孟召平，2011）。

2.4.1 煤导电机理

煤的导电能力受内因如煤的变质程度、煤岩成分、水分、挥发分、矿物质、构造和孔隙度及外因如测试温度、电场强度、测试方向的影响（徐宏武，2005）。从导电载流子分析，煤的导电可以分为电子导电和离子导电。离子导电通过煤体中存在的离子导体，如煤体中存在的电解液或矿物质；电子导电是因为离子导体较少，这类煤大都致密，含水率少。电阻率主要受煤变质程度和内部矿物质的影响。任何煤都存在这两种导电形式，只是两者所占的比重不同。在低变质程度的煤（如褐煤）中离子导电占主导地位，而随着变质程度的升高，由于水分的显著减少和腐殖酸转变为非溶解状态，电子活动范围增大，并有可能在一定范围内转移，电子导电具有重要意义（康建宁，2005）。在褐煤、烟煤、无烟煤的过渡过程中煤电阻率呈现先增大后减小的趋势。干燥的煤样多以电子导电，湿煤中的水分溶解有较多离子，所以离子导电成为主导。对同一煤样而言，湿煤样导电性是优于干燥煤样的。关于煤电阻率各向异性的讨论中，多数学者认为煤体垂直极化方向电阻率小于水平极化方向，陈健杰（2011）提出，平顶山肥焦煤和鹤壁瘦煤在水平极化方向电阻率大于垂直极化方向，这两种煤均属烟煤。

2.4.2 电阻率各向异性测试及分析

1. 测试 1

在室温条件（25 ℃）下，用二极法测定了 3 种煤样沿层面和垂直于层面两个方向上的电阻率。实验煤样分别采自四川南桐煤田的青年煤矿、南桐煤矿和鱼田堡煤矿。实验结果见表 2-8。由表 2-8 数据可知，在沿层面和垂直层面两个方向上，煤的导电能力有明显的差异，即前者的电阻率明显低于后者。而且，随着煤化程度的增加，这种差异越加变大。

表2-8　煤样在不同方向的电阻率（杜云贵，1995）

煤样	S_1	S_2	S_3	S_4		
C/%	87.7	88.43	89.38	94.02	95.00	96.00
$R_1/(\Omega \cdot m)$	1.16×10^7	1.07×10^7	8.30×10^6	4.97×10^2	0.70×10^1	3.73×10^{-2}
$R_2/(\Omega \cdot m)$	1.21×10^7	1.15×10^7	9.50×10^6	6.09×10^2	1.71×10^1	6.43×10^{-2}
R_2/R_1	1.04	1.07	1.14	1.22	2.44	1.72

注：S_1、S_2、S_3分别采自鱼田堡、南桐和青年煤矿的煤样；S_4为Van Krevelen实验结果；R_1，R_2分别为平行和垂直于层面的电阻率。

物质的导电只有当电子能够从一个分子（原子）自由地迁移到另一分子（原子）时才可能实现。对于由大分子组成的煤而言，这就要求电子必须具有足够的能量克服煤大分子间的势垒。煤的各向电异性正是由于在平行和垂直层面两个方向上势垒的不同造成的。势垒与电子相对于层面的运动方向间存在着密切的联系。图2-9所示为电子在沿层面和垂直层面两个方向上在煤大分子间迁移的示意图。当电子沿层面方向迁移时，势垒主要是由煤大分子本身对电子的约束作用造成的，将其称为"本位势垒"，并记为ΔU，其实本位势垒与电子相对于层面的运动方向无关，即不论沿层面方向或垂直层面方向，本位势垒始终存在，且当外部条件和煤大分子基本结构单元特征保持不变时，本位势垒应是一个不变的常数。

平行层面

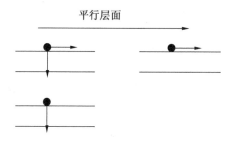

图2-9　煤大分子间电子迁移示意图

煤大分子由芳环平行堆垛而成。当电子沿垂直于层面的方向上迁移时，电子除了要克服本位势垒ΔU，还必须"穿透"煤大分子本身的堆垛结构。在"穿透"过程中，电子与芳环平面发生热碰撞，只有那些具有足够高能量的电子才可能透过芳环，由此而形成了另一种势垒，称为煤大分子堆垛结构的"穿透"势垒，记为ΔU。这样，在平行和垂直于层面两个方向上，电子要参与导电所必须克服的总势垒可用下式表示：

$$\Delta U = \begin{cases} \Delta U_S & \text{（平行于层面方向）} \\ \Delta U_S + \Delta U_P & \text{（垂直于层面方向）} \end{cases}$$

由上面的分析不难看出，垂直于层面方向上的势垒大于沿层面方向的势垒，因此在垂直层面方向上的导电性较差。很显然，穿透势垒ΔU_p取决于煤大分子结构的堆垛参数，如果煤大分子基本结构单元的堆垛层数越多，ΔU_p 就越大，从而煤的各向电异性也越明显，即 R_1 和 R_2 的比值越大。用 X 射线衍射法，对实验用的三种煤样进行了实验研究，在获得煤的中低角 X 射线衍射强度后，用傅氏变换方法（张代钧，1992）求得了煤大分子堆垛结构参数，结果列入表 2-9。

表 2-9　煤样大分子堆垛的结构参数

煤　　样	S_1	S_2	S_3
芳香层的平均高度/层数	1.79	1.85	1.92
芳香层平均间距 $\mathring{A}$	3.49	3.47	3.45

由表 2-9 数据可以看出，煤化程度高的煤，其平均芳香层层数也越多，同时，芳香层的平均层间距越小，即煤大分子基本结构单元越密实，这两方面的原因都将导致 ΔU 越大，所以各向电异性也越明显。表 2-8 中的实验数据同样也证实了这个事实（煤化程度越高，R_1 和 R_2 的比值越大）。事实上，在从低煤化程度向高煤化程度过渡的过程中，煤大分子结构从无序向有序结构过渡，与之对应，煤的电性质也从各向同性逐渐过渡为各向异性。

2. 测试 2

煤样取自兖州南屯矿。同一煤层垂直极化比水平极化方向电阻率高，说明煤层在不同方向电阻率不一样，具有明显的各向异性（表 2-10）。

表 2-10　煤层电阻率的各向异性测定（徐宏武，2005）　　　　Ω·m

极化方向	煤 3 上	煤 3 中	煤 3 下	3 号煤
垂直极化	3.89×10^4	5.90×10^4	4.9×10^4	1.62×10^4
水平极化	2.16×10^4	1.68×10^4	1.88×10^4	1.34×10^4

3. 测试 3

实验选取煤样为兖矿集团鲍店煤矿气煤，属于中等变质程度烟煤。在煤矿井下取大块煤样后，采用钻孔取芯法（李正川，2008），取样方向如图 2-10 所示，β 为层理面和端面的夹角，β 分别取 0°、30°、60°、90°，取样 4 组，每组 3 个标准试样，试样上下端面打磨光滑平行，保证实验时受力均匀并且和电极接触较好。

由于煤样电阻率方向的各向异性，对于实验所取煤样，平行层理方向的电阻率小于垂直层理方向的电阻率。在这里引入电阻率的各向异性度 R_ρ 为

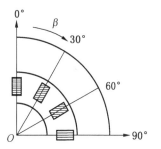

图 2-10　取样方向示意图
（毕世科，2016）

$$R_\rho = \frac{R_{90°}}{R_{0°}} \qquad (2-3)$$

式中，$R_{90°}$ 为取样角 90°的电阻率；$R_{0°}$ 为取样角 0°的电阻率。

对 4 组不同方向煤样分别选取 3 个测电阻率，不加载情况下的煤样电阻率见表

2-11。

表2-11 不加载时煤样电阻率

取样角度	0°	30°	60°	90°
不加载测电阻率/(Ω·m)	2325.57	1805.50	4521.60	8558.48
	2095.76	2865.25	7202.37	5734.84
	2000.18	1912.66	5108.40	6652.87
平均电阻率/(Ω·m)	2140.50	2194.47	5610.79	6981.78

煤体中的载流子要参与导电必须克服势垒 ΔU。因为在煤体中平行层理和垂直层理所克服势垒不同造成了煤的各向电异性（杜云贵，1995）。载流子在沿层面方向上迁移时需要克服煤大分子本身对载流子约束的"本位势垒"，记为 ΔU_1，在层面上势垒的大小与载流子运动方向无关，且本位势垒始终存在。当载流子沿垂直层面上方向迁移时，需要克服本位势垒 ΔU_1 和煤大分子本身堆垛结构产生的"穿透势垒"，记为 ΔU_2。将煤体同一层面上假设为各向同性导体，则层面间的势垒将决定煤体的电性质。在煤体结构中，层理弱面的存在改变了煤体强度和其电特性。这里将层理间的阻碍作用设为"层间势垒" ΔU_3，煤层层理间往往夹杂其他矿物或者水分通道，这些通道改变了煤体的电特性。层间通道削弱了离子载流子的迁移势垒，所以相同迁移距离下，层理的存在使煤体电阻率降低，表现为实验煤样垂直层理方向电阻率小于平行层理方向电阻率。

4. 测试4

实验选用了2组大同忻州窑煤样，在煤样的3个不同部位进行电阻率测试（图2-11）。

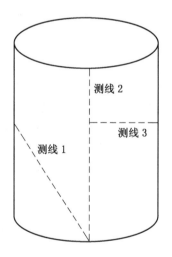

图2-11 受载煤样测试线分布

干燥煤样电阻率和力的关系如图2-12所示，从图2-12中可以看出，在煤体不同层面上电阻率的变化是不一样的，2线是主破裂方向，在受压过程中电阻率的变化规律是下降—上升—陡增，3线垂直于主破裂方向，其电阻率变化范围较小。1线的电阻率变化规律不明显，有时增加，有时下降，但是 1、2、3 线在煤样破裂后电阻率都会增加。煤在单轴压缩过程中，同一块煤样不同部位的电阻率变化规律是不一样的，这是因为煤样在单轴压缩过程中所承受的应力是不均匀的，在有的部位受到压应力，煤内部孔隙被压密，电阻率降低。但在其他部位，由于受到拉应力作用，裂隙增大，电阻率升高，这也进一步证明了电阻率和力的对应关系。

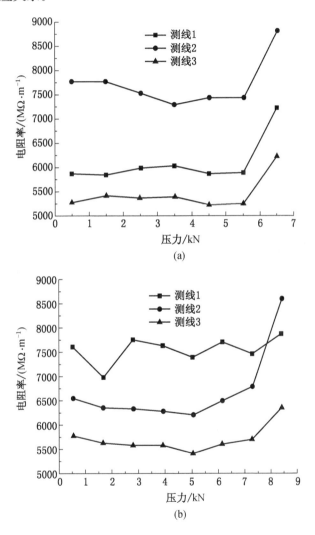

图 2-12　干燥煤样电阻率和力的关系（陆海龙，2009）

由以上实验现象可知沿着主破裂方向的电阻率变化与垂直主破裂方向的电阻率变化是不一样的，从而可以根据电阻率的变化来研究裂隙的孕育、扩展过程。当裂隙充填物为低电阻率介质水（或水膜）时，平行裂隙方向的电阻率比垂直裂隙方向的真电阻率变化要大，特别是随着应力增加，相同取向的裂隙逐渐占优势时，这种差异性则更为明显。因此，由裂隙引起的电阻率变化各向异性主轴方向，会沿电阻率变化最大的方向形成优势方向。

5. 测试5

实验中所需煤样分别来自新庄矿、城郊矿、寺家庄矿，把取来的大块煤体用岩芯管沿层理方向取样，加工成 $\phi 50 \times 100$ mm 的圆柱体，将两端磨平，试样轴向方向即为煤体的层理方向，横向方向为垂直层理方向。层理构造是煤层的典型特征，导致煤层的电阻率具有明显的方向性（岳建华，2000），即平行层理方向的电阻率（ρ_1）和垂直层理方向的电阻率（ρ_n）不同，称为煤体电阻率的各向异性，可用各向异性系数 λ 表示：

$$\lambda = \frac{\rho_n}{\rho_1} \qquad (2-4)$$

对于煤岩体来讲，垂直层理方向的电阻率大于平行层理方向的电阻率（岳建华，2000；刘树才，2008），所以 λ 总大于1，经对各矿煤样进行电阻率测试可知，新庄矿、城郊矿和寺家庄矿煤样各向异性系数 λ 分别为1.48，1.42，1.35（表2-12中 $\bar{\rho}$ 为电阻率平均值）。

表2-12 煤体电阻率各向异性参数（陈鹏，2013） $\Omega \cdot m$

煤样编号	新庄矿		城郊矿		寺家庄矿	
	ρ_1	ρ_n	ρ_1	ρ_n	ρ_1	ρ_n
1	383.47	965.04	1348.24	2818.62	579.13	1073.06
2	381.82	866.10	1266.21	2204.79	657.75	1141.43
3	224.12	789.97	1440.87	3085.99	671.49	1339.92
4	633.26	941.26	1591.20	3770.24	740.33	1265.93
5	401.25	889.47	1166.12	1880.27	—	—
$\bar{\rho}$	404.79	890.37	1362.52	2751.98	662.18	1205.08
λ'	1.48		1.42		1.35	

选取寺家庄矿1~4号煤样进行单轴压缩实验（图2-13），从图2-13可以看出，寺家庄矿煤样与城郊矿煤样电阻率变化趋势一致，单轴压缩初期煤体电阻率呈下降趋势，由

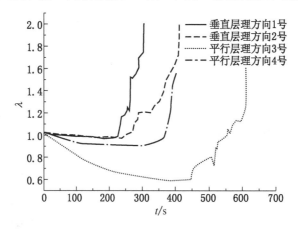

图2-13 寺家庄矿煤样单轴压缩不同方向电阻率变化

于平行层理方向受压强烈，故电阻率变化幅度大于平行层理电阻率；所有的煤体发生破裂后电阻率均迅速上升，由于垂直层理方向裂隙较发育（刘延保，2010），最终电阻率上升幅度较大。

2.5　CT 扫面与扫描电镜分析各向异性

2.5.1　CT 扫描

煤储层孔隙结构特征的研究方法主要有毛细管压力法、扫描电镜法、原子力显微镜及CT 扫描法等（陈杰，2005）。CT 扫描法又称层析成像法，是利用射线源（χ 射线或 γ 射线）在被检测物体无损状态下从多个方向以扫描方式透射被测物体的断层，并把扫描断面以二维灰度图像形式表现出来的一种检测技术。与常规实验研究方法相比，CT 扫描能给出与试件材料、几何结构、组分及密度特性相对应的断层图像，具有成像直观、分辨率高、不受试件结构限制的优点。

人们利用工业 CT 对煤储层多孔介质结构开展了许多研究工作：用 X – CT 扫描成像技术研究低渗透储层的微观结构及其渗流机理（孙卫，2006）；利用工业 CT 技术测量储层多孔介质孔隙度分布及岩芯质储层的孔隙空间分布，利用图像处理方法对微结构的细节进行可视化，定量研究砂岩多孔介质的体积与尺寸分布，并利用 CT 模拟流体侵蚀结构和岩相学性质（Appoloni，2007）；用 X 光 CT 采集白云岩结构特征和内部孔隙结构，根据 CT 图像追踪损伤的演化过程，评价内部的损伤程度，得到损伤与岩石的纹理结构特征有关，特别是与纹理不同的边界有关的结论（Ruizde，1999）。

1. CT 图像

实验煤样采自潞安矿区屯留矿的 3 号煤层，煤层平均厚度为 6.3 m；煤层节理发育中等；硬度系数 $f = 1 \sim 2$。图 2 – 14 所示为 1 号煤样断面 4 滤波后的 CT 图像。从图上可以清晰地看到贯穿整个煤岩断面的深色线状条纹，即大尺度宏观裂纹。此外，图 2 – 14 中还分布着大量长度和方向不同、颜色较深的线状条纹，即尺度较小的裂隙（割理）。

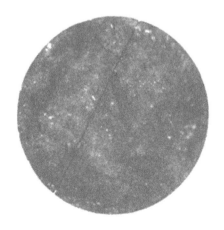

图 2 – 14　煤样 CT 扫描图像

利用 Canny 算子进行图像分割，对 1 号煤样断面 4 进行图像分割运算，得到的煤岩裂隙的图像（图 2-15）。由图 2-15 可见，图 2-14 中大尺度的宏观裂纹与较小尺度的裂隙（割理）被分割出来，图 2-15 包含了煤岩样断面所有方向的边界特征，通过 Canny 算子进行边缘检测，将煤岩原 CT 图像从灰度空间映射到了特征空间，以便根据 CT 图像对煤岩的割理与裂纹进行分析与理解。

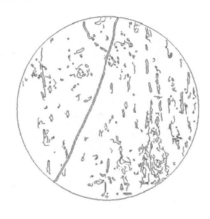

图 2-15　煤样裂纹、割理分割图像

2. 基于 Canny 算子的方向性分割

设在平面直角坐标系中，煤岩的各向异性渗透率主轴方向与平面直角坐标系的 x 轴与 y 轴重合，于是岩体某断面的渗透率张量为

$$K = \begin{bmatrix} K_x & 0 \\ 0 & K_y \end{bmatrix} \quad (K_x > K_y) \tag{2-5}$$

即渗透率的最大和最小主值分别为 K_x 和 K_y，它们所在的方向分别与坐标轴 x 和 y 平行。裂缝性多孔介质的渗透率的测定目前多采用现场地应力测定法、试井分析法，以及对定向取芯得到的岩样进行实验室测定、简化裂缝模型的理论分析等。根据煤岩的 CT 图像，利用图像分割中的边缘检测方法检测出特定方向占优的裂隙，进而研究渗透率的各向异性，这种方法可以排除对裂缝模型的主观假定，是一种更合理、客观的理论分析方法。

基于 Canny 算子的边缘检测方法，除了可以检测整幅煤岩图像的孔隙边缘外，通过结合图像分割的掩模算法，还可以得到煤岩图像不同方向孔隙的边缘特征。Canny 方向性边缘检测算子关于邻域中心点的 3×3 水平和垂直方向掩模，对煤岩 CT 图像进行水平、垂直检测（图 2-16）。从图 2-16 可以看出，煤层水平方向小孔隙数量较多，即水平方向表现为大量的小尺度孔隙，垂直方向存在大量裂隙及大尺度孔隙。

2.5.2　扫面电镜（SEM）

1. 扫描电镜特点

目前利用扫描电镜（SEM）数字图像对低阶煤的矿物质成分含量、微裂隙发育及微观结构的各向异性特征缺乏系统的研究。宫伟力和李晨（2010）利用扫描电镜试验，研究了煤岩结构多尺度的各向异性特征，基于小波多分辨分析，提出一种复杂孔隙介质微、细观

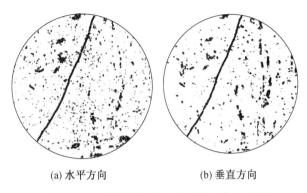

(a) 水平方向　　　　　　　　(b) 垂直方向

图 2 - 16　各向异性细观割理（赵海燕，2009）

结构的可视化及多尺度、各向异性的精细描述方法。国内外很多学者借助扫描电镜试验，从不同角度研究了煤的微观结构特征，发挥了其在研究煤的孔隙、裂隙、矿物质、微观构造等多方面的优势，弥补了光学显微镜的不足，能较广泛揭示煤的微观世界（张慧，2004；Cetin，2005；Sharma，2004）。

扫描电镜利用聚焦电子束在试样的表面逐点进行扫描成像，成像信号可以选择二次电子、背散射电子或吸收电子的形式。二次电子成像的对比度主要来自于样品表面起伏不平的形状，成像立体感强，但不提供有关样品成分信息，所成的像很直观；背散射图像的对比度主要来自于样品各点平均原子量的差异，图像可提供有关样品成分的重要信息。本书利用高真空二次电子成像模式（ETD）和背散射电子成像模式（BSED）结合观察，研究了煤微观结构特征和有关成分信息。

2. 扫描电镜数字图像分析

煤样取自吉林省珲春煤田的长焰煤。珲春煤田区域构造较简单且规律明显，全区广泛发育有多层可采煤层。以 26 煤为例，煤岩类型以半亮型为主，半暗型次之。煤平均密度为 1340 kg/m^3。煤层显微组分以镜质组为主，含量 78.59%；惰质组和壳质组含量较少，分别为 4.21% 和 1.25%，镜质组最大反射率为 0.567%。

1）平行层理方向扫描电镜图像分析

图 2 - 17 所示为平行层理方向位于相同位置的扫描电镜图像，其中图 2 - 17a 为 ETD 成像模式下的观测图像，图像的对比度主要来自于样品起伏不平的表面形态，微裂隙附近由于样品表面起伏而显示出很高的亮度值；图 2 - 17b 为 BSED 成像模式下的图像，对比度主要来自于煤样表面成分的差异，图中显示白色的部分是煤中充填的矿物质成分。从图 2 - 17 可以看出，平行层理面的微裂隙十分发育，分布呈 X 形，沿 1 方向发育的微裂隙与 2 方向相比较为密集，推测如此的微裂隙发育形态与珲春煤层水平地应力有很大关系。

平行层理微观形态类型分析如图 2 - 18 所示，所研究煤微观形态可分成 3 种类型：Ⅰ型，矿物质充填区，如图 2 - 18b 中矩形框线中区域和图 2 - 18c 所示中 c1 区域，呈白色絮状；Ⅱ型，层片状煤植体基质区域，如图 2 - 18c 所示中 c2 区域，层片状分布；Ⅲ型，致密煤基质区域，如图 2 - 18d 所示。

2）垂直层理方向扫描电镜图像分析

图 2 - 19 所示为垂直层理方向位于相同位置的扫描电镜图像，图 2 - 19a、b 分别为

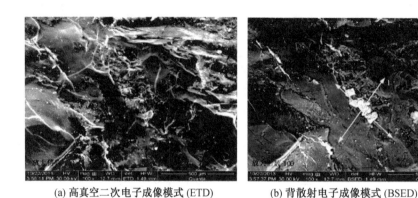

(a) 高真空二次电子成像模式 (ETD)　　　　(b) 背散射电子成像模式 (BSED)

图 2-17　平行层理方向扫描电镜图像（邹俊鹏，2016）

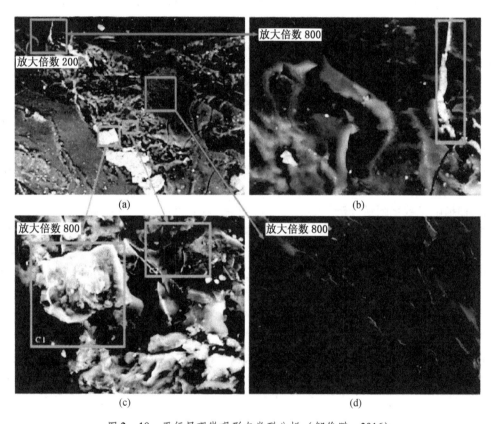

图 2-18　平行层理微观形态类型分析（邹俊鹏，2016）

ETD 和 BSED 模式。图 2-20 同样展示了扫描电镜下观察的垂直层理微观形态。图 2-20b 所示为梯形框线内属于层片状的煤植体基质，白色絮状部分为所充填的矿物质。

　　BSED 模式观察的扫描电镜图像中可以看出，煤层理、裂隙中夹杂的矿物质的颜色与煤基质颜色有显著差别，矿物质呈高亮度的白色，而煤基质的颜色较暗，体现在数字图像上为矿物质所在的像素点灰度值较高，而煤基质所在的像素点灰度值较低。

　　图 2-21、图 2-22 分别为平行层理和垂直层理方向的图像及其相对应的灰度值与像

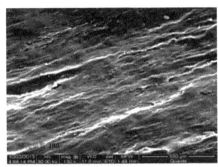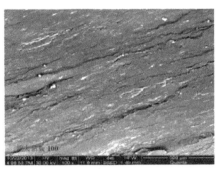

(a) 高真空二次电子成像模式(ETD)　　　　　　(b)背散射电子成像模式(BSED)

图2－19　垂直层理方向扫描电镜图像

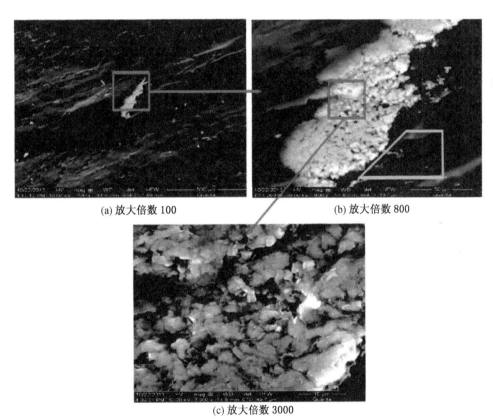

(a) 放大倍数100　　　　　　　　　　　(b) 放大倍数800

(c) 放大倍数3000

图2－20　垂直层理微观形态类型分析

素数百分比的关系图。从图中可以看出，平行层理和垂直层理微观图像不同灰度值对应的像素数随灰度值的增加先升高后降低；平行层理煤样灰度值为 80 左右的像素点所占的比例最高，而垂直层理煤样像素点最大值在 155 灰度值附近。垂直层理观察到的矿物质含量（灰度值 245～255）大于平行层理的矿物质含量。

　　BSED 模式观察的扫描电镜图像显示，裂隙表面由于凹陷从而显示颜色较暗，灰度值

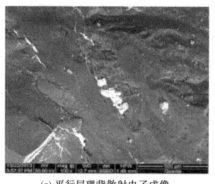

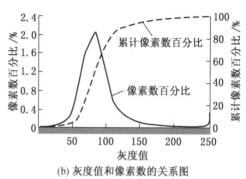

(a) 平行层理背散射电子成像　　　　(b) 灰度值和像素数的关系图

图 2 - 21　平行层理方向扫描电镜图像及其灰度值和像素数的关系图（邹俊鹏，2016）

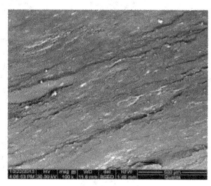

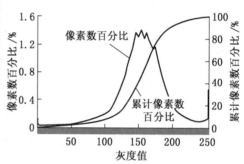

(a) 平行层理背散射电子成像　　　　(b) 灰度值和像素数的关系图

图 2 - 22　垂直层理方向扫描电镜图像及其灰度值和像素数的关系图（邹俊鹏，2016）

很低，接近于 0。选择合适的灰度阈值（平行层理选取 0.1497，垂直层理选取 0.2134），将扫描电镜中观察的图 2 - 21a（平行层理）和图 2 - 22a（垂直层理）处理成二值数字图像，区分开微裂隙和其他影响（包括煤基质和夹杂的矿物成分），处理后结果如图 2 - 23 所示，黑色为微裂隙。计算图 2 - 23 中白色像素所占比例，得到平行层理微观结构微裂隙所占百分比为 1.35%，垂直层理微观结构微裂隙所占百分比为 2.28%。

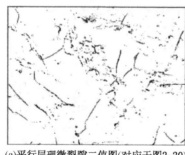

(a) 平行层理微裂隙二值图（对应于图2-20）　(b) 垂直层理微裂隙二值图（对应于图2-21）

图 2 - 23　微裂隙二值图

2.6 孔隙度各向异性

煤层裂隙的存在导致煤层的各向异性。气煤储层裂隙丰富，研究气煤层的各向异性与煤矿生产中工作面布置和开掘、煤层气勘探和开发、井巷维护等的关系都极为密切，对安全、经济生产具有重要意义（李东会，2011；管俊芳，1999）。

2.6.1 气煤样孔隙度测定

气煤样采自我国东部主要产煤区——淮北和兖州矿区，共 15 块。测定了煤样孔隙率，对裂隙充填物进行观察并计算了 Thomsen 各向异性参数（表 2 - 13）（董守华，2008）。

表 2 - 13　气煤样各向异性系数孔隙率测试结果

编号	$\rho /$ $(g \cdot cm^{-3})$	各向异性参数			孔隙率/%	煤岩类型	裂隙充填物观察记录
		ε	δ	γ			
1	1.304	0.15	-0.21	-0.11	2.27	半亮型	内生裂隙中有大量的方解石，呈薄膜状充填
2	1.276	0.14	-0.12	0.17	2.61	半亮型	裂隙中有方解石薄膜和少量黄铁矿充填
3	1.202	0.23	0.62	0.29	2.16	半暗型	无裂隙，有构造挤压的擦痕面
4	1.241	0.09	-0.2	0.16	3.07	半暗型	裂隙有方解石薄膜及少量黄铁矿充填
5	1.282	0.08	-0.11	0.06	2.61	半亮型	裂隙有方解石薄膜及少量黄铁矿充填
6	1.254	0.6	-0.07	0.28	3.08	暗淡型	构造挤压的擦痕面
7	1.282	0.06	0.05	-0.04	2.39	暗淡型	构造挤压的擦痕面
8	1.334	0.18	0.25	0.19	2.2	半暗型	裂隙有方解石薄膜充填
9	1.324	0.13	0.4	0.1	2.14	半暗型	裂隙有黄铁矿和方解石充填
10	1.291	0.02	-0.19	0.2	2.7	半暗型	有少量的方解石充填于裂隙中
11	1.251	-0.07	-0.28	0.18	2.84	光亮型	裂隙有方解石薄膜及少量黄铁矿充填
12	1.228	0.03	-0.11	0.29	2.27	半亮型	有一层厚 20 mm 方解石充填，另外还可见构造挤压面
13	1.311	0.2	0.16	0.21	2.43	暗淡型	无裂隙充填物，有构造挤压擦痕面
14	1.428	0.18	-0.17	0.29	2.14	半暗型	未见裂隙及充填物
15	1.233	0.64	-0.29	0.81	2.59	半亮型	裂隙充填方解石薄膜，有构造挤压的擦痕面
最小值	1.202	-0.07	-0.07	-0.11	2.14		
最大值	1.428	0.64	0.62	0.81	3.08		
平均值	1.283	0.177	-0.04	0.205	2.5		

2.6.2 各向异性计算分析

由于气煤各向异性系数平均值 $\varepsilon \leqslant 0.2$、$\delta \leqslant 0.2$ 和 $\gamma \leqslant 0.2$，所以按照 Thomsen 的观点认为气煤为弱各向异性介质。15 号煤样注胶 ε、γ 值最大，是由于注胶后煤样的原裂隙宽

度、长度变大，纵、横波的各向异性程度变大的缘故（李东会，2011）。

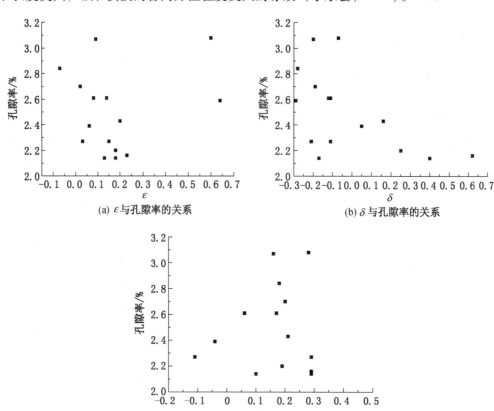

(a) ε 与孔隙率的关系

(b) δ 与孔隙率的关系

(c) γ 与孔隙率的关系

图 2 - 24　煤样孔隙率与各向异性系数绝对值关系

从表 2 - 13 可以看出，煤样孔隙率与各向异性系数之间有一定的相关性（图 2 - 24），如 6 号、15 号煤样的孔隙率较大，其各向异性系数 ε 也较大，达到 0.6。4 号、11 号煤样孔隙率与 6 号、15 号煤样孔隙率差不多，其各向异性系数 $\varepsilon \leqslant 0.09$，这表明各向异性的大小除了与孔隙率有关，还与孔隙或裂缝的形态、连通性和充填物有关。由于气煤的裂缝为近垂直断裂，当煤层各向异性由裂缝引起时，煤层的裂隙模型简化为具有横向对称轴横向各向异性模型。Thomsen 原来定义的 5 个各向异性系数是针对垂向对称轴横向各向同性介质，为了能在横向对称轴横向各向异性介质中使用上述 5 个系数，并表示与垂向对称轴横向各向同性模型定义意义不同，Rüger 在其中 3 个系数加上了右上标"(V)"以示区别，即 $\delta^{(V)}$、$\varepsilon^{(V)}$、$\gamma^{(V)}$。通过它们与 Thomsen 弹性常数之间的关系计算得到横向对称轴横向各向异性介质模型弹性各向异性系数平均值 $\varepsilon^{(V)} = 0.177$、$\delta^{(V)} = 0.172$、$\gamma^{(V)} = -0.13$（史燕红，2001；李东会，2011）。

Thomsen(1986) 认为，当 $\varepsilon = \delta$ 是由椭圆裂隙引起弹性各向异性，$\varepsilon > \delta$ 是由各向同性层引起的弹性各向异性。当对称轴方向垂直于煤层时，$\varepsilon = 0.177 > \delta = -0.04$，所以认为层理决定煤层的各向异性；当对称轴方向沿着煤层时，$\varepsilon^{(V)} = 0.177 \approx \delta^{(V)} = 0.172$，弹性

各向异性主要由椭圆裂隙引起。

2.7 声发射各向异性

声发射监测技术是基于煤岩受力时发生变形、破坏，产生不同强度和频度的声发射信号，并使用声发射监测设备对这些信号进行接收。声发射信号的差异反映了煤岩变形破坏特征，为煤矿井下地质灾害的预测提供了参考（韩同春，2014；刘超，2013；Tang，1998；黄志平，2011；Maa，2011）。为了掌握不同地质条件下的声发射特征，提高灾害事故预测的准确性，诸多学者从多方面进行了研究，其中主要集中在数值模拟、实验室测试、现场测试等方面（孙超群，2014；马衍坤，2012；许江，2008；李庶林，2004；蒋宇，2004；姜耀东，2013；尹光志，2013；严国超，2010；尹贤刚，2008）。

在寺河矿采集煤样后，根据实验测试目的及制作要求，分别沿平行层理和垂直层理方向制成直径和高度均约 50 mm 的标准柱状样 2 组，每组 4 个样品（每组 1 个备用样）。为了减少裂隙发育差异性造成的影响，采用照相机（放大约 10 倍）和游标卡尺对煤样表面的裂缝发育情况进行了统计（表 2 − 14）。

表 2 − 14　煤样裂隙统计表

层理方向	样品号	条数	总长度/mm	面积/mm²
轴向平行层理	PB1	21	259	29.9
	PB2	12	77	10.7
	PB3	29	354	35.9
轴向垂直层理	VB1	28	340	38.8
	VB2	26	323	39.6
	VB3	30	292	29.2

2.7.1　煤岩加载过程中损伤表征方法

煤样加载过程中会导致煤岩内部发生破坏变形，使煤样产生损伤，发生能量转移，从而产生声发射现象。损伤的严重程度主要表现为破裂的规模，即以能量的形式显现出来。因此，可以用损伤、破坏过程中释放出能量的大小表征损伤的严重程度。

根据 Kachanov 对损伤变量的定义，认为损伤变量可以表示为

$$D = \frac{A_d}{A} \tag{2-6}$$

式中，D 为损伤变量；A_d 为承载断面上所有微缺陷面积，mm^2；A 为初始无损时的断面积，mm^2。

当无损断面 A 被完全破坏时，累计释放的能量为 E，则单位面积微元破坏时，释放的能量 E_w 可以表示为

$$E_{\mathrm{w}} = \frac{E}{A} \qquad\qquad (2-7)$$

当发生损伤断面达到 A_{d} 时，则累计释放的能量 E_{d} 可以表示为

$$E_{\mathrm{d}} = E_{\mathrm{w}} \cdot A_{\mathrm{d}} = E \cdot \frac{A_{\mathrm{d}}}{A} \qquad\qquad (2-8)$$

将式（2-8）代入式（2-6）即可得出损伤变量：

$$D = \frac{E_{\mathrm{d}}}{E} \qquad\qquad (2-9)$$

2.7.2 煤岩加载过程声发射特征

从图 2-25 中 PB3 和 VB1 煤样的应力－时间－声发射测试结果可以看出，煤样在加载过程中，时间－应力－幅度、时间－应力－计数及时间－应力－相对能量三类曲线的变化规律相似。现对两个煤样的声发射特征进行分析。

在压密阶段，煤样 PB3 和 VB1 声发射计数都很少，几乎没有声发射事件产生，声发射幅度与能量也很小。主要是因为这个阶段煤样以孔裂隙的闭合为主，仅产生孔裂隙宽度变小的闭合位移，基本不产生基质的变形损伤，煤样内部几乎不存在塑性变形。

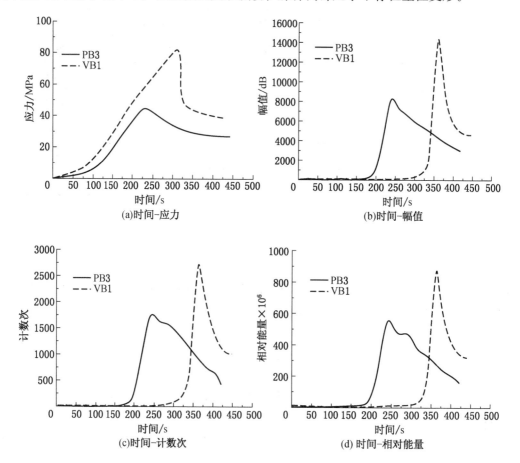

(a)时间-应力   (b)时间-幅值

(c)时间-计数次   (d) 时间-相对能量

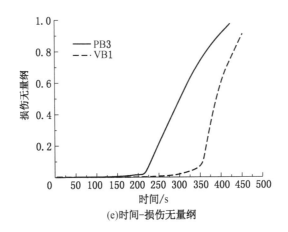

(e)时间-损伤无量纲

图2-25　PB3和VB1煤样应力-时间-声发射测试结果（贾炳，2016）

2.7.3 煤岩加载过程中声发射特征差异性分析

通过对轴向垂直层理煤样和轴向平行层理煤样加载过程中的声发射特征进行对比，得出其变化特征的主要差异性如下：

（1）轴向垂直层理煤样力学强度高于平行层理煤样。主要是因为轴向平行层理煤样在加载过程中存在竖直层理面，层理面作为一个弱面，对煤岩颗粒的胶结能力较差，降低了煤岩本身的抵抗变形、破坏能力。而垂直层理煤样在加载过程中层理面与加载方向垂直，对煤样强度影响相对较小。所以，井下煤岩动力灾害沿着平行层理方向发生的难度小于沿着垂直层理方向发生的难度。

（2）轴向垂直层理煤样的声发射峰值突变性和滞后性更加明显。对于轴向垂直层理煤样，由于层理方向垂直于加载方向，层理面对煤岩强度影响较小。在加载时，煤样内部各处变形规律相似，依次经历了压密阶段、弹性变形阶段、塑性变形阶段、峰值后破坏阶段。在加载时，大量弹性能在煤样内部集聚，只有少量声发射事件产生。在峰值破坏时，宏观破裂形成，积累的大量弹性能瞬间释放，对煤样整体造成大范围的破坏，产生大量、大规模的声发射事件，导致声发射参数产生突增的现象。轴向垂直层理煤样以整体变形为主，峰值破坏以后，煤样内部积累的大量弹性能大部分被释放，继续加载过程中对煤样内部造成的损伤增加速度降低，引起内部破坏较少，声发射参数突降。因此，轴向垂直层理煤样声发射特征具有较强的突变性。而平行层理煤样由于受到层理面的影响，煤样内部强度不一，加载过程中以局部破坏为主，声发射产生较早，不易形成能量集聚，声发射突变性不明显。所以，相对于沿平行层理方向，垂直层理方向发生地质灾害的征兆更加不明显，监测预报难度更大。

（3）轴向垂直层理煤样的声发射参数明显高于平行层理煤样。由于轴向垂直层理煤样以整体变形为主，一旦发生破坏，积累的能量会瞬间得到释放，破坏的规模和范围都比较大，显现出较强的声发射特征。而轴向平行层理煤样以局部变形为主，发生破坏时，以局部变形破坏为主，难以形成大范围的能量积累，声发射参数相对较小。所以，垂直层理方向发生的井下动力灾害通常强度较高。

2.8 本章小结

针对煤的结构异性特征，本章通过查阅前人的研究成果，分别从试验测试、理论分析等方面，对煤的反射率、超声、显微硬度、电阻率、电镜扫面、孔隙度和声发射等方面进行了对比分析，进而多角度表明了煤体结构异性。

3　吸附解吸煤体变形各向异性

煤岩是一种复杂的多相介质体，它在吸附和解吸气体时，不仅会改变自身物理力学性质，还会引起渗透性能、应力状态及强度的变化。尤其是煤岩在气体解吸过程中，基质收缩变形会使渗透性发生动态变化，这对煤与瓦斯突出防治和地面煤层气抽采均具有重要影响（唐杰，2017）。

从煤层中瓦斯赋存状态来看，有吸附态和游离态两种状态，且这两种状态可以相互转化。在实际煤层中，80% ~90% 以上的瓦斯都是以吸附态赋存于煤体的孔隙和裂隙中（张遵国，2015）。煤体－围岩体系在瓦斯压力与岩体应力共同作用下处于相对静止的平衡状态。当井下采矿活动进入煤层及其围岩中时，这种平衡状态受到扰动，就会导致煤岩体应力场重新分布以及煤岩层中瓦斯的重新运移。在平衡状态改变过程中，瓦斯不断从吸附态转化为游离态，煤体的微细观结构也将发生变化。这种变化除了受到围岩应力的作用外，很大程度上还受到游离态瓦斯产生的孔隙气体压力和吸附态瓦斯产生的煤体膨胀变形的影响（周世宁，1999；于不凡，2005）。然而，在以往煤与瓦斯相互作用机制的研究中，对瓦斯不同赋存状态下煤体变形及其动态发展的研究往往忽略了对煤体吸附—解吸瓦斯过程中发生变形这一特殊力学行为的研究。

开展煤体吸附—解吸瓦斯变形特征研究具有以下几方面的意义：

（1）对深入认识煤岩瓦斯动力灾害的演化机理具有重要作用。含瓦斯煤体这种特殊多相介质在灾害发生过程中表现出的性态变化和运动过程非常复杂（周世宁，2001），煤体的吸附—解吸特性及其造成的煤体微细观结构变化是造成这种性态改变的重要因素。因此，要深入揭示瓦斯动力灾害的演化机理，必须探究煤体吸附—解吸瓦斯这一特殊的力学行为。

（2）对预防瓦斯灾害具有辅助作用。吸附膨胀变形不但与煤体强度、变质程度、孔隙特性和裂隙发育程度、瓦斯气体压力、成分等自身因素相关，还与煤层温度、湿度、地应力等环境因素有关，是煤与瓦斯相互作用的综合体现。在同等条件下，突出煤与非突出煤的吸附膨胀变形量存在较大的差异（何学秋，1995；刘延保，2009；2010；林柏泉，1986）。因此，可将煤体的膨胀变形值作为表征煤层突出危险性的一项重要辅助指标。

（3）有利于瓦斯抽采技术的发展。瓦斯抽采是瓦斯灾害防治和瓦斯开采的主要技术手段。在瓦斯抽采的工程与科学问题中，最复杂的问题莫过于煤岩体变形与瓦斯渗流的耦合作用。在煤层瓦斯的运移过程中，处于非平衡状态的瓦斯气体的压力、浓度和组分不断变化，致使煤体产生动态变形，从而引起煤岩的孔隙结构变化，进而引起煤岩渗透性的变化。同时，煤岩的孔隙结构和渗透系数变化反过来又影响瓦斯在煤体中的赋存与流动。因此，要获得煤层瓦斯的真实运移规律，必须考虑煤体吸附—解吸变形的影响。

综上所述，掌握含瓦斯煤体的吸附—解吸变形规律，不仅对煤与瓦斯突出防治具有重要的指导作用，同时也是煤层瓦斯抽采的基础性研究。

针对煤岩吸附—解吸气体产生变形这一特殊的力学现象，国内外学者开展了广泛研究，并已取得了一定的研究成果。姚宇平（1988）认为煤体吸附瓦斯产生膨胀变形是瓦斯分子挤入煤的微孔隙引起的。王佑安等（1993）试验测定了 5 个矿区 13 个煤样在各种 CH_4 和 CO_2 气体压力下的吸附变形量，得出吸附变形随压力的变化规律。何学秋（1995；1996）根据表面物理化学理论提出，当煤吸附瓦斯后，煤岩内部微孔隙和裂隙表面的范德华力被削弱而产生的膨胀能使煤体表现出宏观的膨胀变形，探讨了孔隙气体对煤岩变形及破坏的作用机理。周世宁和林柏泉（1999）通过试验证明煤样吸附气体会发生膨胀变形，提出了膨胀变形方程，并定性分析了影响吸附膨胀变形的各因素；指出煤体发生膨胀变形的主要原因有 2 个：一是瓦斯压力驱使瓦斯分子进入煤中裂隙或孔隙空间乃至煤体胶粒内部，使更多的吸着层楔开了与瓦斯分子直径大小相近的微孔隙或微裂隙；二是煤体与瓦斯表面张力共同作用的结果。Gao（1999）提出煤体发生吸附膨胀是由于煤体的玻璃质宏观分子结构中气体分子扩散、溶解，然后膨胀，接着发生高度相关的煤分子调配。

于不凡（2005）试验测定了煤体在吸附 CH_4 和 CO_2 时的吸附变形量，并借助刚性测力计测定了在单向受制约条件下的吸附变形力；唐巨鹏（2007）、白冰（2007）和吴世跃（2005）进行了应力作用下煤体吸附特性试验研究，并进行了含瓦斯煤的有效应力分析。此外，还有学者探讨了多组分气体引起的吸附变形，Connell（2005）分析了煤的膨胀和收缩在 CO_2 增产煤层 CH_4 过程中的影响；Goodman（2005）研究了 CO_2 吸附和扩散机制引起的煤结构变化；Majewska（2007；2008）利用声发射研究了 CO_2 和 CH_4 混合气体和煤基质间的相互作用效应，指出了在进行煤层气预测和 CO_2 储存时应考虑煤体膨胀效应。桑树勋等（2005）探讨了煤吸附气体的固气作用机制，认为煤—煤层气吸附体系的吸附力和吸附能决定了不同煤级煤对不同气体吸附量的大小。Karacan（2003；2007）在试验中也发现了煤样的吸附膨胀变形呈各向异性，并利用 CT 扫描图像分析发现不同类型显微煤岩的变形规律有很大不同。并认为含瓦斯煤体由于瓦斯的存在产生一定的自由体积，从而使煤宏观自由分子结构可以在试验阶段内发生弛豫或膨胀。

李祥春等（2005；2007）研究了煤岩吸附膨胀变形与孔隙度、渗透率的关系，认为煤层中瓦斯压力越大，产生的膨胀变形越大。Pan 等（2007）根据能量平衡原理，提出了煤体各向异性膨胀变形的理论模型，描述原场地应力下的煤体吸附变形规律。周军平（2011）、吴世跃等（2005）基于吸附过程的热动力学和能量守恒原理，建立了计算煤岩吸附气体引起的膨胀应变的理论模型。苏现波等（2008）将吸附势理论应用于煤层瓦斯的吸附—解吸过程，解释了吸附—解吸变形的现象。刘延保等（2009；2010）用自行研发的含瓦斯煤岩细观力学试验系统，做不同瓦斯压力下的吸附膨胀变形试验，发现煤样吸附膨胀变形存在各向异性。

刘向峰等（2012）实测了不同有效应力及加压方式下煤体的变形量，分析了煤基质吸附（解吸）后的变形机理，得到弹性阶段煤体变形值与吸附（解吸）量的变化规律，并拟合出两者之间的函数关系式。梁冰等（2013）利用自制的吸附—解吸试验装置，测试了在低压吸附瓦斯过程中煤体的变形规律。试验结果表明：煤体吸附瓦斯膨胀变形呈各向异性，垂直层理方向和平行层理方向的变形整体变化趋势呈现一致性。曹树刚等（2013；

2014）开展了突出危险煤在不同瓦斯压力条件下的吸附—解吸变形全过程试验，研讨了突出危险煤吸附瓦斯产生膨胀变形、解吸瓦斯产生收缩变形行为。于洪雯（2013）采用自制的试验设备，对保利铁新煤、忻州窑煤和陕西亭南煤在瓦斯压力范围内，开展了不同压强和不同加载方式的煤吸附、解吸瓦斯变形规律试验。试验结果表明：煤吸附瓦斯后的膨胀变形量和解吸瓦斯后的收缩变形量随时间的增加而增大，并逐渐趋于稳定；变形随时间的变化趋势可分为快速变形、缓慢变形和变形平衡 3 个阶段；煤吸附膨胀变形呈各向异性。气体压力越大，各向异性表现得越明显；吸附气体的吸附性越强各向异性越明显；梯级荷载试验下煤产生的变形大于恒定荷载下煤产生的变形；煤吸附解吸气体后，产生的残余变形主要表现在平行层理方向，梯级荷载试验产生的残余变形大于恒定荷载试验产生的残余变形。

祝捷（2016）利用煤体吸附—解吸变形试验系统，对取自开滦矿区赵各庄矿 9 号煤层的原煤样品进行不同吸附压力下的吸附—解吸变形观测，配合高压压汞实验和液氮吸附实验研究煤样吸附解吸变形存在差异的原因。实验结果显示：煤吸附—解吸瓦斯产生的膨胀/收缩变形呈各向异性，卸压初期煤样收缩变形较快，之后变形速率减缓，变形需要很长时间才能稳定；吸附压力越大，瓦斯解吸时煤样的收缩变形越显著；煤的微孔含量和孔隙连续性是影响其吸附解吸变形量、解吸变形速率和残余变形量的主要因素。魏彬（2019）采用自主研发的煤岩气体吸附—解吸变形试验系统，对鹤壁六矿二₁煤层贫瘦煤煤样在不同气体压力下的吸附—解吸变形全过程进行了测试。试验结果表明：煤样在吸附膨胀和解吸收缩变形过程中均呈现各向异性特征，垂直层理方向变形量最大，平行层理垂直面割理方向次之，平行层理垂直端割理方向最小；煤岩吸附膨胀和解吸收缩变形量随气体压力的增加而增大，但平行层理垂直面割理方向与垂直端割理方向的变形值之比逐渐减小，各向异性程度逐渐减弱；煤岩吸附膨胀变形是一个不可逆过程，煤岩吸附—解吸残余变形量与气体压力呈正线性相关性。

综上所述，对于煤岩变形各向异性规律的研究，大多将煤岩视为横向各向同性体，即平行层理方向视为各向同性，只对垂直层理和平行层理两个方向做对比分析（谢剑勇，2015；席道瑛，2001；裴正林，2007）。研究表明：煤层中平行层理方向面割理与端割理的发育程度、连通性、裂隙张开度不同，该方向上依然存在明显的各向异性。开展煤岩吸附—解吸变形各向异性特征研究，对于预测煤储层渗透性的各向异性特征、优化地面煤层气抽采井网、储层改造、井下瓦斯抽采钻孔布置等均具有重要意义（林柏泉，1986；Levine，1996；赵宇，2017）。

3.1　吸附变形理论

3.1.1　煤体孔隙率理论模型

孔隙率是多孔介质最重要的特性参数之一。传统的流 - 固耦合理论把煤层孔隙率视为常数不符合实际，因为地应力和瓦斯压力变化使煤体颗粒产生的压缩变形与吸附膨胀变形以及温度变化引起的热膨胀变形都将使煤体颗粒发生不同程度的本体变形。随着煤层埋藏深度的增加，地温、地应力、瓦斯压力均不同程度地发生变化，从而使孔隙率也随之动态改变。假设煤层中只有单相饱和的瓦斯流体，可对孔隙率 φ 进行如下定义（陶云奇，2010）：

$$\varphi = \frac{V_P}{V_B} = \frac{V_{P0} + \Delta V_P}{V_{B0} + \Delta V_B} = 1 - \frac{V_{S0} + \Delta V_s}{V_{B0} + \Delta V_B}$$

$$= 1 - \frac{V_{S0}\left(1 + \frac{\Delta V_S}{V_{S0}}\right)}{V_{B0}\left(1 + \frac{\Delta V_B}{V_{B0}}\right)} = 1 - \frac{1 - \varphi_0}{1 + e}\left(1 + \frac{\Delta V_S}{V_{S0}}\right) \tag{3-1}$$

式中，V_P 为孔隙体积；V_B 为煤体外观总体积；V_S 为煤体骨架体积；ΔV_S 为煤体骨架体积变化；ΔV_P 为煤体孔隙体积变化；ΔV_B 为煤体外观总体积变化；e 为体积应变；φ_0 为初始孔隙率。

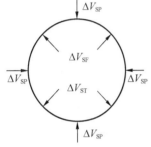

图 3 - 1　煤粒本体变形关系

煤粒的本体变形 ΔV_S 引起的煤体颗粒体积应变增量 V_S/V_{S0} 主要由 3 部分组成：因孔隙瓦斯压力变化压缩煤体颗粒引起的应变增量 V_{SP}/V_{S0}、因煤体颗粒吸附瓦斯膨胀引起的应变增量 V_{SF}/V_{S0} 和因热弹性膨胀引起的应变增量 V_{ST}/V_{S0}。煤粒本体变形关系如图 3 - 1 所示，观察图 3 - 1 可知，四者之间的相互关系为

$$\frac{\Delta V_S}{V_{S0}} = \frac{\Delta V_{SP}}{V_{S0}} + \frac{\Delta V_{SF}}{V_{S0}} + \frac{\Delta V_{ST}}{V_{S0}} \tag{3-2}$$

式中，

$$\left.\begin{array}{l} \dfrac{\Delta V_{SP}}{V_{S0}} = -K_Y \Delta p \\[3mm] \dfrac{\Delta V_{SF}}{V_{S0}} = \dfrac{\Delta V_S}{V_{B0} - V_{P0}} = \dfrac{\varepsilon_P}{1 - \varphi_0} \\[3mm] \dfrac{\Delta V_{ST}}{V_{S0}} = \beta \Delta T \end{array}\right\} \tag{3-3}$$

联立式（3-2）和式（3-3）可得本体变形引起的煤体颗粒体积总应变量：

$$\frac{\Delta V_S}{V_{S0}} = \beta \Delta T - K_Y \Delta p + \frac{\varepsilon_P}{1 - \varphi_0} \tag{3-4}$$

其中，单位体积煤吸附瓦斯产生的膨胀应变为 ε_P（李祥春，2005）

$$\varepsilon_P = \frac{2\rho RTaK_Y}{3V_m}\ln(1 + bp) \tag{3-5}$$

式中，K_Y 为体积压缩系数，MPa^{-1}；ΔT 为绝对温度改变量，$T = T - T_0$，K；Δp 为瓦斯压力改变量，$\Delta p = p - p_0$，MPa；β 为煤的体积热膨胀系数，$m^3/(m^3 \cdot K)$；ρ 为煤的视密度，t/m^3；V_m 为气体摩尔体积，$V_m = 22.4 \times 10^{-3}\ m^3/mol$；$R$ 为普适气体常数，$R = 8.3143\ J/(mol \cdot K)$；$a$ 为单位质量煤在参考压力下的极限吸附量，m^3/t；b 为煤的吸附平衡常数，MPa^{-1}。

将式（3-4）代入式（3-1）可得在压缩条件下（扩容前）的孔隙率动态演化模型

（卢平，2002）：

$$\varphi = 1 - \frac{1 - \varphi_0}{1 + e}\left(1 + \beta\Delta T - K_Y\Delta p + \frac{\varepsilon_P}{1 - \varphi_0}\right)$$

$$= \frac{\varphi_0 + e - \varepsilon_P - \beta\Delta T(1 - \varphi_0) + K_Y\Delta p(1 - \varphi_0)}{1 + e} \quad (3-6)$$

若 $\Delta T = 0$，$\Delta p = 0$，$\varepsilon_P = 0$，则式（3-6）等同于卢平（2002）的研究结论：

$$\varphi_{LP} = \frac{\varphi_0 + e}{1 + e} \quad (3-7)$$

若 $\Delta T = 0$，$\Delta p = 0$，则式（3-7）等同于李春祥（2005）的研究结论：

$$\varphi_{LXC} = \frac{\varphi_0 + e - \varepsilon_P}{1 + e} \quad (3-8)$$

考察式（3-6）~式（3-8）可知，式（3-7）的孔隙率模型将煤体颗粒视为刚体，仅考虑煤体的结构变形而完全忽略本体变形是不符合实际的，误差也相对较大（李传亮，1999）。

即使在等温和等压的情况下也绝不会出现 $p = 0$ 的情况，因为煤体颗粒吸附瓦斯后势必会产生吸附膨胀变形。与式（3-7）相比，式（3-8）具有明显的优越性，并认为考虑煤吸附变形进行理论计算所得孔隙率变小的原因，是煤分子和瓦斯分子之间的吸引和结合在一定程度上填充了一些微孔隙或使孔隙通道变窄所致。但作者认为，该式仍存在一些不足，因为煤层埋藏深度和局部地球物理场的变化均会导致煤体温度和瓦斯压力发生变化，由热应力理论和弹性力学可知，温度和瓦斯压力的改变将引起煤体颗粒产生本体变形，所以，既然是从微观上对煤体孔隙率进行研究，就不能只考虑煤对瓦斯的吸附变形而忽略温度和孔隙瓦斯压力的影响。考察式（3-8）可知，煤随着温度的升高孔隙率随之减小，其原因是在围压一定的条件下煤体温度升高所产生的热膨胀变形只能产生内向膨胀，致使微孔隙或裂隙变窄。

由体积压缩系数的定义可得

$$V_B = V_{B0}\exp(-K_Y\Delta\sigma') \quad (3-9)$$

由弹性力学可得

$$1 + e = 1 + \frac{V_B - V_{B0}}{V_{B0}} = \frac{V_B}{V_{B0}} \quad (3-10)$$

将式（3-9）代入式（3-10）可得

$$1 + e = \exp(-K_Y\Delta\sigma') \quad (3-11)$$

将式（3-5）、式（3-11）代入式（3-6）即得到在压缩条件下（扩容前）以有效应力和吸附热力学参数表达的孔隙率动态演化模型：

$$\varphi = 1 - \frac{1 - \varphi_0}{\exp(-K_Y\Delta\sigma')}\left[1 + \beta\Delta T - K_Y\Delta p + \frac{2\rho RTaK_Y}{3V_m(1 - \varphi_0)}\ln(1 + bp)\right] \quad (3-12)$$

3.1.2　含瓦斯煤有效应力原理

为方便有效应力规律的研究，假设：①含瓦斯煤体的变形是微小的；②含瓦斯煤体为均质和各向同性的线弹性体；③含瓦斯煤体系统是均匀连续介质系统；④含瓦斯煤体骨架整体变形产生的应变与有效应力之间的关系遵从广义虎克定律。

自由状态下含瓦斯煤体颗粒吸附瓦斯要产生吸附膨胀变形，在瓦斯压力作用下要产生压缩变形；煤体温度变化则产生热膨胀变形。由于在各向同性的线弹性煤体中各向的瓦斯压力、膨胀应力和应变均相同，结合式（3-3）和式（3-5），可以得出在瓦斯压力和温度共同作用下单位体积煤体各向所产生总膨胀线应变 ε 和各向总膨胀应力 σ：

$$\left.\begin{array}{l} \varepsilon = \dfrac{2\rho RTa(1-2v)}{3EV_{\mathrm{m}}}\ln(1+bp) + \dfrac{\beta\Delta T}{3} - \dfrac{1-2v}{E}\Delta p \\[3mm] \sigma = \dfrac{2\rho RTa(1-2v)}{3V_{\mathrm{m}}}\ln(1+bp) + \dfrac{E\beta\Delta T}{3} - (1-2v)\Delta p \end{array}\right\} \quad (3-13)$$

实际含瓦斯煤体中，煤粒内的微孔隙和煤体的裂隙均被吸附瓦斯和游离瓦斯充满，并与煤粒本身构成统一的整体。在外应力 σ_{i} 作用下，煤粒间在产生支撑作用力 F 的同时（图3-2），还产生平衡外力作用的由温度和瓦斯压力共同引起的总膨胀应力 σ。因被裂隙分割的各煤粒间处于不连续的点接触状态，煤粒变形并未完全限制，即要向裂隙空间发展并减小裂隙体积，由式（3-13）中第2式计算的总膨胀应力与有效应力一样是整个横截面积的平均值。同时，裂隙中的孔隙压力也平衡一部分外应力，虽然与支撑作用力相比很小，但对微观研究而言并不可忽略。

根据以上分析，在图3-2上任意选面积为 S 的截面 $B-B$，以该截面为研究对象。因总膨胀应力和瓦斯压力一样无方向性，根据受力平衡原理，则等式成立：

$$\sigma_{\mathrm{i}}S = (F+\sigma)(1-\varphi)S + p\varphi S \quad (3-14)$$

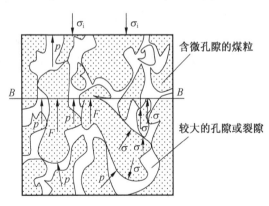

图3-2 含瓦斯煤的应力分析（陶云奇，2010）

支撑作用力是外力引起煤骨架变形的有效作用力，因此，把 F 折算到整个介质横截面之上即得含瓦斯煤体有效应力 σ'：

$$\sigma' = F(1-\varphi) \quad (3-15)$$

将式（3-15）代入式（3-16）得有效应力方程，并将其改写为习惯表达式：

$$\sigma' = \sigma_{\mathrm{i}} - \alpha p, \quad \alpha = \frac{\sigma(1-\varphi)}{p} + \varphi \quad (3-16)$$

式中，α 为孔隙压缩系数，$\alpha < 1$；φ、σ 分别为式（3-5）式（3-13）中第2式的表

达式。

陶云奇（2010）认为，式（3-16）所表达的含瓦斯煤体有效应力公式考虑了在外应力作用下使煤体骨架颗粒发生错动的结构变形和内应力引起的本体变形。在本体变形中，不但体现了煤体颗粒吸附瓦斯膨胀产生的自身变形，还顾全了煤粒在瓦斯压力作用下受压收缩和温度效应下热弹性膨胀的自身变形。在三向应力作用下煤的变形服从广义虎克定律，即

$$
\left.
\begin{aligned}
\varepsilon_1 &= \frac{1}{E}\left[\sigma_1 - v(\sigma_2 + \sigma_3)\right] - \frac{2\rho RTa(1-2v)^2}{3EV_m}\ln(1+bp) - \frac{\beta\Delta T(1-2v)}{3} + \frac{(1-2v)^2}{E}\Delta p \\
\varepsilon_2 &= \frac{1}{E}\left[\sigma_2 - v(\sigma_1 + \sigma_3)\right] - \frac{2\rho RTa(1-2v)^2}{3EV_m}\ln(1+bp) - \frac{\beta\Delta T(1-2v)}{3} + \frac{(1-2v)^2}{E}\Delta p \\
\varepsilon_3 &= \frac{1}{E}\left[\sigma_3 - v(\sigma_2 + \sigma_1)\right] - \frac{2\rho RTa(1-2v)^2}{3EV_m}\ln(1+bp) - \frac{\beta\Delta T(1-2v)}{3} + \frac{(1-2v)^2}{E}\Delta p
\end{aligned}
\right\}
$$

$$(3-17)$$

式中，ε_1、ε_2、ε_3 分别为 σ_1、σ_2、σ_3 方向上的线应变。

3.2 吸附—解吸煤体变形试验系统

为研究原煤吸附—解吸变形规律，根据煤的甲烷吸附量测定方法（MT/T 752—1997），对现有的实验平台进行改进，使之能满足原煤的吸附—解吸变形实验要求。改进后的模拟测试装置原理如图3-3所示。该装置的工作原理是，通过真空泵对装过煤且已经检查过气密性的煤样罐抽真空，当达到要求的真空度以后，通过充气罐向煤样罐充气，

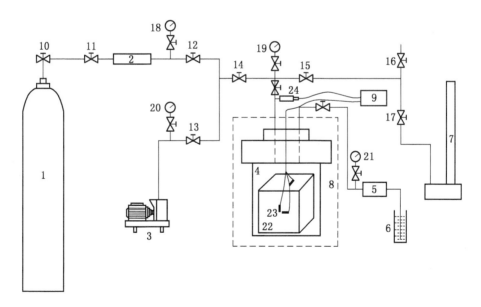

1—高压甲烷气瓶；2—充气罐；3—真空泵；4—煤样罐；5—平流泵；6—量桶；7—解吸仪；8—温度控制系统；
9—变形采集仪；10~17—高压阀门；18~21—精密压力表；22—原煤试件；23—应变仪；24—压力传感器

图3-3 模拟测试装置原理图

在设定的温度和压力下平衡后通过解吸装置计量吸附量和解吸量,通过吸附—解吸过程煤样变形数据,得出不同条件下的吸附—解吸变性规律。

3.2.1 实验仪器组成及功能

根据模拟测试系统各部分完成的功能,该实验装置可以分成以下几部分:

(1)真空脱气系统。该系统主要由真空泵、真空计等组成,主要能实现系统的脱气和真空度的监测。实验过程中此系统主要完成煤样罐的真空脱气和系统管路、煤样罐、充气罐的体积标定。

(2)恒温控制系统。该系统主要由高低温实验箱及相关电路组成,主要能给实验过程提供一个恒温的实验环境,高精度的温控模块的温度调节范围为 223.2 ~ 373.2 K,恒温波动范围为设定温度 ±0.5 K,保证了实验的精确性。

(3)吸附平衡—解吸系统。该系统主要由高压钢瓶、减压阀、充气罐、煤样罐、解吸仪等组成。该系统可以完成对不同吸附平衡压力下的煤样充气,达到设定的吸附平衡压力;可以模拟不同温度下煤样的甲烷解吸实验,确定不同解吸温度条件下煤样的甲烷解吸规律。

(4)信号采集系统。信号采集系统由压力传感器、温度传感器、数据采集卡、微机以及相关线路组成。该系统压力传感器以及应变片所反馈的信号通过数据采集卡进行实时巡检和记录,并能通过数据表格导出,保证实验数据的准确性和可靠性。

3.2.2 试验煤样

1. 煤样选择

实验所用样品均为原生结构煤,采自赵固二矿二$_1$煤层。赵固二矿二$_1$煤层赋存于山西组下部,上距砂锅窑砂岩(Ss)45.64 ~ 81.25 m,平均60.18 m;下距L8石灰岩19.65 ~ 40.24 m,平均27.01 m,层位稳定。煤层直接顶板以砂质泥岩、泥岩为主,间接顶板为细~粗粒砂岩(大占砂岩);底板多为砂质泥岩和粉砂岩,局部为细粒砂岩,偶见炭质泥岩。构造形态为走向西北、倾向西南,倾角3°~21°的单斜构造。南北分别受百泉断层和南云门断层控制,构造特征以断裂为主,局部发育小幅度次级断层与褶曲。煤系地层被第三、四系松散沉积物掩盖。

二$_1$煤层煤宏观煤岩组分以亮煤为主,暗煤次之,含少量丝炭透镜体,宏观煤岩类型属光亮型~半亮型。该煤层以块煤为主,夹有少量粒状煤,灰黑至黑灰色,条痕为灰黑色,似金属光泽,以贝壳状断口为主,局部为参差状。内生裂隙发育。块煤强度大,坚硬。据钻孔煤芯资料统计,块煤产率达到80%。视密度1.52 g/cm³。煤层厚度4.73 ~ 6.77 m,平均6.16 m,煤层厚度主要集中在6.00 ~ 6.50 m,底部为细—中粒砂岩,多夹泥质条带,具波状、透镜状层理,可采性指数 $K_m = 1$,标准差 $s = 0.51$,变异系数 $r = 8.27\%$,属稳定型厚煤层。结构比较简单,煤质变化很小,煤类单一,层位稳定,全区可采。

二$_1$煤层煤的自燃倾向性采用着火温度法与色谱吸氧法进行鉴定,自燃倾向性等级为Ⅲ级,属不易自燃煤层。二$_1$煤矿煤为低中灰、特低硫、低磷、一级含砷、较高软化温度、较高热稳定性、高强度、弱结渣性易选～较难选的无烟煤，其块煤产率较高，可作化工用煤、合成氨、高炉喷吹、动力配煤、水煤浆用煤，粉煤可作动力或民用燃料、动力配煤。

2. 试件制作

为了研究不同变质程度煤吸附变形各向异性特征，采用 TCHR－Ⅱ型切磨机（图 3－4）对实验所用测试煤样（图 3－5a）分别沿平行面割理方向、平行端割理方向和垂直层理 3 个正交方向将煤块切割加工成边长为 60 mm 的正方体煤块（图 3－5b），煤块在进行试验前，用酒精将煤表面擦拭干净，对其表面用砂纸轻轻打磨光滑，然后放入 100 ℃ 的干燥箱干燥 48 h，冷却后用保鲜袋密封保存备用。在 3 个面上选取表面无明显裂隙的地方，将 120 Ω 的电阻应变片粘贴在 3 个方向（1 号应变片测试煤样垂直层理方向的应变；2 号应变片测试煤样平行层理垂直面割理方向的应变；3 号应变片测试煤样平行层理垂直面端理方向的应变），加工成的正方体煤样和粘贴应变片后的煤样如图 3－6 所示。用连接端子与长导线连接，备用。

图 3－4　TCHR－Ⅱ型切磨机

(a)原煤块　　　　　　　　　　　(b)试件

图 3－5　煤样试件制作

3.2.3　实验步骤

1. 连接试验系统与检验试验系统气密性

按照试验装置原理（图 3－3）把各个子系统相互连接。首先检查所有压力调节及控制阀门是否全部关闭，如未关闭则将其关闭。打开所有进气阀和与压力表连接的阀门，向

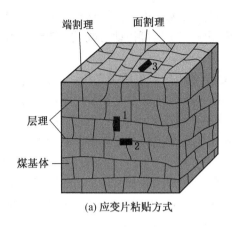

(a) 应变片粘贴方式　　　　　　　　　(b) 试验试件

图 3-6　应变片粘贴方式

吸附解吸室内充入试验最大气体压力，观察压力表读数在短时间内有无明显下降，如压力明显下降，对试验系统的线路连接处逐个进行检验，找出漏气处后立即处理。继续观察 1 h，若气体压强不再下降，保持平稳，结束气密性检验。

2. 安装试样

将加工好的试样放入相应的吸附解吸室，并把试样上应变传感器的导线与吸附解吸室上顶盖的信号传输装置相连，封闭吸附解吸室，再将信号传输装置与动态数据采集仪上的相应采集通道连接，做好记录。

3. 调试数据采集及数据记录子系统

打开计算机和数据采集仪，启动数据采集系统，对试验使用通道检验并调"0"，准备完成后开始记录数据。

4. 抽真空

关闭试验系统所有阀门，打开真空泵与吸附解吸室之间的控制阀门，使真空泵开始对吸附解吸室抽真空。抽真空过程持续 5 h，关闭阀门，记录抽真空结束时的时间和各通道的数值。

5. 吸附—解吸变形试验

（1）打开所有进气阀门，控制压力表的阀门保持关闭，调节调压阀，向吸附解吸室中预充少量气体，使吸附解吸室内相对压力为正值（压力表不能在负压环境工作）。

（2）打开控制压力表的阀门，缓慢调节调压阀，使吸附解吸室内压力达到试验初始压力值并保持稳定，直至煤样在该压力水平下达到吸附平衡。

（3）继续调节调压阀，将吸附解吸室内的压力增大，并始终稳定在设定值。

（4）重复上一步骤，每次吸附平衡后均将吸附解吸室中的气体压力增大至设定压力下达到吸附平衡视为吸附试验完成。

（5）将吸附至设定压力吸附平衡的煤样缓慢降压至 0 进行解吸试验。

（6）关闭所有控制阀门，打开控制压力表的阀门和每个吸附解吸室的排气阀，缓慢释放吸附解吸室内的气体。吸附解吸室内气体压力降低后，通过释放微量气体控制吸附解吸室内的气体压力稳定，关闭排气阀，试样压力水平下解吸平衡，记录解吸时间。

（7）重复上一步骤，每次吸附平衡后均将吸附解吸室中的气体压力降至常压，解吸试验完成。记录解吸试验数据，关闭所有控制阀门。

3.3 吸附变形测试结果与分析

图 3-7 所示为在不同瓦斯压力下煤样不同方向的吸附—解吸瓦斯全过程应变曲线，收缩变形为正值，膨胀变形为负值。图 3-7 中应变片 1、2、3 分别对应的测试应变为 ε_1、ε_2 和 ε_3，其中，ε_1 表示煤样垂直层理方向的应变；ε_2 表示煤样平行层理垂直面割理方向的应变；ε_3 表示煤样平行层理垂直端割理方向的应变。从图 3-7 可以看出，不同瓦斯压力煤样的各向应变具有相同的变化趋势。以时间为变量，煤样试件吸附—解吸全过程应变曲线均包括 6 部分（图 3-8）：

（1）抽真空煤样抽缩阶段（OA）：煤体内气体被抽出导致收缩变形增大，当煤体内气体压力较小时，对煤体变形影响减弱而趋于稳定。

（2）充气压缩变形阶段（AB）：充气过程由于短时间内充入大量气体，煤体在气体压力作用下被压缩，使得煤体压缩变形急剧增大，这是因为煤基质较致密，当瓦斯进入吸附罐后，在瓦斯压力梯度作用下，煤样裂隙和较大的孔隙中出现渗流瓦斯，只有少量的瓦斯发生扩散和吸附（刘延保，2010）。同时，高压瓦斯产生围压作用，使煤体在瓦斯压力加载的瞬间发生初始压缩变形，待吸附罐内瓦斯压力达到最大时，压缩变形量达到最大值；吸附过程中，由于煤体内气体被抽空，开始阶段瓦斯气体快速被煤体吸附，导致煤体的膨胀变形急剧增大，随着煤体对瓦斯吸附能力的减弱（趋近于饱和），膨胀变形趋于稳定。

（3）吸附膨胀阶段（BC）：随着充入煤样罐内的瓦斯进入煤体裂隙、孔隙，直至被煤体吸附，煤体内的孔隙压力开始迅速增大，煤体膨胀变形也急剧增大，而后随着煤体吸附能力减弱，被吸附的瓦斯也逐渐减小，孔隙压力缓慢增大直至趋于平衡，煤体膨胀变形也缓慢增大并趋于稳定。

（4）卸压膨胀变形阶段（CD）：当快速排出吸附罐内瓦斯时，煤样内来不及释放的游离瓦斯提供的孔隙压力使煤样所受有效应力迅速减小，即煤样外部空间游离瓦斯压力减小，煤样膨胀变形急剧增大。

（5）卸压后弹性恢复阶段（DE）：卸压时煤样内瓦斯大量流出，尤其是煤体内裂隙和较大孔隙中瓦斯压力迅速扩散、渗透出来，煤体内瓦斯压力减小，进而由卸压导致的煤体弹性膨胀变形恢复至原始状态。

（6）解吸收缩变形阶段（EF）：在初始解吸阶段，较大孔径内瓦斯迅速扩散、渗透出来，瓦斯解吸量大，解吸速度快，煤体收缩变形量加大，而后小孔、微孔内瓦斯扩散较慢，煤体内瓦斯解吸速度也减小，煤体收缩变形也逐渐趋于稳定。

3.3.1 抽真空阶段

在充气吸附之前，需对煤体内的气体进行抽真空处理。图 3-9 所示为 3 个煤样试件在抽真空过程中不同方向的变形特征。在开始抽真空阶段，由于煤样内部的气体压力迅速减小，导致煤体急剧收缩，而后随着抽真空时间的增长，煤体内的气体压力变化不大，煤体收缩变形趋于稳定。

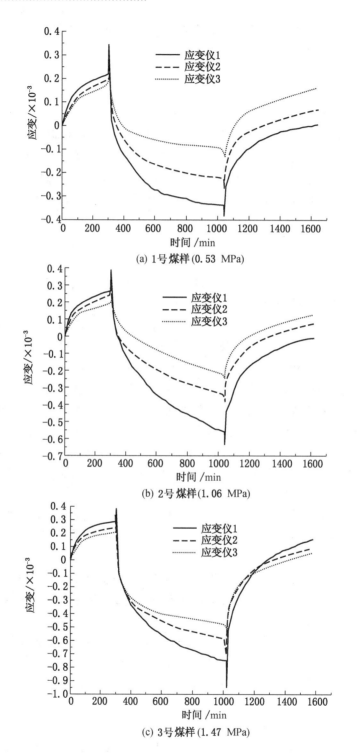

(a) 1号煤样(0.53 MPa)

(b) 2号煤样(1.06 MPa)

(c) 3号煤样(1.47 MPa)

图3-7 不同瓦斯压力下不同方向煤样吸附—解吸瓦斯全过程应变曲线

从图3-9可以看出，3个煤样3个方向上的应变-时间具有langmuir方程的形式，即煤样抽真空阶段3个方向的应变-时间具有式（3-18）的形式，拟合参数见表3-1，相

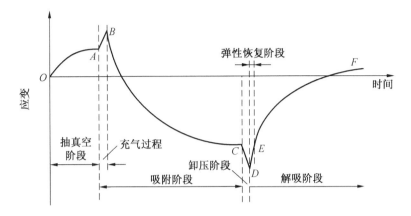

图 3-8 煤样吸附—解吸瓦斯全过程应变曲线分析示意图（张遵国，2014）

关系数均达到 0.99 以上。

$$\varepsilon_{\mathrm{v}} = \frac{a_{\mathrm{v}} b_{\mathrm{v}} t_{\mathrm{v}}}{1 + b_{\mathrm{v}} t_{\mathrm{v}}} \tag{3-18}$$

式中，a_{v} 为煤样抽真空产生的最大应变（即 $|\varepsilon_{\mathrm{v}}|_{\max}$），即平衡时的应变；$b_{\mathrm{v}}$ 为反映煤样体应变随时间变化快慢的参数，s^{-1}；t_{v} 为抽真空时间，s。

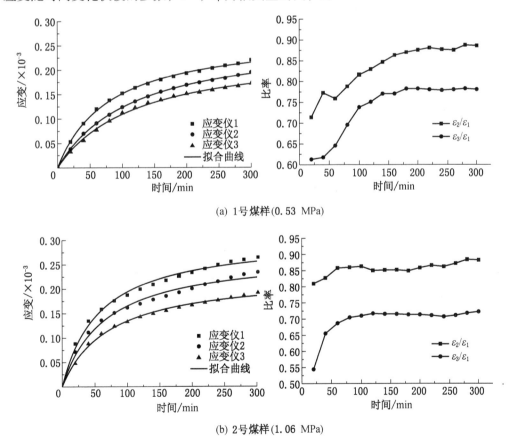

(a) 1号煤样(0.53 MPa)

(b) 2号煤样(1.06 MPa)

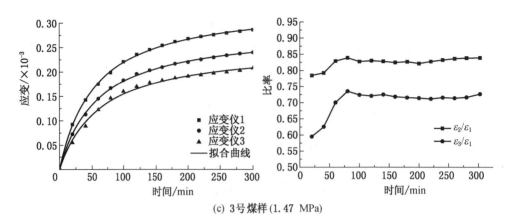

(c) 3号煤样(1.47 MPa)

图 3-9　不同瓦斯压力下不同方向煤样抽真空阶段应变曲线

表 3-1　抽真空阶段煤体各向变形拟合参数

应变片编号	式样编号								
	1			2			3		
	$a_v/(\times 10^{-3})$	b_v	R^2	$a_v/(\times 10^{-3})$	b_v	R^2	$a_v/(\times 10^{-3})$	b_v	R^2
1	0.27315	0.01244	0.9989	0.30574	0.01743	0.9920	0.34022	0.01818	0.9996
2	0.26736	0.0086	0.9996	0.27252	0.01543	0.9889	0.28698	0.01705	0.9995
3	0.2410	0.0083	0.9983	0.22965	0.0142	0.9964	0.25224	0.01583	0.9953

3.3.2　吸附膨胀阶段

吸附膨胀变形与时间关系以充气压缩变形最大值处（图 3-8 中的 B 点）为吸附膨胀变形起始点，起始点体应变和时间均记为 0，得到如图 3-10 所示的煤样吸附体应变 - 时间曲线。

从图 3-10 可以看出，3 个煤样 3 个方向的吸附瓦斯过程中的体应变 - 时间曲线均具有 langmuir 方程形式，即 3 个煤样吸附瓦斯过程中不同方向的应变与时间有式（3-19）的关系，拟合参数见表 3-2。

$$\varepsilon_a = \frac{a_a b_a t_a}{1 + b_a t_a} \tag{3-19}$$

式中，a_a 为煤样瓦斯吸附产生的最大应变（即 $|\varepsilon_a|_{max}$），即平衡时的应变；b_a 为反映煤样体应变随时间变化快慢的参数，s^{-1}；t_a 为抽真空时间，s。

表 3-2　吸附阶段煤体各向变形拟合参数

应变片编号	式样编号								
	1(0.53 MPa)			2(1.06 MPa)			3(1.47 MPa)		
	$a_a/(\times 10^{-3})$	b_a	R^2	$a_a/(\times 10^{-3})$	b_a	R^2	$a_a/(\times 10^{-3})$	b_a	R^2
1	−0.710	0.0230	0.9689	−1.0339	0.00909	0.9666	−1.1688	0.0167	0.9528
2	−0.530	0.0210	0.9841	−0.7063	0.0122	0.9590	−0.9334	0.0261	0.9519
3	−0.351	0.0235	0.9940	−0.5464	0.00602	0.9634	−0.7855	0.0328	0.9786

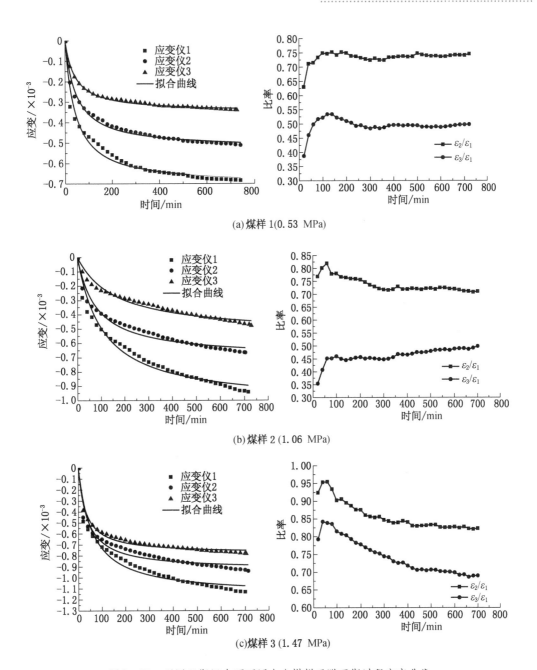

(a) 煤样 1(0.53 MPa)

(b) 煤样 2 (1.06 MPa)

(c) 煤样 3 (1.47 MPa)

图 3-10 不同瓦斯压力下不同方向煤样吸附瓦斯过程应变曲线

3.3.3 解吸收缩阶段

解吸收缩变形以弹性恢复变形终止点（图 3-8 中 E 点）为解吸收缩变形起始点，起始点应变和时间均记为 0，得到如图 3-11 所示的煤样解吸体应变 – 时间曲线。从图 3-11 中可以看出，3 个煤样 3 个方向的吸附瓦斯过程中的体应变 – 时间曲线均具有 langmuir 方程形式，即 3 个煤样吸附瓦斯过程中不同方向的应变与时间有式（3-20）的关系，拟合参数见表 3 - 3。

$$\varepsilon_d = \frac{a_d b_d t_d}{1 + b_d t_d} \qquad (3 - 20)$$

式中，a_d 为煤样瓦斯解吸产生的最大应变（即 $|\varepsilon_d|_{max}$），即平衡时的应变；b_d 为反映煤样体应变随时间变化快慢的参数，s^{-1}；t_d 为抽真空时间，s。

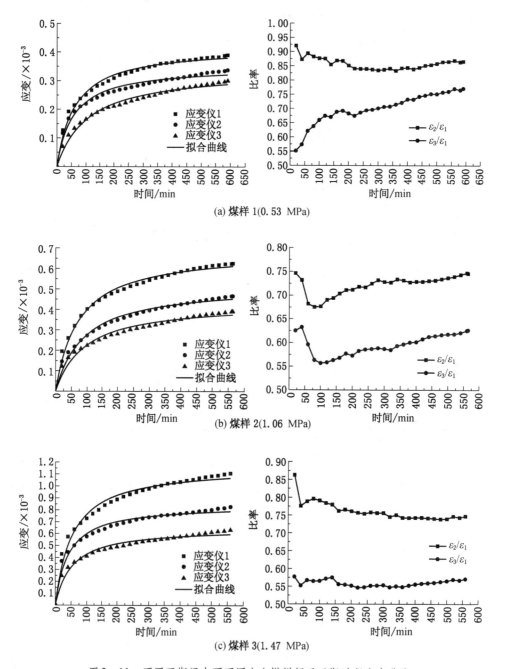

(a) 煤样 1(0.53 MPa)

(b) 煤样 2(1.06 MPa)

(c) 煤样 3(1.47 MPa)

图 3 - 11　不同瓦斯压力下不同方向煤样解吸瓦斯过程应变曲线

表 3-3 解吸阶段煤体各向变形拟合参数

应变片编号	式 样 编 号								
	1(0.53 MPa)			2(1.06 MPa)			3(1.47 MPa)		
	$a_d/(\times 10^{-3})$	b_d	R^2	$a_d/(\times 10^{-3})$	b_d	R^2	$a_d/(\times 10^{-3})$	b_d	R^2
1	0.41908	0.01624	0.9874	0.69014	0.01367	0.9901	1.16786	0.01874	0.9782
2	0.35173	0.01782	0.9779	0.52336	0.01116	0.9837	0.84635	0.0242	0.9756
3	0.34094	0.00914	0.9848	0.43578	0.01071	0.9693	0.65004	0.0191	0.9695

3.3.4 吸附—解吸变形各向异性分析

1. 抽真空阶段

相同抽真空条件下，不同煤样在不同方向上的应变随时间具有相同的变化特征，即先迅速增大，而后缓慢增大。对于同一煤样，不同方向上的应变具有显著的差别，即结构异性特征。对于 1 煤样，平行层理垂直面割理方向的应变 a_{v2} 值、平行层理垂直端割理方向的应变 a_{v3} 值分别为垂直层理方向的应变 a_{v1} 值的 0.979 倍和 0.882 倍。对于 2 煤样，平行层理垂直面割理方向的应变 a_{v2} 值、平行层理垂直端割理方向的应变 a_{v3} 值分别为垂直层理方向的应变 a_{v1} 值的 0.891 倍和 0.751 倍。对于 3 煤样，平行层理垂直面割理方向的应变 a_{v2} 值、平行层理垂直端割理方向的应变 a_{v3} 值分别为垂直层理方向的应变 a_{v1} 值的 0.843 倍和 0.741 倍。这反映出煤体在抽真空阶段各个方向收缩变形不同，垂直层理方向变形最大，其次是平行层理垂直面割理方向，平行层理垂直端割理方向的应变最小。

2. 吸附膨胀阶段

根据试验结果，利用式（3-19）拟合得到煤样在各种吸附瓦斯压力下的朗格缪尔系数（表 3-2）。由表 3-2 可知，相同瓦斯吸附平衡压力下，垂直层理方向的吸附膨胀应变 a_{a1} 值均大于平行层理垂直面割理方向的应变 a_{a2} 值和平行层理垂直端割理方向的应变 a_{a3} 值。对于 1 煤样（瓦斯吸附平衡压力 0.53 MPa），平行层理垂直面割理方向的应变 a_{a2} 值、平行层理垂直端割理方向的应变 a_{a3} 值分别为垂直层理方向的应变 a_{a1} 值的 0.746 倍和 0.494 倍。对于 2 煤样（瓦斯吸附平衡压力 1.06 MPa），平行层理垂直面割理方向的应变 a_{a2} 值、平行层理垂直端割理方向的应变 a_{a3} 值分别为垂直层理方向的应变 a_{a1} 值的 0.683 倍和 0.528 倍。对于 3 煤样（瓦斯吸附平衡压力 1.47 MPa），平行层理垂直面割理方向的应变 a_{a2} 值、平行层理垂直端割理方向的应变 a_{a3} 值分别为垂直层理方向的应变 a_{a1} 值的 0.798 倍和 0.672 倍。这反映了煤体在垂直层理方向具有更强的吸附膨胀变形能力。这主要是因为煤体内部层理面上有较多孔隙、裂隙存在，瓦斯分子进入敞开或半封闭的孔隙、裂隙系统后，垂直层理方向变形较大，变形主要反映了煤体基质本身的变形。而平行层理垂直端割理方向煤体裂隙、孔隙较少，包含了煤体基质和裂隙变形两方面的变形，煤体结合较为紧密，进而膨胀变形也较小。

3. 解吸收缩阶段

根据试验结果，利用式（3-20）得到 3 个煤样在 3 个方向的朗格缪尔系数（表 3-3）。由表 3-3 可知，相同原始瓦斯压力下，垂直层理方向的解吸收缩应变 a_{d1} 值均大于平行层理垂直面割理方向的应变 a_{d2} 值和平行层理垂直端割理方向的应变 a_{d3} 值。对于 1 煤样（瓦斯吸附平衡压力 0.53 MPa），平行层理垂直面割理方向的应变 a_{d2} 值、平行层理垂直端割理方向的应变 a_{d3} 值分别为垂直层理方向的应变 a_{d1} 值的 0.839 倍和 0.813 倍。对于 2 煤样（瓦斯吸附平衡压力 1.06 MPa），平行层理垂直面割理方向的应变 a_{d2} 值、平行层理垂直端割理方向的应变 a_{d3} 值分别为垂直层理方向的应变 a_{d1} 值的 0.758 倍和 0.631 倍。对于 3 煤样（瓦斯吸附平衡压力 1.47 MPa），平行层理垂直面割理方向的应变 a_{d2} 值、平行层理垂直端割理方向的应变 a_{d3} 值分别为垂直层理方向的应变 a_{d1} 值的 0.725 倍和 0.556 倍。这反映了煤体在垂直层理方向具有更强的解吸收缩变形能力。这是因为层理面上孔隙、裂隙发育发达，在瓦斯解吸时，此处的瓦斯更容易渗透、扩散，进而煤体收缩变形较大，而端割理面由于孔隙、裂隙连通性较差，瓦斯不易扩散，因而收缩变形较小。

3.3.5 应变－瓦斯压力关系

1. 吸附膨胀阶段

图 3－12 所示为吸附瓦斯煤体膨胀阶段不同方向煤样瓦斯吸附产生的最大应变随瓦斯吸附平衡压力的变化规律。从图 3－12 中可以看出，随着瓦斯吸附平衡压力的增大，煤体各方向的最大应变均呈线性增大。同时，从图 3－12 中还可以看出，同一吸附平衡压力下 3 个方向的最大应变差别显著，即煤体吸附瓦斯变形具有明显的各向异性特征：垂直层理方向的吸附膨胀应变最大，平行层理垂直面割理方向的应变次之，平行层理垂直端割理方向的应变最小。

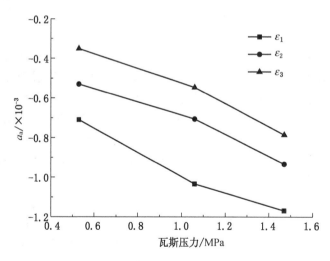

图 3－12 吸附膨胀最大应变随瓦斯吸附平衡压力变化规律

2. 解吸收缩阶段

图 3－13 所示为瓦斯解吸煤体收缩阶段不同方向产生的最大应变随瓦斯吸附平衡压力的变化规律。从图 3－13 中可以看出，随着瓦斯吸附平衡压力的增大，煤体各方向的最大收缩应变均幂指数增大。同时，从图 3－13 中还可以看出，同一吸附平衡压力下 3 个方向的最大收缩应变差别显著，即煤体解吸变形具有明显的各向异性特征。垂直层理方向的解

吸收缩应变最大，平行层理垂直面割理方向的应变次之，平行层理垂直端割理方向的应变最小。

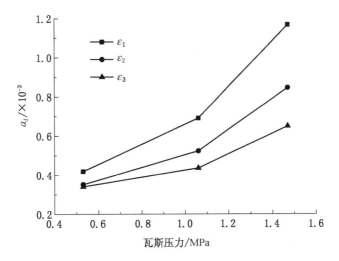

图 3-13　解吸收缩最大应变随瓦斯吸附平衡压力变化规律

3.3.6　吸附—解吸变形的不可逆性

煤体吸附—解吸瓦斯平衡后，释放高压吸附缸内的瓦斯气体至标准大气压，试验完成后发现煤体不能恢复到试验前的形态，存在一定的残余变形，吸附气体压力越大，残余变形值也越大。这是因为当吸附瓦斯压力下降时，吸附气体发生解吸—扩散现象，一部分吸附气体从煤体结构内部释放出来，引起煤体发生收缩变形；同时，由于试样周围的瓦斯气体产生的围压迅速卸载，使煤体内微孔隙和微裂隙迅速闭合，瓦斯的运移通道受到制约，原来借助于气体压力楔入煤体基质的瓦斯不能释放出来。因此，当气体压力降至标准大气压时，煤体的变形值并不是0，而是存在一定的残余变形。

瓦斯压力越大时，煤体的吸附量和膨胀变形值越大，周围瓦斯压力卸载时，禁锢在煤体里的瓦斯量也越大，因此，造成的残余变形量也越大。为了解决吸附膨胀变形的不可逆性对试验造成的影响，本书在进行不同瓦斯压力的试验时，均增加了抽真空的步骤，以保证试验结果的可比性。

3.4　煤体吸附膨胀效应的工程应用

1. 煤层突出危险性测定

以上研究表明，吸附膨胀效应是煤体的固有特性，膨胀变形值是煤体强度、变质程度、煤层温度、孔隙特性、裂隙发育程度、外界应力以及含瓦斯能力强弱等因素影响的综合反映。在同样的瓦斯压力条件下，突出煤的吸附膨胀变形值远大于非突出煤的（黄运飞，1993）。因此，在进行煤层突出危险性测定时，可将煤体的膨胀变形值作为一项重要辅助指标。可以根据煤体吸附膨胀效应影响因素的定量研究，制定基于吸附膨胀效应的煤层突出危险性鉴定指标体系（于洪雯，2013；魏彬，2019；张遵国，2014）。

2. 煤层透气性

在煤层瓦斯的运移过程中，瓦斯的吸附、解吸会使煤体产生膨胀和收缩变形，改变煤体的物理力学性质。尤其是煤体孔隙—裂隙结构的改变，将使煤体的渗透性发生变化，从而影响瓦斯在煤体中的赋存与流动。因此，煤体的吸附膨胀特性是煤层透气性的重要影响因素。增加煤层的透气性是消除煤与瓦斯突出危险、提高煤层瓦斯抽放率的有效途径，在实施增透技术措施时，则需要考虑煤体的吸附膨胀效应。

3.5　本章小结

基于不同瓦斯压力条件下的原煤吸附—解吸瓦斯变形全过程试验，研究了煤样在 3 个方向上吸附—解吸瓦斯过程中的变形规律。研究结果表明：

（1）原煤吸附—解吸瓦斯全过程应变曲线可划分为抽真空收缩变形、充气压缩变形、吸附膨胀变形、卸压膨胀变形、卸压后弹性恢复变形和解吸收缩变形等 6 个阶段。

（2）以时间为参照变量，煤样主要的抽真空收缩阶段、吸附膨胀阶段和解吸收缩阶段的应变曲线均具有朗格缪尔方程形式。

（3）原煤吸附膨胀和解吸收缩变形均呈各向异性，平行层理垂直面割理方向的应变值、平行层理垂直面端理方向的应变均小于垂直层理方向的应变。

（4）原煤吸附—解吸瓦斯全过程应变曲线的卸压膨胀变形阶段能够较好地表征煤与瓦斯突出特性，通过研究原煤卸压膨胀变形特征对进一步认识煤与瓦斯突出机理具有重要意义。

4 煤层瓦斯各向渗透异性

渗透率是反映煤层瓦斯渗流的物性参数，它不仅是瓦斯抽采难易程度的关键参数，也是研究煤与瓦斯突出、煤层气开采、煤炭地下气化等重大工程中经常用到的重要参数（李波，2014；傅雪海，2002）。

国内外学者针对煤的渗透率进行了大量的理论和实验研究，成果主要集中在应力、温度、吸附膨胀、孔隙裂隙等因素对渗透率的影响规律方面（傅雪海，2002；Wang，2013；胡雄，2012；George，2001；Yin，2013；王刚，2012）。但是，在漫长的地质年代，由于煤储层沉积过程中具有取向性，导致不同方向的渗透率不同，即储层存在各向异性，尤其在层理方向和节理方向上更为明显（Laubach，1998；黄学满，2012；Wang，2014）。在油气田开发过程中开发方式的选择与设计，就充分利用了储层渗透率各向异性的特点，为提高采收率提供了重要的物性资料（BAGHERI，2007；孙东生，2012；王端平，2005）。

煤储层原生层理对其渗透率也有着较大影响，同一块煤样在相同条件下测定渗透率，渗透压力的方向如果与煤样的层理面垂直，则渗透率最小；渗透压力的方向如果与煤样的层理面平行，则渗透率最大（王锦山，2006），且平行层理的渗透率是垂直层理的 2~10 倍。受原始沉积层理的影响，渗透性在煤储层的不同方向上存在着差异。煤层的基质孔隙渗透率极低，因此煤层渗透率主要指煤层割理渗透率，其原始渗透率一般小于 1×10^{-3} μm^2。煤储层的渗透性具有强烈的各向异性，因为煤层中渗透率在很大程度上受裂隙控制，在裂隙发育且延伸较长的方向，煤往往具有较高的渗透率，这一方向的渗透率要比垂直方向高出几倍，甚至一个数量级。由于面割理的连通性、密度等大于端割理，因而其渗透率也大于端割理。

随着煤层瓦斯抽采力度的加大，煤层瓦斯渗透率各向异性的问题也逐渐引起了国内外学者的重视。Koenig 和 Stubbs（1986）对美国 Warrior 盆地煤层的渗透率测试表明，不同层理方向渗透率比达 17:1；Wang（2011）、Li（2004）等在不同层理、节理条件下进行渗透试验，指出层理、节理构造对渗透和变形均有重要影响。傅雪海（2001）基于煤割理压缩实验，建立了应力与割理宽度之间的数学模型，可对深部煤储层渗透率进行预测。陈世达（2017）、潘荣锟（2014）、刘星光（2013）等采集了具有层理构造的大块煤样，制取了平行层理的原煤试样，深入研究不同加卸载条件下层理裂隙煤体的变形和渗透演化特性。黄学满（2012）对煤样试件平行层理和垂直层理方向上的渗透率测定表明，两个方向上的渗透率相差约为 1 个数量级，并建立了煤样瓦斯渗流的串联和并联阻流模型。

煤的渗透率是研究瓦斯渗流特性及运移规律的关键参数，而煤体结构各向异性导致渗透率大小具有明显的方向性。本章利用 TC‑Ⅲ型多层叠置气藏联合开发模拟仪，对垂直层理方向、平行层理沿面割理方向和平行层理沿端割理方向的煤样试件在不同瓦斯压力、不同轴压围压下的渗透率进行测试，并根据等效驱替原理建立各向异性煤体渗透率的计算模型，数值分析了煤体渗流的定向性特征。

4.1 TC – Ⅲ型多层叠置气藏联合开发模拟仪

TC – Ⅲ型多层叠置气藏联合开发模拟仪提供了一种模拟复合多层气藏开采的实验方法及装置。随着非常规气藏勘探开发规模的不断扩大，煤层、致密砂岩层和页岩层多层叠置现象逐渐普遍。对于厚度较小的气层，单层开采存在产能低、开采难度大的问题。为了提高气井产能和效率，实现气井的高效开采，国内外学者相继提出了多储层分层压裂合层排采、合层压裂合层排采等工艺技术。多层合采不仅可以提高单井产能，减小油压，改善整个气田的开发效益，还能够延长气井稳产期，减小气井综合成本，已成为气井增产降本的有效手段。

目前，用于气藏多层合层开采模拟研究的实验方法和装置主要针对单一类型气藏，如砂岩气藏多层合层开采室内实验模拟、煤层气藏多层合层开采气液流动室内实验模拟等。

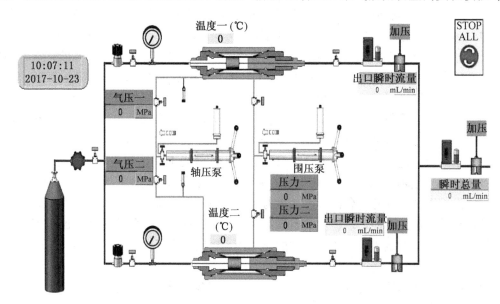

图 4 – 1 TC – Ⅲ型多层叠置气藏联合开发模拟仪流程图

该装置（图 4 – 1 和图 4 – 2）通过多个长岩芯夹持器并联，模拟气体在气藏中多个气层内部的流动；通过高压气源和气体增压器向岩芯孔隙通入饱和气，模拟气藏储层原始压力，通过高压注射泵向多个岩芯夹持器中的岩芯加围压，模拟上覆岩层压力；通过装置末端的调压阀和气体计量装置控制生产压差和流量，模拟气藏定产量衰竭或定压差衰竭开采；通过长岩芯夹持器正体上与进出口端的压力传感器记录沿程压力变化。通过长岩芯夹持器末端的气体计量装置记录数值，记录各层测试点的压力、进出口压力数值等参数进行数据研究。

4.1.1 主要功能

（1）多层合采气井因受多层气藏层间连通性、层间地层压力差异、渗透性差异及控制

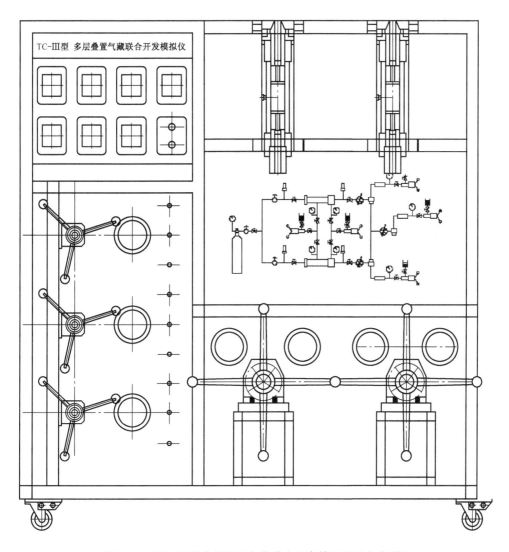

图4-2　TC-Ⅲ型多层叠置气藏联合开发模拟仪设备外形图

范围差异的影响而表现出不同的动态特征，通过实验研究可以对多层合采气井敏感因素进行机理性研究，掌握多层合采气井开发动态的特殊性，由此确定气井多层合采的适用条件。

（2）在建立层间无窜流双层模型的基础上，利用数值模拟的方法，从气藏压力、储层物性方面采用单因素和正交因素分析方法入手，可为多层气藏开发层系划分提供正确的理论数据。

（3）通过对模拟计算结果的分析，阐明了井底压力曲线的特点和利用该曲线进行试验矿井瓦斯压力的解释，并说明了气藏层间越流的特点及性状。

（4）采用实验模拟、气藏工程和数值模拟等多种方法研究了储层非均质性、层间储量分布、气井出水等对储量动用程度的影响。可以通过合理划分合采层系、优化射孔和优化配产等策略提高多层气藏储量的动用程度。

（5）对多层气藏地层压力求解进行研究分析，通过建立多层气藏理论模型，求出分层平均压力的变化，并根据气层间压力平衡计算当前地层压力。

（6）建立井储系数、表皮效应和储层应力敏感性影响的井口定产和井底定压情形下的多层合采气井渗流数学模型。通过配产研究，得到了定产时气井井底压力变化、各层的压力分布、各小层窜流量、各小层产量及各小层的产量贡献率；定井底压力时各小层的窜流量、气井总产量、各小层产量及各小层的产量贡献率。

4.1.2 主要配置及参数

TC－Ⅲ型多层叠置气藏联合开发模拟仪主要配置见表4－1。主要参数分别为岩芯规格：$\phi 50 \times 100$ mm；环压：50 MPa；轴压：50 MPa；驱替压力：15 MPa；压力计量精度：0.25%；工作温度：室温；流量计量程0～500 mL/min；回压控制精度：0.1 MPa；驱替压力控制精度：0.1 MPa。

表4－1 TC－Ⅲ型多层叠置气藏联合开发模拟仪主要配置

序号	名称	技术规格（详细配置）	数量
1	岩芯夹持器	$\phi 50 \times 100$ mm，环压轴压40 MPa	2
2	气体减压阀	入口16 MPa，出口10 MPa，甲烷气	2
3	压力表	Y100，16 MPa，0.4级	2
4	环压、轴压泵	JB－3，50 MPa，210 mL	2
5	压力传感器	10 MPa，40 MPa各2套	4
6	压力二次仪表	NHR－5100	4
7	气体质量流量计	甲烷气体，10 MPa，200 mL/min，瞬时累计	3
8	回压系统	回压容器、回压阀、回压表等共3套，回压泵3套共用	1
9	支架	铝型材	1
10	管阀件	304不锈钢，3 mm	1
11	电气部分	电源开关，电子电路	1

4.2 煤样制备

实验煤样取自赵固二矿的原煤块，煤体中存在正交的天然裂隙，而连续性较弱的端割理的发育受限于连续性较强的面割理（图4－3）。本实验取样利用KD－2新型岩芯钻取机，按图4－4中的 x、y、z 三个方向上取芯，x 方向是平行层理沿面割理方向（测试面割理方向渗透率 k_1）、y 方向是平行层理沿端割理方向（测试端割理方向渗透率 k_2）、z 方向为垂直层理方向（测试垂直层理方向渗透率 k_3），取样煤体如图4－5所示，取出的煤芯如图4－6所示，取芯后用切割机将上下端面打磨光滑、平行，煤样试件尺寸 $\phi 50 \times 100$ mm，具体实物分别如图 4 - 7 和图 4 - 8 所示。实验气体采用纯度为 99.99% 的甲烷。

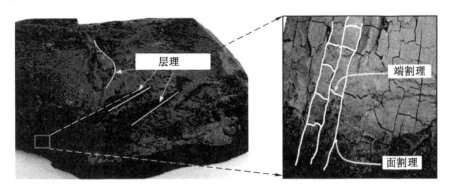

图 4 - 3 煤样层理/割理

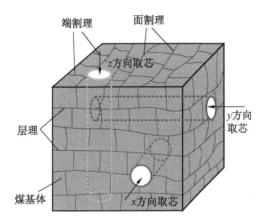

图 4 - 4 煤样取芯方向

图 4 - 5 取样煤体

图 4-6 取出的煤芯

图 4-7 切割打磨后煤芯

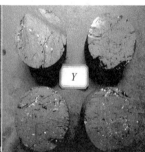

图 4-8 煤芯端面

4.3 实验系统及测试方法

TC-Ⅲ型多层叠置气藏联合开发模拟仪的试验系统主要由煤样夹持器、应力加载系统、充气系统、真空脱气系统、温度控制系统及数据采集系统组成，试验系统如图 4-9 所示，试验装置如图 4-10 所示。

主要试验测试步骤如下：

（1）将制备好的煤样装入煤样夹持器中，进行密封处理。

（2）真空脱气 12 h 以上，排除杂质气体对试验造成的误差。

（3）调节恒温装置，使整个试验过程处于 30 ℃ 的恒温环境中。

（4）采用应力加载系统中的手动高压泵，对煤样加载至设定围压。

（5）对煤样通入瓦斯气体，待吸附压力 2 h 之内变化小于 0.01 MPa，即认为气体达到吸附平衡。

（6）打开煤样气体出口端，直至气体渗流达到稳定状态，测定瓦斯渗透量。

（7）更换其他煤样，从步骤（1）开始重复以上步骤，直至完成所有煤样的试验。

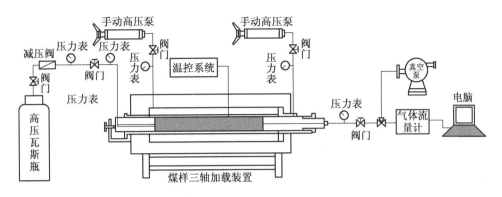

图 4-9 试验系统

图 4-10 试验装置

4.4 测试结果及分析

4.4.1 渗透率计算

试验采用达西稳定流方法测定煤样的渗透率，分别测定煤样在不同吸附瓦斯压力条件下稳态时的气体流量，根据气体通过煤样的流量和煤样进出口两端的渗透压力差等参数计算煤样的平均渗透率 k，其表达式如下（黄学满，2012；魏建平，2014；岳高伟，2015）：

$$k = \frac{2\mu p_0 QL}{S(p_1^2 - p_2^2)} \quad (4-1)$$

式中，Q 为标准状况下的气体渗流量，cm^3/s；p_0 为一个标准大气压，Pa；μ 为瓦斯气体动力黏度，Pa·s；L 为煤样试件长度，cm；p_1，p_2 分别为煤样渗透气体进口、出口压力，Pa；S 为煤样试件横截面积，cm^2。

4.4.2 渗透率测试结果

在不同瓦斯压力、不同围压轴压下煤样的渗透率测试结果如图 4 - 11 所示。从图 4 - 11 中可以看出，在相同的瓦斯压力、围压和轴压下，不同方向上煤体的渗透率差别较大，面割理方向的渗透率最大，端割理方向上的渗透率次之，垂直层理方向的渗透率最小。

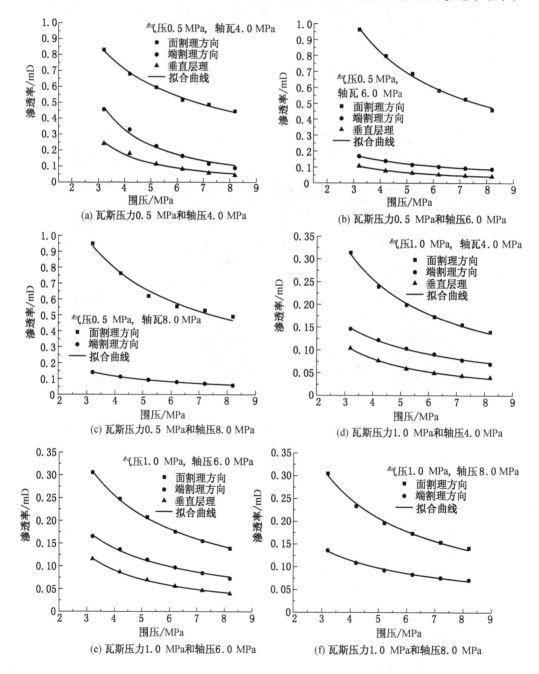

(a) 瓦斯压力0.5 MPa和轴压4.0 MPa

(b) 瓦斯压力0.5 MPa和轴压6.0 MPa

(c) 瓦斯压力0.5 MPa和轴压8.0 MPa

(d) 瓦斯压力1.0 MPa和轴压4.0 MPa

(e) 瓦斯压力1.0 MPa和轴压6.0 MPa

(f) 瓦斯压力1.0 MPa和轴压8.0 MPa

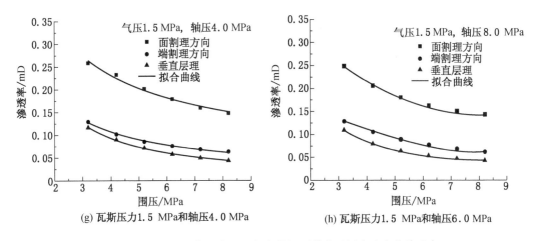

(g) 瓦斯压力1.5 MPa和轴压4.0 MPa   (h) 瓦斯压力1.5 MPa和轴压6.0 MPa

图4-11 不同瓦斯压力、围压和轴压下煤体不同方向上的渗透率

从图4-11中可以看出,在相同的瓦斯压力和轴压下,煤体渗透率均随围压的增大呈幂指数减小,其拟合关系见表4-2,相关系数均达到0.97以上。

表4-2 渗透率与围压的拟合关系式

瓦斯压力/MPa	围压/MPa	渗透率方向	拟合关系式	相关系数
0.5	4	面割理	$k_1 = 1.7933p^{-0.6687}$	0.9951
		端割理	$k_2 = 2.9616p^{-1.5834}$	0.9841
		垂直层理	$k_3 = 1.7151p^{-1.6525}$	0.9731
	6	面割理	$k_1 = 2.3645p^{-0.7639}$	0.9956
		端割理	$k_2 = 0.3934p^{-0.7296}$	0.9950
		垂直层理	$k_3 = 0.3493p^{-1.0275}$	0.9940
	8	面割理	$k_1 = 2.2094p^{-0.7402}$	0.9783
		端割理	$k_2 = 0.3977p^{-0.8900}$	0.9965
1.0	4	面割理	$k_1 = 0.8584p^{-0.8740}$	0.9956
		端割理	$k_2 = 0.3634p^{-0.7710}$	0.9942
		垂直层理	$k_3 = 0.3622p^{-1.080}$	0.9951
	6	面割理	$k_1 = 0.8149p^{-0.8382}$	0.9985
		端割理	$k_2 = 0.4434p^{-0.8372}$	0.9931
		垂直层理	$k_3 = 0.4234p^{-1.1110}$	0.9980
	8	面割理	$k_1 = 0.7934p^{-0.8350}$	0.9939
		端割理	$k_2 = 0.3081p^{-0.7139}$	0.9917
1.5	4	面割理	$k_1 = 0.5283p^{-0.5949}$	0.9823
		端割理	$k_2 = 0.3178p^{-0.7830}$	0.9940
		垂直层理	$k_3 = 0.4002p^{-1.0528}$	0.9980
	6	面割理	$k_1 = 0.4972p^{-0.6052}$	0.9926
		端割理	$k_2 = 0.3188p^{-0.7767}$	0.9996
		垂直层理	$k_3 = 0.3622p^{-1.0407}$	0.9940

在此设 k_1 为面割理方向渗透率；k_2 为端割理方向渗透率；k_3 为垂直层理方向渗透率。则相同瓦斯压力和轴压下，面割理方向渗透率与垂直层理方向渗透率的比值（k_1/k_3），端割理方向渗透率与垂直层理方向渗透率的比值（k_2/k_3）随围压的变化规律如图 4 – 12 所示。在瓦斯压力较低时（0.5 MPa），面割理方向渗透率为垂直层理方向渗透率的 8 倍左

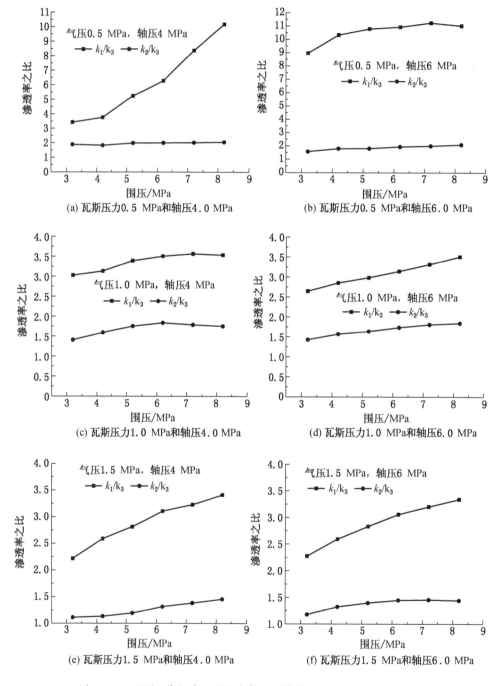

图 4-12　不同瓦斯压力、围压和轴压下煤体不同方向上渗透率对比

右，端割理方向渗透率是垂直层理方向渗透率的 2 倍左右。随着瓦斯压力增大，渗透率变大，在瓦斯压力较高时（1.5 MPa），面割理方向渗透率为垂直层理方向渗透率的 3 倍左右，端割理方向渗透率是垂直层理方向渗透率的 1.5 倍左右。

在相同瓦斯压力下，不同轴压时渗透率随围压的变化规律如图 4-13 所示。从图 4-13 中可以看出，在瓦斯压力较低时（0.5 MPa），轴压对煤体在面割理方向、端割理方向和垂直层理方向的渗透率影响较大，轴压越大，瓦斯在煤体中的渗透率越小。瓦斯压力较大时，轴压对煤体渗透率影响不大。

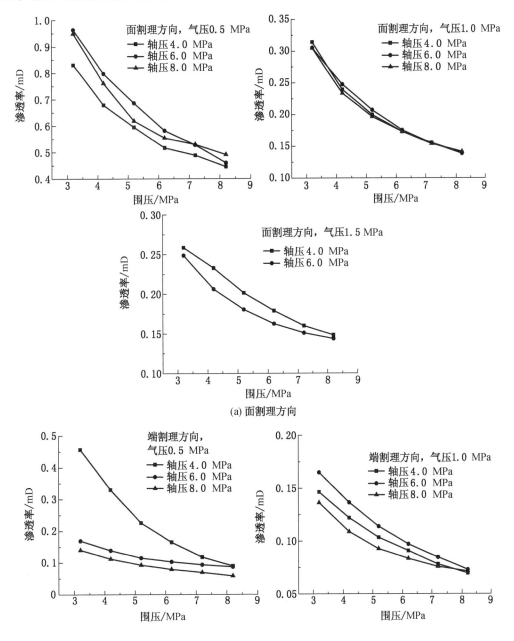

(a) 面割理方向

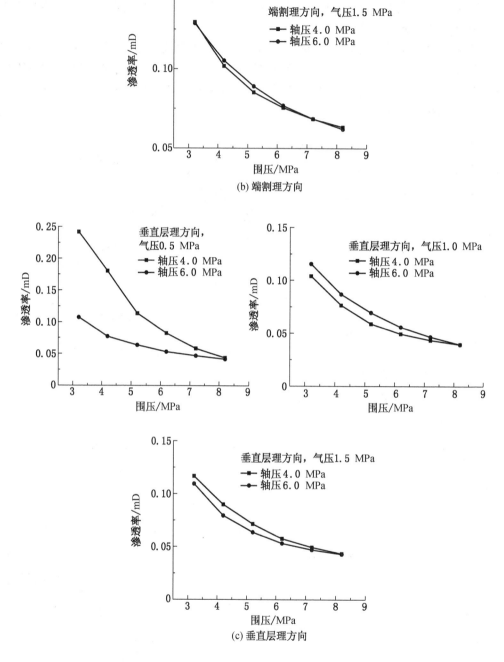

(b) 端割理方向

(c) 垂直层理方向

图 4-13　轴压对煤体不同方向上渗透率的影响

　　瓦斯压力对不同方向渗透率影响如图 4-14 所示。从图 4-14a 中可知，对于面割理方向，瓦斯压力较小时，渗透率较大。端割理方向和垂直层理方向，轴压较大时，瓦斯压力对渗透率影响不大。

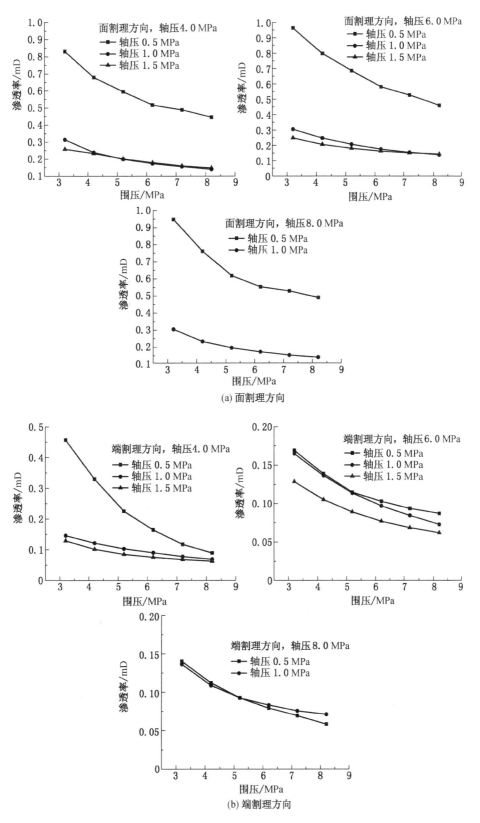

(a) 面割理方向

(b) 端割理方向

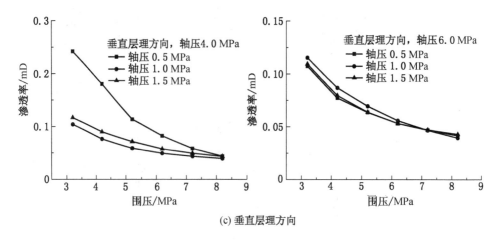

(c) 垂直层理方向

图 4-14　瓦斯压力对煤体不同方向上渗透率的影响

4.5　各向异性煤体渗透率计算模型

4.5.1　顺层钻孔瓦斯渗流特性

顺层钻孔瓦斯抽采渗流示意如图 4-15 所示，煤层中平行层理沿端割理方向的瓦斯抽采钻孔 1、平行层理沿面割理方向的瓦斯抽采钻孔 2，虽然瓦斯通过割理和垂直层理方向

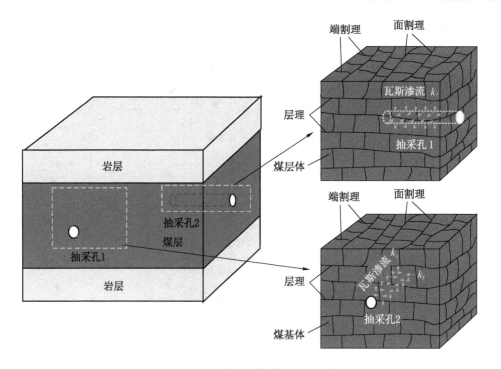

图 4-15　顺层钻孔瓦斯抽采渗流示意图

孔隙均向抽采钻孔渗流，但瓦斯向两个抽采钻孔渗流的渗透率却不同。对于瓦斯抽采钻孔 1，由于钻孔是平行层理沿端割理方向，则瓦斯渗流是沿面割理方向和垂直层理方向，其渗透率体现在面割理渗透率 k_1 和垂直层理方向渗透率 k_3；而对于瓦斯抽采钻孔 2，钻孔是平行层理沿面割理方向，则瓦斯渗流是沿端割理方向和垂直层理方向，其渗透率体现在面割理渗透率 k_2 和垂直层理方向渗透率 k_3，即煤体各向异性导致抽采钻孔瓦斯渗流的渗透率不同。

4.5.2　等效驱替原理

煤层层理、面割理和端割理三者近于两两正交，由此煤体是正交各向异性。根据煤层中瓦斯抽采钻孔瓦斯渗流特征，对于瓦斯抽采钻孔 1 和钻孔 2，建立直角坐标系 ζ 轴和 η 轴，分别与割理渗透率 k_i（$i = 1$，2）方向和垂直层理渗透率 k_3 方向一致，如图 4 - 16 所示。

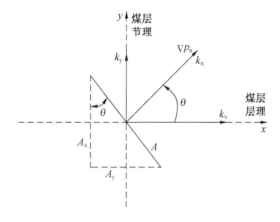

图 4 - 16　各向异性煤体渗透率计算模型示意图

在模型中（图 4 - 16），煤层瓦斯在割理方向和垂直层理方向上的渗透率分别为 k_i 和 k_3；∇p_n 为 n 方向上的瓦斯驱动压力梯度；A 为与 ∇p_n 垂直的渗流截面的面积；∇p_n 对煤层中瓦斯的驱替作用可等效为它在 ζ 方向上分量 $\nabla p_{n\zeta}$ 和 η 方向上分量 $\nabla p_{n\eta}$ 对瓦斯渗流的共同驱替作用，上述原理称为等效驱替原理（Barna，1968；周涌沂，2004）。

若在 $\nabla p_{n\zeta}$ 作用下瓦斯沿 ζ 方向通过截面 A 的流量为 q_ζ，在 $\nabla p_{n\eta}$ 作用下瓦斯沿 η 方向通过截面 A 的流量为 q_η，则根据等效驱替原理可知，在 ∇p_n 的作用下通过渗流截面 A 的流量 q_n，应等于 q_ζ 和 q_η 之和，即

$$q_n = q_\zeta + q_\eta \tag{4-2}$$

4.5.3　渗透率计算模型

如图 4 - 16 所示，若 n 方向上煤体渗透率为 k_n，n 方向上瓦斯渗流速度为 v_n，则根据 Darcy 定律可得（Danilo，1992）

$$v_n = -\frac{k_n}{\mu} \nabla p_n \tag{4-3}$$

式中，μ 为瓦斯黏度。

则通过渗流截面 A 的流量可表示为

$$q_n = v_n A = -A \frac{k_n}{\mu} \nabla p_n \qquad (4-4)$$

若 A_ζ 表示渗流截面 A 在 ζ 方向上的有效渗流面积（即与 ζ 方向垂直的渗流面积），A_η 表示渗流截面 A 在 η 方向上的有效渗流面积（即与 η 方向垂直的渗流面积），用 θ 表示 n 方向与 ζ 方向的角度，则

$$A_\zeta = A\cos\theta \qquad A_\eta = A\sin\theta \qquad (4-5)$$

∇p_n 在 ζ、η 方向上分量 $\nabla p_{n\zeta}$ 和 $\nabla p_{n\eta}$ 可表示为

$$\nabla p_{n\zeta} = \nabla p_n \cos\theta \qquad \nabla p_{n\eta} = \nabla p_n \sin\theta \qquad (4-6)$$

在 $\nabla p_{n\zeta}$ 和 $\nabla p_{n\eta}$ 作用下沿 ζ、η 方向通过截面 A 的渗流速度分别为

$$v_\zeta = -\frac{k_i}{\mu} \nabla p_{n\zeta} \qquad v_\eta = -\frac{k_3}{\mu} \nabla p_{n\eta} \qquad (4-7)$$

则在 $\nabla p_{n\zeta}$ 和 $\nabla p_{n\eta}$ 作用下沿 ζ、η 方向通过渗流截面 A 的流量分别为

$$q_\zeta = v_\zeta A_\zeta \qquad q_\eta = v_\eta A_\eta \qquad (4-8)$$

将式（4-5）~式（4-7）代入式（4-8），可得

$$q_\zeta = -A \frac{k_i}{\mu} \nabla p_n \cos^2\theta \qquad q_\eta = -A \frac{k_3}{\mu} \nabla p_n \sin^2\theta \qquad (4-9)$$

将式（4-4）、式（4-9）代入式（4-2），整理得

$$k_n = k_i \cos^2\theta + k_3 \sin^2\theta \qquad (4-10)$$

式（4-10）即为各向异性煤体渗透率的计算模型，在煤层中，当已知沿煤层割理和垂直层理两个方向的渗透率时（即 k_i 和 k_3），就可以用式（4-10）计算出钻孔周围任意方向对应的煤体渗透率。

4.6 抽采钻孔周围煤体瓦斯渗透率计算与分析

4.6.1 抽采钻孔周围煤层渗透率

以水平煤层（0°）为例，分三种情况：①轴压 4.0 MPa，围压 4.0 MPa，瓦斯压力 0.5 MPa、1.0 MPa 和 1.5 MPa；②轴压 6.0 MPa，围压 6.0 MPa，瓦斯压力 0.5 MPa、1.0 MPa 和 1.5 MPa；③轴压 8.0 MPa、围压 8.0 MPa，瓦斯压力 0.5 MPa、1.0 MPa 和 1.5 MPa。

对不同方向的抽采钻孔周围煤体瓦斯渗透率进行计算分析（图 4-17）。图 4-17 直观反映了抽采钻孔周围煤体不同方向瓦斯渗透率的分布规律：在垂直层理方向瓦斯渗透率最小，向割理方向逐渐增大，在割理方向达到最大，瓦斯向钻孔中渗流主要沿割理方向。而且在相同围压和轴压下，随瓦斯压力增大，煤体渗透率均减小。

图 4-18 反映了两种钻孔布置在瓦斯抽采时渗透率的对比关系：瓦斯抽采钻孔 1（瓦斯渗流是沿面割理方向和垂直层理方向）周围煤体渗透率比瓦斯抽采钻孔 2（瓦斯渗流是沿端割理方向和垂直层理方向）周围煤体渗透率大，抽采钻孔 1 的瓦斯抽采效果比抽采钻孔 2 好得多。

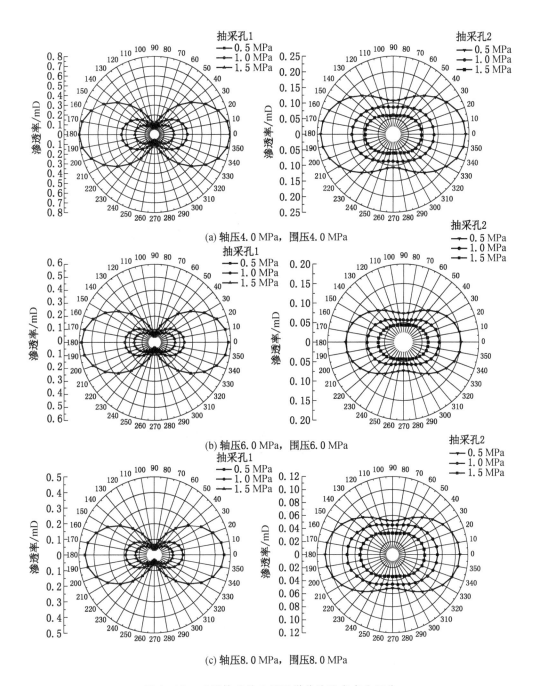

图 4-17 不同抽采钻孔周围煤体渗透率变化规律

4.6.2 抽采钻孔瓦斯渗流定向性

煤层瓦斯渗透存在定向性，在此采用煤层瓦斯渗流定向性系数 r，用来表征渗透特性的方向性。r 越大表明渗透方向性越强，瓦斯在煤体中渗流定向性越明显。

$$r = \frac{k_n}{k_{min}}\qquad(4-11)$$

式中，k_n 为 n 方向渗透率（n 方向与水平方向 ζ 所成角度为 θ）；k_{min} 为渗透率最小值（在此为垂直层理方向渗透率）。

图 4-19 分析了不同瓦斯压力下的钻孔周围瓦斯渗透定向性系数随不同方向角 θ 的关系。根据分析结果，在水平方向（$\theta = 0°$）时，r 最大，此时渗透定向性特征最强，主渗透

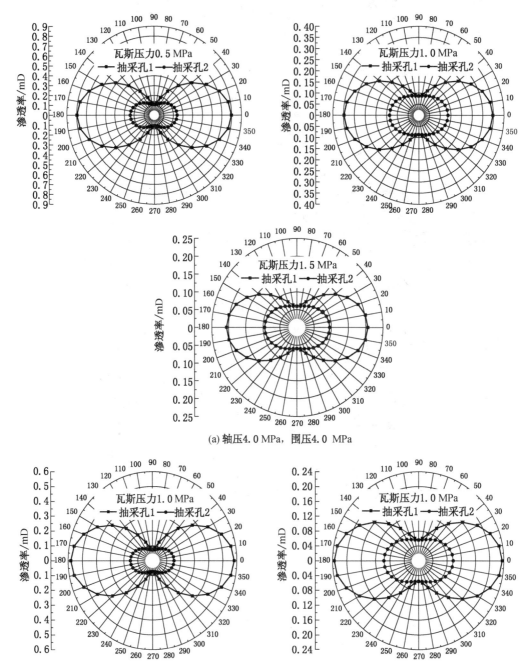

(a) 轴压4.0 MPa，围压4.0 MPa

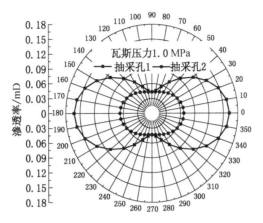

(b) 轴压6.0 MPa，围压6.0 MPa

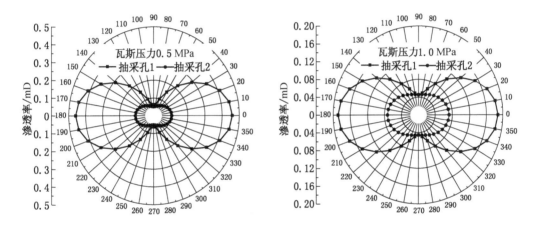

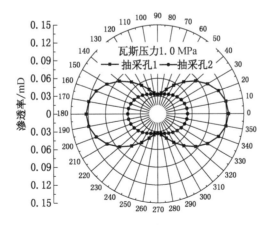

(c) 轴压8.0 MPa，围压8.0 MPa

图4-18 不同抽采钻孔瓦斯渗透率对比

方向水平分布；随着方向角 θ 增加，定向性系数 r 减至极小值（$\theta = 90°$），而后在 $\theta = 180°$ 时又增至极大值，此后以上述规律变化。而且，瓦斯抽采钻孔布置对瓦斯渗透定向性系

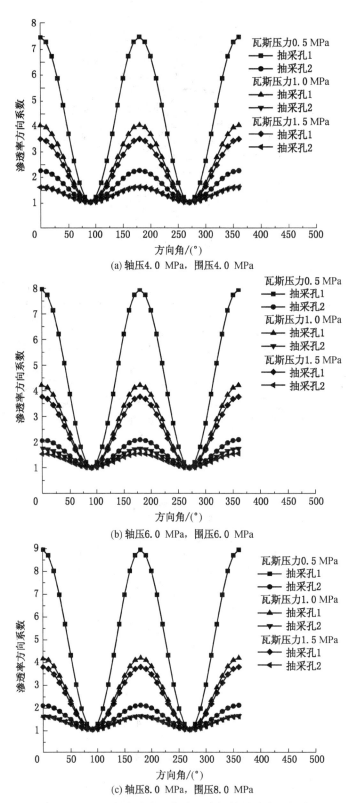

(a) 轴压4.0 MPa,围压4.0 MPa

(b) 轴压6.0 MPa,围压6.0 MPa

(c) 轴压8.0 MPa,围压8.0 MPa

图 4-19　不同方向角瓦斯渗透定向性系数变化规律

影响明显，采用钻孔 1 抽采时瓦斯渗透定向性系数比钻孔 2 大得多。

此外，不同瓦斯压力下，煤的瓦斯渗流定向性系数也不同，且随着瓦斯压力增大，定向性系数峰值增大，表明煤层瓦斯渗透定向性增强。而且不同围压、轴压下瓦斯渗流定向性系数峰值也不同，在相同瓦斯压力下，围压、轴压越大，定向性系数峰值最大，这表明煤埋深增大，煤层瓦斯渗透定向性增强。

4.7　本章小结

基于煤体结构各向异性的特点，利用煤岩瓦斯渗流试验系统，在不同瓦斯压力下，对不同变质程度煤样试件的面割理和端割理方向上进行渗透率测试。同时，根据等效驱替原理，建立各向异性煤体渗透率的计算模型，数值计算分析煤体渗流的定向性特征。研究结果表明：

（1）在煤体面割理和端割理方向，渗透率均随瓦斯压力增大而减小，可采用指数形式拟合。

（2）不同变质程度煤样面割理方向的瓦斯渗透率是端割理方向的数倍，且煤的变质程度越高，差别越明显。

（3）煤体渗透率在端割理方向最小，而后向面割理方向逐渐增大，在面割理方向达到最大，瓦斯在煤层中主要沿面割理方向流动。

（4）在水平煤层，瓦斯渗流定向性系数在面割理方向时最大，渗透定向性特征最强。随瓦斯压力增大，煤的瓦斯渗流定向性系数峰值增大，煤层瓦斯渗透定向性增强。

（5）在相同瓦斯压力下，无烟煤中的定向性系数峰值最大，其次是贫煤，气肥煤的最小，这表明煤的变质程度越低，煤层瓦斯渗透定向性越弱。

5 煤层瓦斯非达西渗流特性及滑脱效应

在煤巷掘进时，煤层瓦斯压力与巷道气压存在较大的压差，瓦斯将从暴露煤层中不断涌出，煤层暴露时间越长，煤层一定距离内的瓦斯压力越低。李云浩（2007）、王轶波（2009）、高建良（2007）、轩朴实（2013）等通过对煤层瓦斯流动的动力学模型假设，运用达西定律（Darcy Law）及其他方程，建立煤层瓦斯流动的动力学模型，数值计算了煤层瓦斯压力变化规律。但是实验研究表明（Estes，1956；陈代询，2002），瓦斯气体在煤层中渗流时，在煤孔隙壁面上的瓦斯渗流偏离线性 Darcy 现象即滑脱现象，对于低渗透的煤层尤为明显，且滑脱效应可增加煤储层的渗透性能。叶礼友（2011）、肖晓春（2008）、薛国庆（2009）、彭守建（2012）、杨建（2008）等针对低渗透气藏开展了渗流特性试验和理论研究，结果表明，低渗透气藏流体在低速渗流时不仅要克服启动压力梯度，还受气体滑脱效应的影响。实验验证了低渗煤样中气体滑脱效应存在的普遍性。

5.1 煤层瓦斯非达西渗流特性

流体在低渗多孔介质中流动时，大比表面积和细孔道导致固体内表面附近流体性质的改变，从而出现非达西渗流的情况，这种改变随着渗透率的减小而越加明显（李中锋，2005；徐绍良，2007）。在开发油气藏方面，国内外众多学者针对其渗流规律偏离达西定律的问题进行了深入研究，并取得了可喜的成果（Miller，1963；张普，2008；张俊璟，2008；Richard，2001；Zhu，2011；Mirshekari，2007；Dehghanpour，2011；杨正明，2010）。在煤层气开采方面，宋洪庆（2013）、王新海（2008）、张冬丽（2006）、张小东（2011）、孙平（2009）等通过理论和实验表明，即使在流体物性条件好的情况下，低渗透煤中的瓦斯流动仍表现出明显的非达西现象，即存在启动压力梯度。但是，对煤中瓦斯低速渗流的非达西特性如何，还需做进一步研究。

在煤中，孔径界于微米量级的微孔隙在孔隙体积中的占比不可忽略。在低孔隙压力下，瓦斯分子在孔隙内运移的速度低，但其运动的自由程大，因此在微孔隙中低速渗流的瓦斯分子与孔隙壁间碰撞作用的可能性大，其对渗流规律的影响和宏观表现是不可忽视的，将引起对达西线性渗流规律的偏离，出现煤中低速渗流气体的非达西现象（陈代询，2000）。

选取气肥煤、贫煤、无烟煤等不同变质程度煤样，对其进行渗流实验和雷诺相关曲线的理论分析，研究在不同变质程度煤中低速渗流瓦斯的非达西特性。

5.1.1 煤中瓦斯低速渗流实验

1. 煤样采集及相关基础参数

试验煤样取潘北气肥煤（QF）、新元贫煤（P）、焦作九里山无烟煤（WY），根据《煤的工业分析方法》（GB/T 212—2008），煤样工业分析结果见表5-1。根据《煤的真相对密度测定方法》（GB/T 217—2008）和《煤的视相对密度测定方法》（GB/T 6949—2010），煤样真相对密度和视相对密度结果见表 5-2。

表 5-1 煤样工业分析测定结果

煤 样	工 业 分 析		
	水分 M_{ad}/%	灰分 A_{ad}/%	挥发分 V_{daf}/%
QF 煤	1.01	11.01	36.04
P 煤	1.53	7.14	11.84
WY 煤	2.24	8.68	8.47

表 5-2 真相对密度和视相对密度测定结果

煤 样	真密度/(g·cm⁻³)	视密度/(g·cm⁻³)	孔隙率/%
QF 煤	1.40	1.28	8.52
P 煤	1.43	1.28	10.35
WY 煤	1.61	1.35	15.86

2. 煤中瓦斯渗流实验结果

在一定的三轴围压下，对瓦斯在煤中的渗流过程进行试验。

（1）安装试样。将原煤试样装入热缩管中，用热风枪对热缩管加热，确保热缩管能够箍紧试样，同时使热缩管与原煤侧壁面紧密接触，用 704 硅胶在试样的顶部和底部进行密封处理，最后将其装入三轴压力室内，连接好其他系统，将整个系统放进恒温水箱中，确保试样及试样所吸附的 CH_4 气体温度恒定。

（2）真空脱气。在保证系统连接正确、气密性完好的情况下，煤样温度达到预定温度后，对煤样施加轴向应力到预定值，然后施加预定围压。为排除煤样和系统中杂质气体对实验结果造成影响，利用真空泵从进气口和出气口两端对整个试验系统进行真空脱气，直到关闭真空泵后系统真空度在 2 h 内一直保持稳定，视为完成真空脱气。

（3）渗流实验气体 CH_4。在预定压力下充入 99.999% 浓度的 CH_4。

（4）渗透测定。采用逐步升压的方法，测定瓦斯压力和流量等数据并进行记录。

不同围压瓦斯在不同变质程度煤中渗流如图 5-1 所示，从图 5-1 中可以看出，随着进口端瓦斯压力增大，瓦斯流量先迅速增大，而后逐渐增大。在不同围压下，不同变质程度煤中瓦斯渗流规律一致；但相同围压且进口端瓦斯压力相同时，变质程度越高，瓦斯渗流量越大。这是因为变质程度越高的煤孔隙率越大，渗透率也越大，因此渗流量也越大。同时，从图 5-1 中还可以看出，随着围压增大，同一煤样瓦斯渗流量减小，这是因为围压增大导致煤的渗透率减小。

5.1.2 瓦斯在煤中非达西渗流理论

瓦斯在煤体的渗流问题中，Darcy 定律是其基本渗流规律。但瓦斯是可压缩性流体，在通过一段长为 L 的煤体后，Darcy 定律所表述的气体流量 Q 和压力的关系可表示为

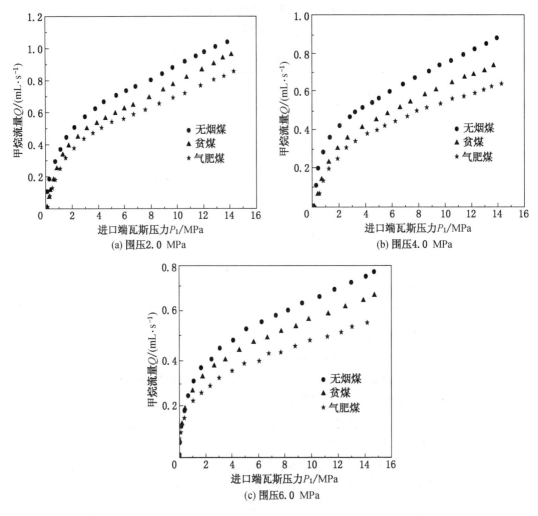

图 5-1　不同围压瓦斯在不同变质程度煤中的渗流

（DULLIEN，1990）

$$Q = \frac{K_0 S}{\mu} \frac{\Delta^2 p}{2 p_2 L} \qquad (5-1)$$

式中，Q 为流量；S 为煤样的横截面积；K_0 为与煤样孔隙结构有关的渗透率；μ 为黏滞系数，$\Delta^2 p = (p_1 + p_2)(p_1 - p_2)$，$p_1$、$p_2$ 分别为瓦斯在煤中渗流的进口端和出口端的测试压力。

由式（5-1）可知，当气体渗流服从达西定律时，其渗流实验的宏观特征是，瓦斯流量 Q 与压力 $\Delta^2 p/L$ 满足线性关系，在 $Q - \Delta^2 p/L$ 渗流曲线中表现为通过原点的直线。

瓦斯通过煤体过程中，渗流形态将发生变化，而雷诺数 Re 与阻力系数 f 都与瓦斯渗流量等参数密切相关，因此可用雷诺数 Re 与阻力系数 f 在双对数坐标中的相关曲线表示，其表达式分别为（葛家理，1982）

$$Re = \frac{Q\rho\delta}{\mu S\varphi} \qquad (5-2)$$

$$f = \delta\frac{\Delta p}{\rho L}\left(\frac{\varphi S}{Q}\right)^2 \qquad (5-3)$$

式中，ρ 为瓦斯质量密度；φ 为孔隙度；δ 为表征煤的特征参量，具有长度的量纲，取 $\delta = (K_g/\varphi)^{1/2}$ 的形式（Bear，1983），K_g 为气体渗透率。当流体渗流满足达西定律时，$\lg Re$ 与 $\lg f$ 的关系曲线是斜率为 -1 的直线（葛家理，1982）。若 $\lg Re$ 与 $\lg f$ 的关系曲线的斜率不为 -1，则渗流偏离达西渗流区域，即成为非达西渗流。

5.1.3　瓦斯在煤中非达西渗流分析

1. 渗流实验曲线 $Q - \Delta^2 p/L$ 的变化规律

渗流实验曲线如图 5 - 2 所示，渗流曲线在低压段是一种下凹形曲线，渗流量随压力增大而迅速增大，其 $Q - \Delta^2 p/L$ 的斜率也不断变化，表现为对 Darcy 定律线性关系的偏离。而在较高压力段，渗流曲线满足 $Q - \Delta^2 p/L$ 的线性关系，该段线性延伸且不过坐标原点而与流量轴相交，因此可知存在拟初始流量 Q_0，见表 5 - 3，为不同变质程度煤在不同围压下的初始流量 Q_0 值。由表 5 - 3 可以看出，同一围压下，煤的变质程度越高，初始流量越大，如在 4.0 MPa 围压下，变质程度较低的气肥煤初始流量为 0.445 mL/s，变质程度较高的贫煤初始流量为 0.484 mL/s，而变质程度最高的无烟煤初始流量为 0.581 mL/s；同一煤样，初始流量随着围压增大而减小。

表5 - 3　不同围压下瓦斯渗流初始流量 Q_0

围压/MPa	气肥煤 Q_0/(mL·s^{-1})	贫煤 Q_0/(mL·s^{-1})	无烟煤 Q_0/(mL·s^{-1})
2.0	0.535	0.579	0.687
4.0	0.445	0.484	0.581
6.0	0.397	0.477	0.543

瓦斯渗流由非线性段过渡到线性段具有转变的临界点 k（图 5 - 2），不同变质程度的煤在不同围压下瓦斯渗流转变临界点 k 对应的 $Q - \Delta^2 p/L$ 和 Q 见表 5 - 4。同一围压下，煤的变质程度越高，由非线性段过渡到线性段的临界点对应的 $\Delta^2 p/L$ 越小，而对应的瓦斯渗流量越大；同一变质程度煤随着围压增大其临界点对应的 $\Delta^2 p/L$ 和 Q 都减小。

表5 - 4　不同变质程度煤在不同围压下瓦斯渗流实验临界点结果

围压/MPa	气肥煤		贫煤		无烟煤	
	$\Delta^2 p/L$/(MPa^2·cm^{-1})	Q/(mL·s^{-1})	$\Delta^2 p/L$/(MPa^2·cm^{-1})	Q/(mL·s^{-1})	$\Delta^2 p/L$/(MPa^2·cm^{-1})	Q/(mL·s^{-1})
2.0	7.38	0.656	6.87	0.719	6.36	0.807
4.0	7.29	0.524	6.65	0.580	5.89	0.676
6.0	7.21	0.467	6.47	0.542	5.26	0.604

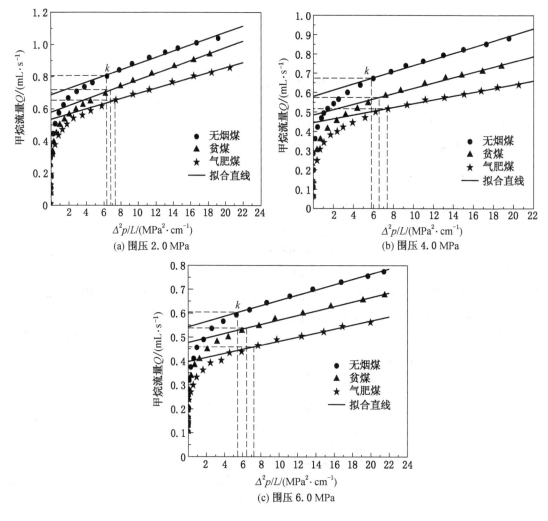

图 5 - 2　渗流实验曲线 $Q - \Delta^2 p/L$

2. 雷诺实验相关曲线

图 5 - 3 ~ 图 5 - 5 所示为不同围压下不同变质程度煤的瓦斯渗流雷诺实验相关曲线，从图 5 - 3 ~ 图 5 - 5 中可以看出，在高雷诺数阶段，煤的瓦斯渗流雷诺实验曲线 $\lg(10^6 Re)$ 与 $\lg f$ 表现出线性关系，其实验点的拟合直线方程为 $\lg f = K \lg(10^6 Re) + C$ ，其拟合参数见表 5 - 5。从表 5 - 5 中可以看出，在服从达西定律的区域内，满足 $\lg(10^6 Re)$ 与 $\lg f$ 的实验曲线是斜率 K 值约为 -1 的直线关系，表明煤中瓦斯渗流在高雷诺数阶段服从达西定律。但在低雷诺数阶段，不同变质程度煤的瓦斯渗流雷诺实验相关曲线 $\lg(10^6 Re)$ 与 $\lg f$ 间都表现出偏离线性关系的特点，如图 5 - 3 ~ 图 5 - 5 中虚线左侧试验点（低雷诺数区）随着雷诺数减小而逐渐偏离 $\lg(10^6 Re)$ 与 $\lg f$ 的拟合直线，这说明在低雷诺数阶段偏离达西定律，即表现为非达西渗流。这是因为滑脱现象引起的对达西线性关系的偏离，在雷诺相关曲线上这种偏离现象反映在低雷诺数段。

表5-5 lg(10^6Re) 与 lg$f$ 拟合直线参数

围压/MPa	气肥煤		贫煤		无烟煤	
	K	C	K	C	K	C
2.0	−0.99369	2.51295	−0.99921	2.68049	−0.98948	2.67118
4.0	−0.99775	2.65119	−0.98424	2.81251	−0.99596	2.81181
6.0	−0.98813	2.69429	−0.99521	2.89666	−0.99215	2.91678

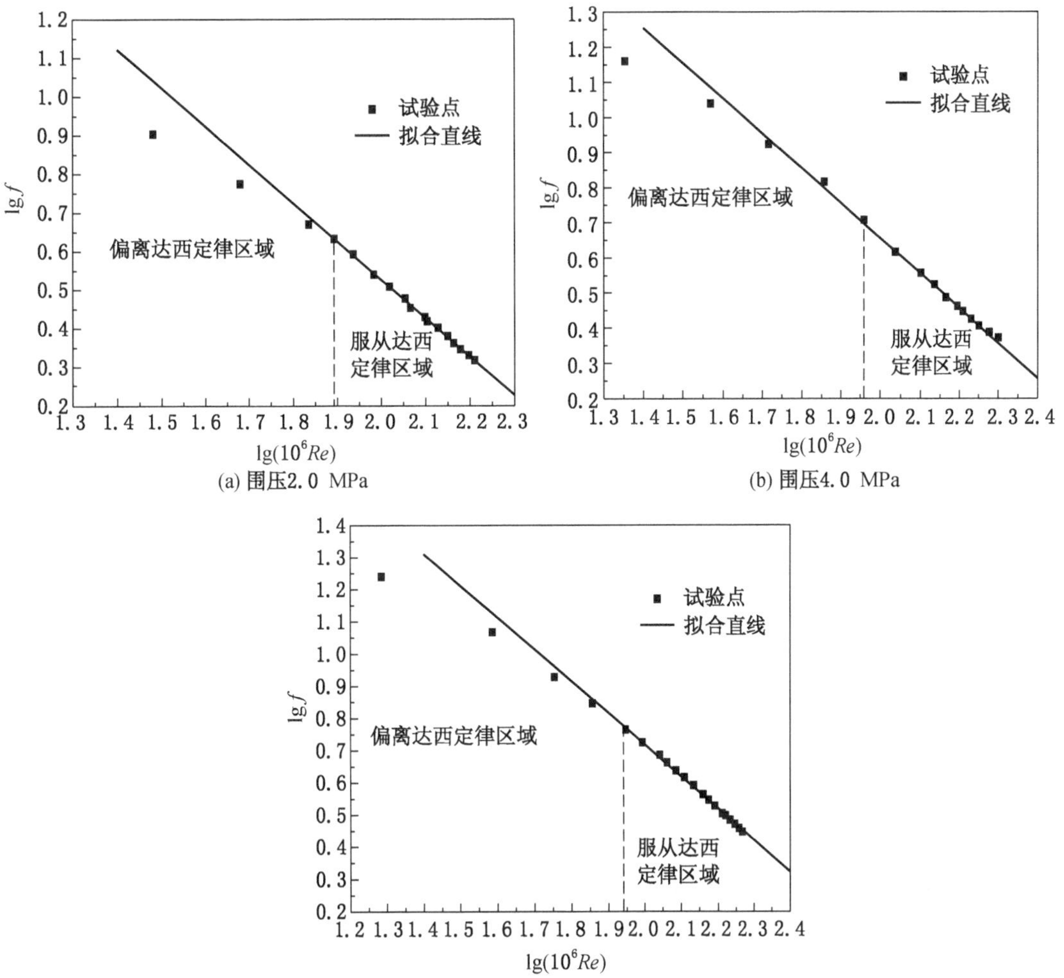

(a) 围压2.0 MPa

(b) 围压4.0 MPa

(c) 围压6.0 MPa

图5-3 气肥煤瓦斯渗流雷诺实验相关曲线

3. 煤中瓦斯渗流非达西现象分析

煤中瓦斯渗流的力学机理:当瓦斯渗流速度不大时,忽略惯性力,同时满足瓦斯黏滞力等于外压力的平衡关系。该黏滞力来自瓦斯的内摩擦力,即服从牛顿内摩擦定律。从微观角度考虑,瓦斯黏滞力是瓦斯流动时,不同流速层间瓦斯分子因碰撞交换动量,造成定向的动量迁移产生的。同时,瓦斯在煤中渗流时,不仅瓦斯分子之间发生碰撞,而且瓦斯

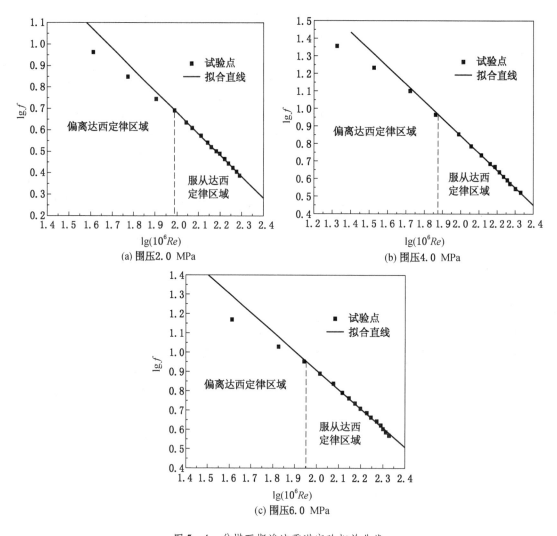

图 5-4 贫煤瓦斯渗流雷诺实验相关曲线

分子与孔隙壁之间也发生碰撞。这两种碰撞作用的物理机制不同，表现在宏观的渗流规律上也不同，但究竟发生哪一种碰撞，与瓦斯分子的平均自由程有关。瓦斯分子的平均自由程可表示为（李椿，1978）

$$\lambda = \frac{bT}{\sqrt{2}\pi d^2 p} \qquad (5-4)$$

式中，b、d、T 和 p 分别为玻尔兹曼气体常数、气体分子直径、温度和压强。在本书瓦斯渗流实验中，b、d、T 不发生变化，因此从式（5-4）可以看出，瓦斯分子平均自由程与压强成反比。而一定温度和压力下，自由程大于 x 的瓦斯分子数 N 占气体分子总数 N_0 的比例，即瓦斯分子数随自由程的分布规律可表示为

$$\frac{N}{N_0} = e^{-x/\lambda} \qquad (5-5)$$

煤中瓦斯渗流时，瓦斯分子的运动受孔隙大小 D 的限制，当瓦斯分子自由程小于 D

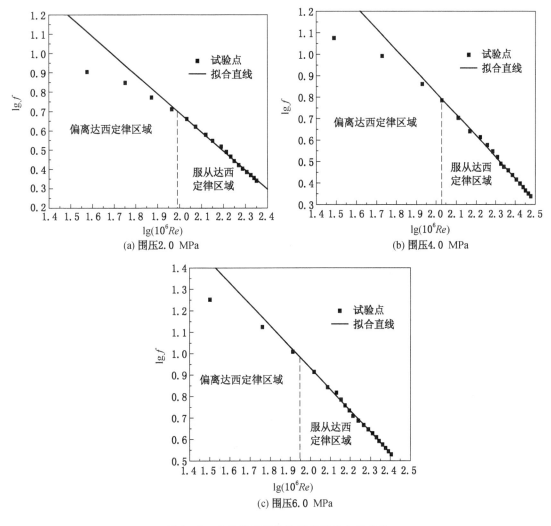

图 5-5　无烟煤瓦斯渗流雷诺实验相关曲线

时，可能发生的是分子之间的碰撞，而当瓦斯分子自由程大于 D 时，瓦斯分子间还未发生碰撞就与煤壁碰撞。以孔隙直径 D 代替式（5-5）中的 x，按瓦斯分子间碰撞和瓦斯分子与煤壁的碰撞进行分类，可得瓦斯分子与煤壁碰撞的分子数占分子总数的比例 α（陈代询，2000）：

$$\frac{N}{N_0} = e^{-D/\lambda} = \alpha \tag{5-6}$$

则瓦斯分子间碰撞的分子数所占比例为 $1-\alpha$。但瓦斯在煤的孔隙中渗流时，尤其是小孔和微孔中，瓦斯分子与煤壁的碰撞概率更大，α 已不可忽略。因此必须考虑此类碰撞对渗流规律的影响，其宏观表现即为"滑脱现象"（陈代询，2000）。因此，煤中瓦斯的渗流量由两部分组成：瓦斯分子与煤壁碰撞的滑脱流量；分子间碰撞服从达西定律的黏滞流量。它们各自占比分别为 α 和 $1-\alpha$。在此，可采用与式（5-1）相当的包括滑脱现象在内的瓦斯渗流流量表示（陈代询，2000）：

$$Q = K_0 [1 + c\exp^{-D/\lambda}] \frac{S}{2\mu} \frac{\Delta^2 p}{p_2 L} \tag{5-7}$$

式中，$c \approx 9.7$。由式（5-4）可知，瓦斯分子平均自由程与压强成反比，表现为：

①当 p 较大时，λ 小，$\exp^{-D/\lambda}$ 趋于 0，式（5-7）变为式（5-1），即服从达西定律；

②当 p 较小时，λ 大，$\exp^{-D/\lambda}$ 不可忽略，式（5-7）不再满足达西定律，即变为非达西渗流。

由式（5-7）还可以看出，由非线性段到线性段的变化是渐进的，即瓦斯在煤中渗流从非达西流到达西流是一个渐变过程，其划分可以以渗流实验（图5-2）中的临界点 k 为界。

5.2 煤层瓦斯渗流过程中压力分布的滑脱效应

通过考虑煤层瓦斯渗流的滑脱机制，建立煤层瓦斯渗流的数学模型，数值计算了瓦斯滑脱效应对煤层瓦斯压力分布特性的影响，同时，用现场测试结果对理论结果进行了验证。这对弄清煤体内部结构特性和瓦斯在煤层中的滑脱流动机制，实现巷帮煤体瓦斯排放带宽度理论预测及低渗储层煤层气工业化开采具有一定的理论价值。

5.2.1 煤层瓦斯渗流数学模型

1. 煤层瓦斯渗流的滑脱机制

当在煤层中掘进巷道时，由于煤层内部的瓦斯压力超过巷道内的大气压力，煤层中的瓦斯将发生迁移和排放。而煤体的低渗透性阻止瓦斯向巷道内扩散，因此，瓦斯在煤层中渗流主要是横向扩散。滑脱效应导致了煤层渗透率的改变，其表达式为（Klinkenberg，1941）

$$k_g = k_L \left[1 + \frac{b}{p_m}\right] \tag{5-8}$$

式中，k_g 为平均压力 p_m 下气体渗透率，$10^{-3}\mu m^2$；k_L 为克氏渗透率，$10^{-3}\mu m^2$；$p_m = (p_i + p_0)/2$，p_i 和 p_0 分别为进口和出口压力；b 为滑脱因子。Sampath(1982) 对气体滑脱因子与气体克氏渗透率之间的关系进行了实验研究，给出了它们之间的关系式：

$$b = 0.0955 \left[\frac{k_L}{\varphi_g}\right]^{-0.53} \tag{5-9}$$

式中，φ_g 为介质孔隙率。

2. 煤层瓦斯控制方程的建立

通常巷道沿煤层掘进，若所在煤层厚度小于巷道掘进高度，巷道能全部开切煤层，煤层瓦斯向掘进空间的流动与巷道垂直，即为单向流动，如图5-6所示。水平煤层单向流动模型如图5-7所示。

在建立模型前做如下几个假设：①忽略煤体变形影响；②煤层内各向同性；③瓦斯在煤层中等温单相渗流；④满足 Kaluarachchi 假定（Kaluarachchi，1990），煤层中任意点瓦

斯压力 p 均为平均压力 p_m。

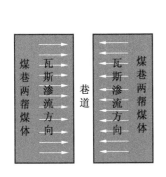

图 5-6 煤层瓦斯渗流模型

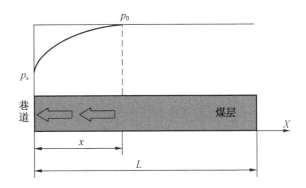

图 5-7 水平煤层单向流动状态示意图

（1）运动方程：

$$q_i = -\frac{k_g}{\mu_g}\frac{\partial p}{\partial x_i} = -\frac{k_L}{\mu_g}\frac{\partial p}{\partial x_i}\Big(1 + \frac{b}{p}\Big) \tag{5-10}$$

式中，q_i 为瓦斯流速；p 为瓦斯压力；μ_g 为瓦斯黏滞系数。

（2）气体状态方程：

$$\rho_g = \frac{M_g p}{RT} \tag{5-11}$$

式中，R 为气体常数，T 为绝对温度，M_g 为气体摩尔质量。

（3）质量守恒方程：

$$\frac{\partial(\rho_g \varphi_g)}{\partial t} + \frac{\partial(\rho_g q_i)}{\partial x_i} = 0 \tag{5-12}$$

将式（5-8）~ 式（5-11）代入式（5-12）中，可得煤层瓦斯渗流的控制方程：

$$\mu_g \varphi_g \frac{\partial p}{\partial t} = \frac{\partial}{\partial x_i}\Big[k_L\Big(1 + \frac{b}{p}\Big)p\frac{\partial p}{\partial x_i}\Big] \tag{5-13}$$

令 $\alpha = \mu_g \varphi_g / k_L$，考虑煤层瓦斯为单向流动，则瓦斯渗流式（5-13）可变为

$$\alpha \frac{\partial p}{\partial t} = \frac{\partial}{\partial x}\Big[\Big(1 + \frac{b}{p}\Big)p\frac{\partial p}{\partial x}\Big] \tag{5-14}$$

（4）初边值条件：

初始条件

$$p(x,t)\big|_{t=0} = p_0 \tag{5-15}$$

边界条件

$$\begin{cases} p(x,t)\big|_{x=0} = p_a \\ p(x,t)\big|_{x=\infty} = p_0 \end{cases} \tag{5-16}$$

其中，p_a 为巷道气压，取 0.1 MPa。

5.2.2　煤层瓦斯渗流滑脱效应理论分析

为了分析滑脱效应影响条件下煤层瓦斯渗流过程中压力动态分布特征，在定解条件下，对建立的数学模型进行数值模拟，计算参数见表 5-6，模拟结果如图 5-8 ~ 图 5-11 所示。

表 5 - 6　模 型 参 数 取 值

模型参数	孔隙率 φ_g	初始压力 p_0/MPa	边界压力 p_a/MPa	渗透率 k_g/m²	温度 T/K	动力黏度 μ_g/MPa	模型长度 L/m
数值	0.15	0.3	0.1	1.4×10^{-11}	298	1.1067×10^{-11}	50

从图 5 - 8 和图 5 - 9 中可以看出，在一定煤层深度内，与不考虑滑脱效应（Darcy 解）时瓦斯压力的时空变化规律相比，考虑滑脱效应时，瓦斯明显变小，且随着煤层暴露时间的增长，瓦斯释放更多，瓦斯压力也更小；随煤层深度增大，Darcy 解和滑脱解的差别也更为明显。因此，在研究煤层瓦斯渗流中应考虑其滑脱效应。

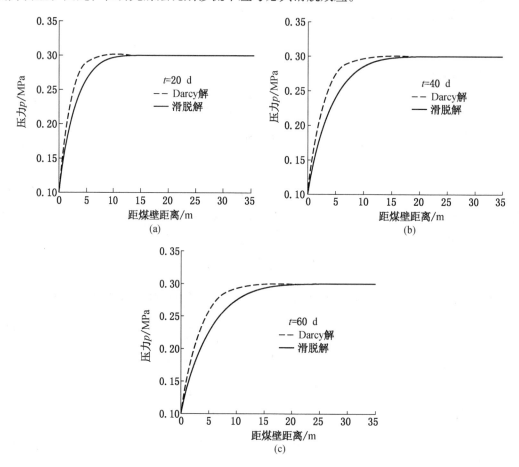

图 5 - 8　不同时间内考虑滑脱与未考虑滑脱效应条件下瓦斯压力分布

图 5 - 10 和图 5 - 11 所示为不同滑脱因子对煤层瓦斯压力分布的影响，从图中可以看出，随着滑脱因子的增大，同深度煤层瓦斯压力更小，滑脱效应也更为明显。这与王勇杰等（1995）的实测结果一致，且随暴露时间增长和煤层深度增大，影响也越明显。煤层瓦斯压力降低的主要原因是在煤层瓦斯渗流过程中，当滑脱因子增大时，不仅越来越多的气体分子不再脱离煤壁面，且临近层瓦斯分子动量交换增强，带动更多的煤壁处瓦斯分子孔道定向流动，从而导致煤层内部瓦斯压力降低。

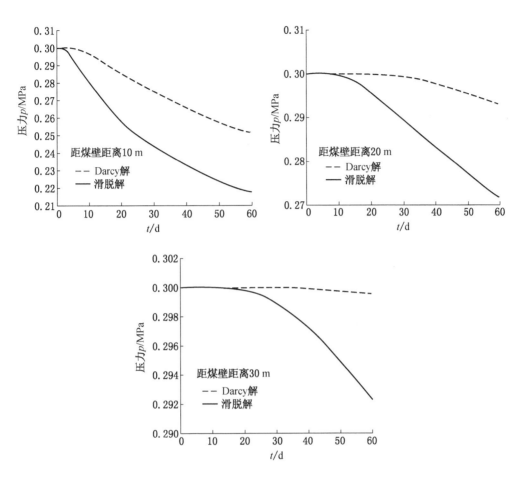

图 5-9 Darcy 解与考虑滑脱效应时不同煤层深度瓦斯压力分布

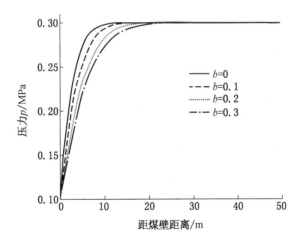

图 5-10 滑脱因子 b 对煤层瓦斯压力分布的影响

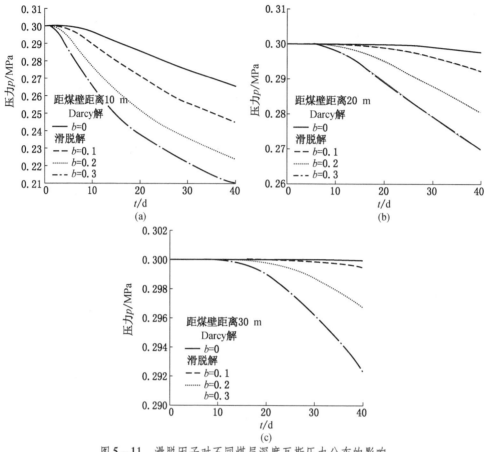

图 5-11 滑脱因子对不同煤层深度瓦斯压力分布的影响

5.2.3 煤层瓦斯渗流滑脱效应工程应用

1. 煤层瓦斯参数测试

对于煤层内瓦斯压力的分布规律，本书以山西阳城阳泰集团伏岩煤业有限公司为试验矿井，试验过程中以 3013 运输巷、北胶带大巷为试验地点，采用 CHP50M 煤层瓦斯含量快速测定仪测试巷帮煤体不同暴露时间及不同深度的瓦斯含量 Q，可根据 Langmuir 方程确定该处的瓦斯压力 P。不同测试点（钻孔）初始瓦斯含量见表 5-7。试验点瓦斯参数见表 5-8。

$$Q = \frac{abp}{1+bp}\frac{1}{1+0.31M_{ad}}\frac{100-A_{ad}-V_{daf}}{100} \tag{5-17}$$

式中，a、b 为瓦斯吸附常数；M_{ad} 为煤中水分,%；A_{ad} 为煤中灰分,%；V_{daf} 为煤中挥发分,%。

表 5-7 试验点瓦斯含量及压力

测 试 点	3013 运输巷			北胶带大巷		
	1 号钻孔	2 号钻孔	3 号钻孔	4 号钻孔	5 号钻孔	6 号钻孔
初始瓦斯含量/(m³·t⁻¹)	9.29	7.5	8.93	12.03	13	11.97
初始瓦斯压力/MPa	0.352	0.267	0.334	0.512	0.576	0.508

表5-8 试验点瓦斯数

测点	符号	参数名称	取值	单位	测点	符号	参数名称	取值	单位
3013 运输巷	k_g	渗透率	0.14×10^{-15}	m^2	3013 运输巷	k_g	渗透率	0.12×10^{-15}	m^2
	M_{ad}	水分	1.02	%		M_{ad}	水分	0.78	%
	A_{ad}	灰分	12.78	%		A_{ad}	灰分	13.91	%
	a	最大吸附瓦斯量	37.217	$m^3 \cdot t^{-1}$		a	最大吸附瓦斯量	36.76	$m^3 \cdot t^{-1}$
北胶带 大巷	φ	孔隙率	11.32	%	北胶带 大巷	φ	孔隙率	10.90	%
	V_{daf}	挥发分	6.57	%		V_{daf}	挥发分	7.86	%
	b	吸附常数	0.949	1/MPa		b	吸附常数	0.955	1/MPa
	P_a	标准条件下的气体压力	0.10	MPa		P_a	标准条件下的气体压力	0.10	MPa

从表5-7和图5-12中可以看出，尽管不同钻孔位置煤层初始瓦斯含量/压力不同，但煤体暴露一段时间后，由于瓦斯不断从煤层中扩散到巷道大气中，越接近巷道煤壁，瓦斯含量越低。煤体暴露时间越长，煤层瓦斯排放带宽度越大。

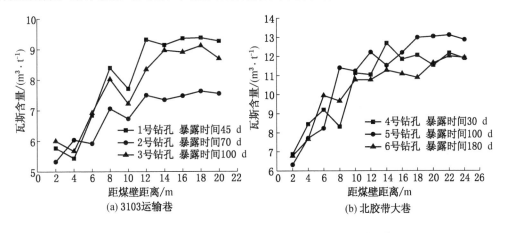

图5-12 不同暴露时间及不同深度煤层瓦斯含量测试结果

2. 煤层瓦斯压力分布对比分析

图5-13和图5-14所示分别为伏岩煤业3103运输巷和北胶带大巷煤层不同暴露时间瓦斯压力分布的实测结果及数值模拟结果曲线。从图5-13和图5-14数据对比可知，与Darcy解的煤层瓦斯压力分布相比，考虑滑脱效应时煤层瓦斯压力分布曲线更接近工程实际测试结果，这也更充分证明了煤层瓦斯渗流研究中考虑滑脱效应的必要性。

根据理论计算和实测结果，从图5-13和图5-14中还可以看出，当到达一定深度时煤层瓦斯压力基本不再变化。当所得煤层瓦斯压力与其前后两个量对比误差不超过5%时，即可认为已进入原始瓦斯带，此时所对应的煤层深度即为煤层瓦斯排放宽度。实测和理论计算的煤层瓦斯排放宽度对比见表5-9。从表5-9中可以看出，考虑滑脱效应时煤层瓦

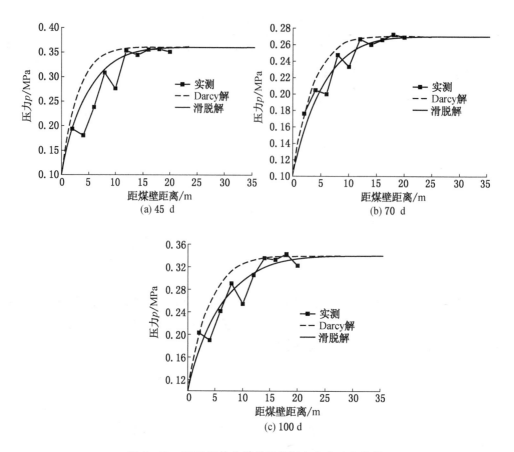

图 5-13　3103 运输巷煤层瓦斯压力分布对比曲线

斯排放带宽度基本与实测值一致，而不考虑滑脱效应（Darcy 解）时计算得到的煤层瓦斯排放带宽度偏小。

表 5-9　煤层瓦斯排放宽度对比

钻孔编号	初始煤层瓦斯压力/MPa	煤层暴露时间/d	煤层瓦斯排放宽度/m		
			实测	Darcy 解	滑脱解
1	0.352	45	10 ~ 12	8 ~ 9	11 ~ 12
2	0.267	70	10 ~ 12	7 ~ 8	11 ~ 13
3	0.334	100	12 ~ 14	9 ~ 10	13 ~ 14
4	0.512	30	12 ~ 14	7 ~ 8	12 ~ 13
5	0.576	100	16 ~ 18	12 ~ 13	17 ~ 18
6	0.508	180	20 ~ 22	16 ~ 17	21 ~ 22

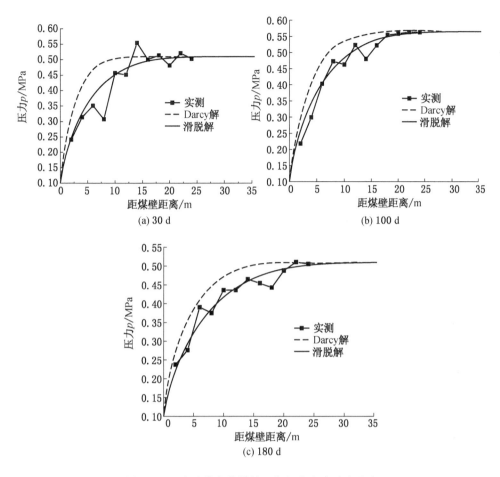

图 5-14 北胶带大巷煤层瓦斯压力分布对比曲线

5.3 本章小结

对不同变质程度煤样，在不同围压下对其进行瓦斯渗流实验，研究瓦斯在煤中的渗流特性；通过建立考虑滑脱效应的煤层瓦斯渗流模型，对煤层瓦斯渗流过程的压力分布进行了数值模拟，并与现场测试结果进行了对比分析。研究结果表明：

（1）随着进口端瓦斯压力增大，瓦斯流量先迅速增大，而后逐渐增大。在不同围压下，不同变质程度煤中瓦斯渗流规律一致，但相同围压下进口端瓦斯压力相同时，变质程度越高，瓦斯渗流量越大。

（2）在瓦斯压力较低时，渗流曲线 $Q - \Delta^2 p/L$ 表现为对 Darcy 定律线性关系的偏离。而在较高压力段，渗流曲线满足 $Q - \Delta^2 p/L$ 的线性关系。

（3）同一围压下，煤的变质程度越高，初始流量越大。同一煤样，初始流量随着围压增大而减小。

（4）瓦斯渗流由非线性段过渡到线性段具有转变的临界点，同一围压下，煤的变质程度越高，由非线性段过渡到线性段的临界点对应的 $\Delta^2 p/L$ 越小，而对应的瓦斯渗流量越大；同一变质程度煤随着围压增大其临界点对应的 $\Delta^2 p/L$ 和 Q 都减小。

（5）在高雷诺数阶段，瓦斯渗流服从达西定律，满足 $\lg(10^6 Re)$ 与 $\lg f$ 的实验曲线是斜率 K 值约为 -1 的直线关系；在低雷诺数段，不同变质程度煤的瓦斯渗流雷诺实验相关曲线 $\lg(10^6 Re)$ 与 $\lg f$ 间都表现出偏离线性关系，即表现为非达西渗流。

（6）瓦斯分子与煤的碰撞是产生瓦斯渗流非达西现象的物理机制，由煤的孔隙结构和瓦斯分子的平均自由程共同决定。采用理论分析得到公式很好地揭示了煤中瓦斯非达西渗流的机理。

（7）在一定煤层深度内，与 Darcy 解时的煤层瓦斯压力相比，滑脱效应对其影响更明显。随着煤层暴露时间增长，瓦斯释放更多，瓦斯压力也更小；随煤层深度增大，Darcy 解和滑脱解的差别也越大。

（8）随着滑脱因子增大，同深度煤层瓦斯压力更小，且随暴露时间增长和煤层深度增大，滑脱效应也更为明显。为保证模型参数取值的准确性，应结合煤层瓦斯渗透试验来确定其滑脱因子。

（9）与不考虑滑脱效应（Darcy 解）瓦斯压力分布相比，考虑滑脱效应的煤层瓦斯渗流的数值计算结果与现场实测结果更为吻合，表明煤层瓦斯渗流过程中滑脱效应起着重要的作用。

（10）煤层瓦斯渗流滑脱机制可为实现巷帮煤体瓦斯排放带宽度理论预测及低渗储层煤层气工业化开采提供一定的理论依据。

6 各向渗透异性煤层瓦斯抽采特征

瓦斯抽采是有效防治煤矿瓦斯灾害事故的关键技术手段，顺层钻孔抽采是高瓦斯矿井及煤与瓦斯突出矿井采煤工作面最常用的抽采技术措施（申宝宏，2007；程远平，2006）。煤层瓦斯抽采钻孔间距过大则抽采效果不佳，若延长抽采时间，将会造成采、掘、抽失衡；抽采钻孔间距过小则会导致钻孔工程量过大，造成人力和物力的浪费，且影响抽采效果（刘军，2012；王伟有，2012）。而有效抽采半径直接关系到预抽钻孔布置密度和预抽时间的长短。因此，准确确定顺煤层钻孔的有效抽采半径在矿井瓦斯抽采工作中至关重要。

Lin Haifei(2016) 建立了气－固耦合的瓦斯渗流模型，对不同吸附常数下煤层瓦斯的有效抽采半径进行了数值模拟研究。Wu Bing(2012) 采用 FLAC3D 数值模拟瓦斯抽采过程煤层力学性质的变化，进而确定瓦斯抽采半径。王宏图（2011）、梁冰（2014）、尹光志（2013）、鲁义（2015）等通过建立钻孔抽采瓦斯的渗流场控制方程和煤层变形场控制方程，针对不同矿区煤层瓦斯地质条件，进行耦合模型的数值模拟，分析煤层瓦斯有效抽采半径。同时，不同学者采用压降法、瓦斯流量法等对煤层瓦斯抽采有效半径进行了现场测试研究并用于实践（季淮君，2013；余陶，2012）。但这些研究均是在考虑煤层各向同性的基础上进行的。而实际煤层不仅具有明显的层理特征（潘荣锟，2014；邓博知，2015），层面之间还发育一些垂直向内的裂隙面，即由于煤化作用形成的两组相互垂直的面割理和端割理。煤层层理及割理的存在破坏了煤体的连续性和整体性，导致煤体各向渗透率存在较大差异（Li，2004；黄学满，2012；岳高伟，2015；Wang，2013；Chen，2012）。

虽然众多学者在煤层瓦斯抽采有效半径和结构异性煤层渗透率方面的研究都取得了有益的成果，但对于结构异性煤层钻孔瓦斯抽采有效半径研究还未见诸报端。基于此，本章建立了煤层瓦斯各向渗透异性的瓦斯抽采气－固耦合模型，数值模拟了煤层不同方位顺层钻孔的瓦斯预抽过程，分析煤层各向瓦斯压力变化规律，获得由煤层各向渗透异性导致的不同方向上的有效抽采半径。同时，定量对比分析了不同钻孔方位的煤层有效抽采区域特征。

6.1 煤层瓦斯流动的气－固耦合模型

煤层中瓦斯流动过程很复杂。首先，含瓦斯煤体是一种多孔介质，煤体内部包含大量的孔隙结构和裂隙结构。孔隙和裂隙结构相互贯通，构成煤体中瓦斯的运输通道及储存空间。瓦斯流动方式也因孔隙大小的不同而不同。当煤体因采动（或钻孔抽采瓦斯）而受到影响时，会引起煤层中瓦斯压力及应力场发生变化，导致煤体骨架及孔隙结构发生变化，进而影响煤中瓦斯的运移。其次，瓦斯在煤体中的运移还受煤体物理力学性质的影响，煤层中的瓦斯压力、瓦斯赋存、渗透率和瓦斯含量等因素也会对瓦斯运移产生影响。当煤体因采动（或钻孔抽采瓦斯）而受到影响时，会导致周围应力场发生改变，进而使煤体内部吸附状态的瓦斯发生解吸，而周围煤体的渗透率及瓦斯压力也会发生变化，最终影响煤层中瓦斯的流动。因此，煤体中瓦斯的运移可看作瓦斯气体运移和煤体变形相互耦合的渗流过程。该过程具有如下特点：一方面瓦斯的运移会导致煤层瓦斯压力发生变化，进而导致煤体骨架变形，煤层中渗透率、孔隙率会发生变化；另一方面煤体的变形及孔隙率、渗透率的变化也能影响瓦斯压力的分布，最终影响煤层瓦斯的运移。所以在研究含瓦斯煤体的变形和煤层瓦斯流动的规律时，应该考虑瓦斯流动和煤体变形之间的相互影响，建立在考虑煤层瓦斯的吸附特性、克林伯格（Klinkenberg）效应和煤体本身构造特性的煤层瓦斯流动的（流）气－固耦合模型。

瓦斯在煤层中的流动是一个复杂的过程，建立数学模型时不一定能同时满足各种因素的影响，因此，为了使问题简化、便于研究，本书引出以下假设：

（1）煤层顶底板的透气性相对较小，可以认为顶底板为不透气岩层。

（2）煤体骨架是线弹性体，且煤体为均质各向同性。

（3）煤体为多孔介质，煤体中的瓦斯为单相饱和。

（4）将煤层中的瓦斯看作理想气体，并且服从达西定律。

（5）瓦斯的渗流解吸按等温过程处理。

6.1.1 煤层瓦斯含量方程

瓦斯在煤体中的赋存状态主要有两种：一种是以游离的状态存在于煤体孔隙－裂隙中，称为游离瓦斯；另一种是以分子的状态依附在煤体孔隙表面，称为吸附瓦斯。其中，吸附状态瓦斯又分为吸着状态瓦斯和吸收状态瓦斯。研究表明：吸附状态的瓦斯量占煤中瓦斯总量的80%～90%，游离状态的瓦斯量只占10%～20%，它们的具体占比受煤的变质程度和埋藏深度等因素的影响。瓦斯在煤体中的赋存示意如图6-1所示。

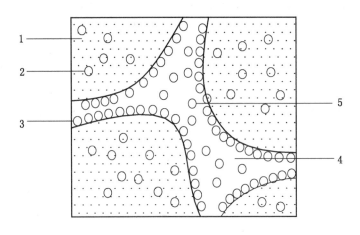

1—煤体；2—吸收瓦斯；3—吸着瓦斯；4—煤体孔隙；5—游离瓦斯

图6-1 瓦斯在煤体中的赋存示意图

煤层中的瓦斯以吸附状态和游离状态存在，煤层瓦斯含量实际上是指吸附瓦斯量和游

离瓦斯量之和，即

$$Q = Q_1 + Q_2 \qquad (6-1)$$

式中，Q 为单位体积煤中的瓦斯含量，m^3/t；Q_1 为单位体积煤中的吸附瓦斯含量，m^3/t；Q_2 为单位体积煤中的游离瓦斯含量，m^3/t。

1. 吸附瓦斯含量

通常情况下，认为煤层的吸附瓦斯含量满足朗格缪尔（Langmuir）方程。单位体积煤中的吸附瓦斯含量按朗格缪尔（Langmuir）方程可表示为（Johnson，1948）：

$$Q_1 = \frac{abcP}{1+bP}\rho_0 \qquad (6-2)$$

式中，$c = \rho_s \cdot \dfrac{1}{1+0.31M} \cdot \dfrac{1-A-M}{1}$，为煤的校正系数，它与煤体的变质程度、比表面积、水分、灰分以及瓦斯成分等有关；Q_1 为单位体积煤中的吸附瓦斯量，m^3/t；P 为煤层的瓦斯压力，MPa；a，b 分别为朗格缪尔吸附常数；M 为煤体的水分，%；A 为煤体的灰分，%；ρ_0 为标准大气压下的瓦斯密度，kg/m^3。

2. 游离瓦斯含量

在煤体中，游离瓦斯存在于煤体的孔隙和裂隙之中。如果将瓦斯气体看作理想气体，在不考虑温度变化的条件下，煤层中游离瓦斯气体满足理想气体状态方程。煤层的游离瓦斯气体状态方程可表示为

$$\rho_f = \frac{\rho_{f0}}{p_0}p = \beta p \qquad (6-3)$$

式中，ρ_{f0} 为初始瓦斯密度，kg/m^3；p_0 为初始瓦斯压力，MPa；β 为瓦斯压缩系数，$kg/(m^3 \cdot MPa)$。

根据相关研究资料（Lake，1988），煤层中的游离瓦斯含量是根据煤层瓦斯压力和孔隙率来计算的，单位体积煤中的游离瓦斯含量表达式为

$$Q_2 = \rho_f \varphi \qquad (6-4)$$

式中，ρ_f 为瓦斯密度，kg/m^3；φ 为孔隙率，%。

将式（6-3）代入式（6-4），可得单位体积煤中的游离瓦斯含量表达式：

$$Q_2 = \beta p \varphi \qquad (6-5)$$

将式（6-2）和式（6-5）代入到式（6-1），可以得到单位体积煤中的瓦斯含量表达式：

$$Q = Q_1 + Q_2 = \rho_f \varphi + \frac{abcp}{1+bp}\rho_0 = \beta p \varphi + \frac{abcp}{1+bp}\rho_0 \qquad (6-6)$$

6.1.2 瓦斯渗流场方程

瓦斯在煤层中的流动可以分为吸附解吸的可逆过程、扩散和渗流 3 个过程。这 3 种流动方式是相互影响、连续进行的统一过程。当煤层瓦斯压力降低时，以分子形式存在的吸附瓦斯首先在煤基质孔隙的内表面上发生解吸，然后穿过基质和微孔通过扩散作用进入裂隙，最后在压力差的作用下以达西流的方式在裂隙中发生渗流。

1. 吸附解吸规律

煤层中瓦斯的吸附解吸是一个可逆的过程。当煤层瓦斯压力降到一定程度，煤中被吸附的瓦斯开始发生解吸，逐渐从微孔表面分离，转变成游离瓦斯；当瓦斯压力升到一定程度，一些游离瓦斯会发生吸附现象，重新转变成吸附状态的瓦斯。

2. 扩散规律

经过解吸转变成的游离瓦斯气体从高分子密度区向低分子密度区运动，即发生气体分子扩散运动。这是因为浓度梯度导致了瓦斯的扩散，使游离瓦斯气体分子从高浓度区向低浓度区运移。其中，瓦斯浓度较高的区域是瓦斯发生解吸的区域，瓦斯浓度较低的区域则是瓦斯运移的通道。

瓦斯在煤层中的扩散理论是根据分子扩散理论提出来的，瓦斯从高浓度区向低浓度区运移，扩散速度与瓦斯浓度梯度呈线性正比关系。国内外相关学者研究表明，瓦斯在煤中的扩散规律服从菲克（Fick）扩散定律。

3. 渗透规律

瓦斯在经历了解吸—扩散过程后，将进入煤体的较大裂隙中以渗流的方式开始运移。如果将煤层中的瓦斯流动看作水平线性稳定流动时，可认为煤层瓦斯流动服从达西定律（Dracy Law）（Prats，1972；倪小明，2009），以下便是服从达西定律（Dracy Law）的煤层瓦斯渗流速度的表达式：

$$\nu = -\frac{k}{\mu} \cdot \nabla p \qquad (6-7)$$

式中，ν 为瓦斯的渗流速度，m/s；k 为煤层的渗透率，$D(1D = 9.869 \times 10^{-13} \ m^2)$；$\mu$ 为瓦斯的动力黏度系数，Pa·s；p 为煤层内的瓦斯压力，MPa；∇ 为瓦斯压力梯度，MPa/m。

煤岩体中瓦斯渗流运动的研究一般采用达西定律（Dracy Law），但是气体的渗流与液体的渗流有所不同，气体在多孔介质内的渗流不能忽略克林伯格（Klikenberg）效应的影响。因此，考虑克林伯格（Klikenberg）效应的煤层瓦斯渗流速度可表示为（尹光志，2013）

$$\nu_f = -\frac{k}{\mu}\left(1 + \frac{c}{p}\right)\nabla p \qquad (6-8)$$

式中，ν_f 为瓦斯的渗流速度，m/s；k 为煤层的渗透率，m^2；μ 为瓦斯的动力黏度系数，Pa·s；∇ 为瓦斯压力梯度，MPa/m；c 为克林伯格（Klikenberg）系数，MPa；p 为煤层内瓦斯压力，MPa。

6.1.3　连续性方程

由质量守恒定律可知，同一种流体物质在运动的过程中质量不会发生变化，也可以表述为控制体内流体的质量增量 = 流入控制体的流体质量 - 流出控制体的流体质量。煤层瓦斯流动的连续性方程可表示为

$$\nabla \cdot (\rho_f \nu_f) + \frac{\partial Q}{\partial t} = 0 \qquad (6-9)$$

式中，ρ_f 为瓦斯密度，kg/m³；ν_f 为瓦斯的渗流速度，m/s；

将式（6-4）、式（6-5）、式（6-6）、式（6-8）和式（6-9）联立，经过整理，得到考虑孔隙率和渗透率变化以及 Klikenberg 效应的煤层瓦斯渗流的控制方程：

$$2\left[\frac{abcp_0}{(1+bp)^2}+\varphi+\frac{p(1-\varphi)}{K_s}\right]\frac{\partial p}{\partial t}-\nabla\cdot\left[\frac{K}{\mu}\left(1+\frac{c}{p}\right)\nabla p^2\right]+2p\alpha\frac{\partial\varepsilon_v}{\partial t}=0 \quad (6-10)$$

6.1.4 孔隙率和渗透率动态变化方程

煤是一种孔隙、裂隙双重发育并且包含有机质的多孔介质。在电子显微镜下可以看到，煤体中包含着一个庞大的微孔系统，形成了煤体特有的多孔结构。煤体的这种微孔结构不仅能够容纳瓦斯分子，不仅为煤体中的瓦斯提供了极佳的赋存场所，而且还为煤层中的瓦斯提供了流动通道。

煤层的孔隙率是影响煤层渗透性、吸附解吸和煤体强度的重要因素。通过测定煤层的孔隙率和煤层瓦斯压力，可以计算得出煤层中的游离瓦斯含量。除此之外，煤层孔隙率的大小与煤层中瓦斯流动的情况也密切相关。

煤层渗透率是反映瓦斯在煤层中运移难易程度的重要指标之一，对于钻孔瓦斯抽采来说，也是衡量瓦斯抽采难易程度的关键参数。影响煤层透气性变化的因素有很多，如地质构造、地应力、煤体孔隙和裂隙结构、瓦斯压力以及煤的吸附解吸过程等。

在采掘（或者钻孔瓦斯抽采）的过程中，煤层的原始应力状态会被破坏，引起煤岩体变形，导致煤层的孔隙率（φ）和渗透率（k）也随之发生变化。因此在建立含瓦斯煤岩体气-固耦合数学模型时，应当考虑这些因素的变化以及它们发生变化所带来的影响。

孔隙率（φ）是指在多孔介质中，颗粒间的孔隙体积 V_p 和总体积 V 之比。其表达式为（夏才初，1994）

$$\varphi=\frac{V_p}{V}=\frac{V_{p0}+\Delta V_p}{V_0+\Delta V}=1-\frac{V_{s0}+\Delta V_s}{V_0+\Delta V}=1-\frac{V_{s0}\left(1+\frac{\Delta V_s}{V_{s0}}\right)}{V_0\left(1+\frac{\Delta V}{V_0}\right)}=1-\frac{1-\varphi_0}{1+\varepsilon_v}\left(1+\frac{\Delta V_s}{V_{s0}}\right)$$

$$(6-11)$$

式中，V_{p0} 为初始的孔隙体积，g/cm³；ΔV_p 为孔隙体积的变化量，g/cm³；ΔV_p 为总体积的变化量，g/cm³；V_0 为初始的总体积，g/cm³；V_{s0} 为初始的骨架体积，g/cm³；V_s 为骨架体积的变化量，g/cm³。

在不考虑温度变化的条件下，假设煤岩体为线弹性体，煤岩体骨架的体积应变为 $\frac{\Delta V_s}{V_{s0}}$，并且认为煤岩体骨架的体积应变全部是由煤层瓦斯压力变化 ΔP 引起的（夏才初，1993），可以得到以下等式：

$$\frac{\Delta V_s}{V_{s0}}=\frac{-\Delta p}{k_s} \quad (6-12)$$

式中，k_s 为煤岩体骨架的体积模量，MPa；$\Delta p=p-p_0$ 为瓦斯压力的变化值，MPa；p_0 为初始时刻的瓦斯压力，MPa。

因此，含瓦斯煤岩体的孔隙率动态变化方程可以表示为

$$\varphi = 1 - \frac{1 - \varphi_0}{1 + \varepsilon_v}\left(1 + \frac{\Delta V_s}{V_{s0}}\right) = 1 - \frac{1 - \varphi_0}{1 + \varepsilon_v}\left(1 - \frac{\Delta p}{k_s}\right) \quad (6-13)$$

式中，ε_v 为含瓦斯煤岩体的体积应变；φ_0 为含瓦斯煤岩体的初始孔隙率，% 。

根据康采尼 – 卡曼（Kozeny – Carman）方程，并利用夏才初（1995）中的孔隙率和渗透率变化关系式，可以得到含瓦斯煤岩体渗透率的动态变化方程：

$$k = \frac{k_0}{1 + \varepsilon_v}\left[1 + \frac{\varepsilon_v + \dfrac{\Delta p(1 - \varphi_0)}{k_s}}{\varphi_0}\right]^3 \quad (6-14)$$

式中，k_0 为煤岩体的初始渗透率，m^2 。

6.1.5 煤岩体的变形控制方程

在采动（或瓦斯抽采）等过程的影响下，煤体骨架会发生变形或者位移。研究表明，含瓦斯煤岩体的变形大多表现为压缩变形。假设煤岩体为线弹性体，煤岩体的变形可以看作是线弹性体变形；同时假设煤岩体为均质体且各向同性，含瓦斯煤岩体被单相瓦斯气体所饱和。

1. 几何方程

假设煤岩体的骨架变形属于小变形，则煤岩体变形的几何方程满足：

$$\begin{cases} \varepsilon_x = \dfrac{\partial u}{\partial x}, \gamma_{yz} = \dfrac{\partial w}{\partial y} + \dfrac{\partial v}{\partial z} \\ \varepsilon_y = \dfrac{\partial u}{\partial y}, \gamma_{xz} = \dfrac{\partial w}{\partial x} + \dfrac{\partial u}{\partial z} \\ \varepsilon_z = \dfrac{\partial w}{\partial z}, \gamma_{xy} = \dfrac{\partial v}{\partial x} + \dfrac{\partial u}{\partial y} \end{cases} \quad (6-15)$$

以上方程可以用张量形式表示：

$$\varepsilon_{ij} = \frac{1}{2}(u_{i,j} + u_{j,i}) \quad (i,j = 1,2,3) \quad (6-16)$$

煤岩体的体积应变则表示为

$$\varepsilon_v = u_{11} + u_{22} + u_{33} \quad (6-17)$$

式中，ε_{ij} 为应变张量；ε_v 为煤岩体体积应变；u 为位移，m。

2. 平衡微分方程

在忽略瓦斯本身的重力且不考虑瓦斯流动和煤岩体骨架变形产生惯性力的条件下，煤岩体的总应力平衡微分方程可表示为

$$\sigma_{ij,j} + F_i = 0 \quad (6-18)$$

式中，F_i 为体积力的分量形式。

将式（6-15）代入式（6-18）可得煤岩体有效应力的平衡微分方程：

$$(\sigma'_{ij})_j + (\alpha p \delta_{ij})_j + F_i = 0 \quad (6-19)$$

3. 本构方程

根据假设，煤岩体变形属于线弹性变形，由胡克定律可得含瓦斯煤岩体变形的本构方程：

$$\sigma_{ij} = \lambda\delta_{ij}e + 2G\varepsilon_{ij} \quad (i,j = 1,2,3) \tag{6-20}$$

式中，λ、G 为拉梅常数；e 为体积变形；δ_{ij} 为 Kronecker 符号。

根据煤层为线弹性体且各向同性的假设，煤岩体产生的应变 ε 主要包括两方面：地应力变化引起的应变 ε_d（根据胡克定律）和游离瓦斯压力变化引起的应变 ε_p（考虑了游离瓦斯压力变化引起的煤体颗粒应变，但是忽略了游离瓦斯气体引起的切应变）（唐志成，2012）。上述方程的张量表示形式为

$$\varepsilon = \varepsilon_d + \varepsilon_p = \frac{1}{2G}\left(\sigma' - \frac{\upsilon}{1+\upsilon}\Theta'\right) - \frac{\Delta p}{3k_s} \tag{6-21}$$

$$\Theta' = \sigma'_x + \sigma'_y + \sigma'_z = k_se \tag{6-22}$$

式中，υ 为泊松比；Θ' 为有效体积应力；k_s 为体积模量，MPa。

根据式（6-20）、式（6-21）和式（6-22）可得煤层所受有效应力的张量表示式为

$$\sigma'_{ij} = \lambda e\delta_{ij} + 2G\varepsilon_{ij} - \frac{3\lambda - 2G}{3k_s}\Delta p\delta_{ij} \tag{6-23}$$

联立式（6-16）、式（6-19）和式（6-23），整理后可得煤岩体的变形控制方程：

$$G\sum_{j=1}^{3}\frac{\partial^2 u_i}{\partial x_j^2} + \frac{G}{1-2v}\sum_{j=1}^{3}\frac{\partial^2 u_j}{\partial x_j\partial x_i} - \frac{3\lambda-2G}{3k_s}\frac{\partial p}{\partial x_i} + \alpha\frac{\partial p}{\partial x_i} + F_i = 0 \tag{6-24}$$

6.1.6 煤层瓦斯流动的流 – 固耦合模型及其定解条件

将式（6-10）、式（6-13）、式（6-14）和式（6-24）联立起来，可得瓦斯在煤层中运移的流 – 固耦合数学模型：

$$\begin{cases} 2\left[\dfrac{abcp_0}{(1+bp)^2} + \varphi + \dfrac{p(1-\varphi)}{K_s}\right]\dfrac{\partial P}{\partial t} - \nabla\cdot\left[\dfrac{K}{\mu}\left(1+\dfrac{c}{p}\right)\nabla p^2\right] + 2P\alpha\dfrac{\partial\varepsilon_v}{\partial t} = 0 \\[3mm] G\sum_{j=1}^{3}\dfrac{\partial^2 u_i}{\partial x_j^2} + \dfrac{G}{1-2v}\sum_{j=1}^{3}\dfrac{\partial^2 u_j}{\partial x_j\partial x_i} - \dfrac{(3\lambda-2G)}{3k_s}\dfrac{\partial p}{\partial x_i} + \alpha\dfrac{\partial p}{\partial x_i} + F_i = 0 \\[3mm] k = \dfrac{k_0}{1+\varepsilon_v}\left[1 + \dfrac{\varepsilon_v + \dfrac{\Delta p(1-\varphi_0)}{K_s}}{\varphi_0}\right]^3 \\[3mm] \varphi = 1 - \dfrac{1-\varphi_0}{1+\varepsilon_v}\left(1 - \dfrac{\Delta P}{K_s}\right) \end{cases} \tag{6-25}$$

式（6-25）构成了含瓦斯煤岩体的流 – 固耦合数学模型，但是要对该模型进行求解就必须补充必要的初始条件和边界条件。根据实际的工程情况和求解方案，选择合适的边界条件和初始条件，就能够对建立的数学模型求解。以下是补充的定解条件：

1. 瓦斯渗流场方程的定解条件

1）边界条件

定压边界条件：

$$p\mid_{\text{边界处}} = p_1 \tag{6-26}$$

定流量边界条件：

$$\bar{v} \cdot \bar{n} \mid _{边界处} = q \qquad (6-27)$$

2）初始条件

在初始时刻或者任意选定时刻，含瓦斯煤岩体的瓦斯压力分布为

$$p \mid _{t=0} = p_i \qquad (6-28)$$

式中，p_i 为初始时刻的瓦斯压力。

2. 位移场的定解条件

1）边界条件

$\bar{n}$ 为边界处的法向量，q 为边界处单位时间内的瓦斯流量。

位移的边界条件：

$$u \mid _{边界} = u \mid _1 \qquad (6-29)$$

式中，$u \mid _1$ 为边界处位移。

应力的边界条件：

$$\sigma'_{ij} \cdot \bar{n}_j \mid _{边界处} = T \mid _i \qquad (6-30)$$

式中，T_i 为边界上的面力。

2）初始条件

在初始时刻或者任意选定的时刻，含瓦斯煤岩质点的位移或速度分别为

位移初始条件：

$$u \mid _{i=0} = u_i \qquad (6-31)$$

速度初始条件：

$$\frac{\partial u}{\partial x_i} \mid _{i=0} = V_i \qquad (6-32)$$

采煤活动中，煤矿设计者尽量将工作面平行于面割理方向布置，垂直于面割理方向采煤，以预防瓦斯和水突入工作面，实现安全采煤（Hanes，1981）。

6.2 煤层瓦斯抽采模型

6.2.1 几何物理模型

图 6-2 所示为抽采钻孔布置方位示意图，其中抽采孔 1 为平行层理沿面割理方向，抽采孔 2 为平行层理沿端割理方向。

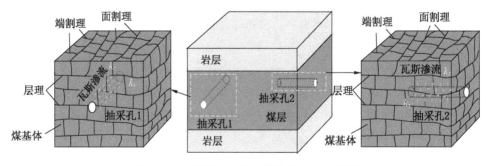

图 6-2 不同钻孔方位瓦斯抽采渗流示意图

建立简化的瓦斯抽采模型（图 6-3），几何模型尺寸为 20 m × 20 m，钻孔直径 94 mm，抽采负压 30 kPa，上覆岩层应力 9.6 MPa。在模型图 6-3 中设置 OA（X 方向）、

OB(与 X 方向夹角 30°)、OC(与 X 方向夹角 45°)、OD(与 X 方向夹角 60°)、OE(与 X 方向夹角 90°)5 个方向,以考察各方向瓦斯压力和有效抽采半径变化规律。

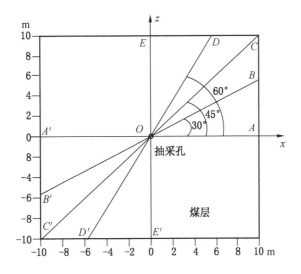

图 6-3　瓦斯抽采几何模型的示意图

6.2.2　瓦斯抽采定解条件

由式(6-10)、式(6-13)、式(6-14)和式(6-24)构成了含瓦斯煤岩体的气-固耦合数学物理模型,但是要对该模型进行求解就必须补充必要的初始条件和边界条件。

1. 初始条件

压力:$p\big|_{t=0}=p_0$;应力:$\sigma\big|_{t=0}=0$;

位移:$u\big|_{i=0}=u_i$;速度:$\dfrac{\partial u}{\partial x_i}\bigg|_{i=0}=v_i$。

2. 边界条件

瓦斯压力:$p\big|_{t=0}=p_0$;边界位移:$u\big|_{boundary}=u_i$;

边界荷载:$\sigma_{ij}\cdot\vec{n}_j\big|_{boundary}=\sigma_0$。

6.2.3　参数选取

根据煤层原始瓦斯压力 1.21 MPa,煤层瓦斯初始渗透率采用第 5 章测得的实验数据,其中,$k_{x0}=1.645\times10^{-16}\ \mathrm{m}^2$、$k_{y0}=0.9891\times10^{-16}\ \mathrm{m}^2$、$k_{z0}=0.6287\times10^{-16}\ \mathrm{m}^2$,其他煤层瓦斯抽采参数选取见表 6-1。

表 6-1　瓦斯抽采参数

参数名称	数值	单位	参数名称	数值	单位
煤的弹性模量 E	3500	MPa	煤的吸附常数 b	1.393	MPa^{-1}
煤的泊松比 ν	0.22	—	煤的水分 M_{ad}	3.16	%

表 6 - 1(续)

参数名称	数值	单位	参数名称	数值	单位
煤的密度 ρ_s	1350	kg/m³	煤的灰分 A_{ad}	10.29	%
初始孔隙率 φ_0	5.78	%	克林伯格系数 c	0.00012	MPa
瓦斯动力黏度系数 μ	1.1×10^{-5}	Pa·s	原始瓦斯压力 p_0	1.21	MPa
煤的吸附常数 a	40.895	cm³/g			

6.2.4 不同钻孔方位有效抽采半径计算与分析

煤层瓦斯抽采有效半径是指在预抽煤层瓦斯时，在煤层瓦斯压力梯度和钻孔抽采负压的共同影响下，钻孔周围煤体内的瓦斯不断进入钻孔而被抽走，形成了一个以钻孔为中心的类圆形影响区域（Wu，2011）。

根据图 6 - 3 中不同钻孔方位下的瓦斯抽采过程分别进行数值计算，不同抽采时段煤层瓦斯压力情况如图 6 - 4（抽采孔 1 和抽采孔 2）所示。

从图 6 - 4 中可以看出，随抽采时间增加，煤层瓦斯压力影响区域逐渐增大，且结构异性煤层瓦斯抽采过程中瓦斯压力等值线图是类椭圆形，其中在渗透率大的方向瓦斯压力影响较大。以抽采钻孔 O 为中心，不同方向（OA、OB、OC、OD、OE）瓦斯压力在不同抽采时间时的瓦斯压力变化规律如图 6 - 5 所示（抽采孔 1 和抽采孔 2）。从图 6 - 5 中可以看出，距抽采孔越远，煤层瓦斯压力越大，直至接近区域煤层原始瓦斯压力，且随着抽采时间增加，煤层瓦斯压力变化越大。

根据《煤矿瓦斯抽采基本指标》（AQ 1026—2006）规定："突出煤层工作面采掘作业前必须将控制范围内煤层的瓦斯含量降到煤层始突深度的瓦斯含量以下或将瓦斯压力降到煤层始突深度的煤层瓦斯压力以下。若没能考察出煤层始突深度的煤层瓦斯含量或压力，则必须将煤层瓦斯含量降到 8 m³/t 以下，或将煤层瓦斯压力降到 0.74 MPa（表压）以下"。现以煤层瓦斯压力 0.74 MPa 为基准值，在抽采过程中，任一测压孔内瓦斯压力降至 0.74 MPa 以下时，其距抽采孔的距离即为此时的有效抽采半径（刘军，2012；魏国营，2013）。对于不同方位的抽采孔 1 和抽采孔 2，以抽采孔为中心，不同方向上的有效抽采半径随抽采时间的变化规律如图 6 - 6 所示，随着抽采时间的增长，任一方向瓦斯抽采有效影响半径均逐渐增大，但增大的程度越来越小。对于抽采孔 1 和抽采孔 2，由于平行层理沿面割理方向渗透率大于端割理方向的渗透率，在相同抽采时间内，两种方位抽采孔的有效抽采半径也存在差异：平行层理方向（OA 方向），抽采孔 2 有效抽采半径大于抽采孔 1 有效抽采半径（图 6 - 6a），但在垂直层理方向（OE 方向），两种方位抽采孔在此方向渗透率虽然相同，但抽采孔 2 有效抽采半径却小于抽采孔 1 有效抽采半径（图 6 - 6e），这是因为抽采孔 2 平行层理方向瓦斯进入钻孔量大，抽采孔内瓦斯压力高，抑制了垂直层理方向的渗流。

虽然两种抽采孔布置方式不同，不同方向有效抽采半径也不尽相同，但有效抽采半径与抽采时间的关系都满足幂指数形式，可用式（6-33）表示，其拟合式见表 6 - 2，相关

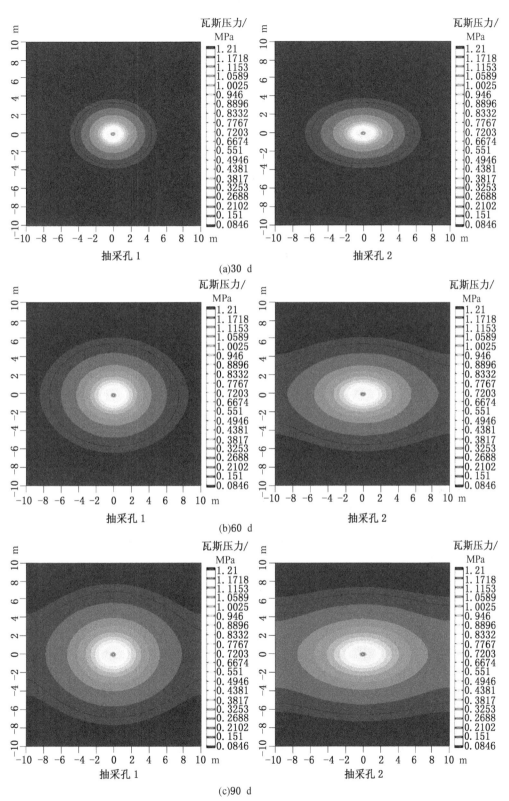

图6-4 不同抽采时间抽采钻孔1和抽采孔2周围瓦斯压力等值线图

系数均达到 0.99 以上。

$$r = \alpha t^{\beta} \tag{6-33}$$

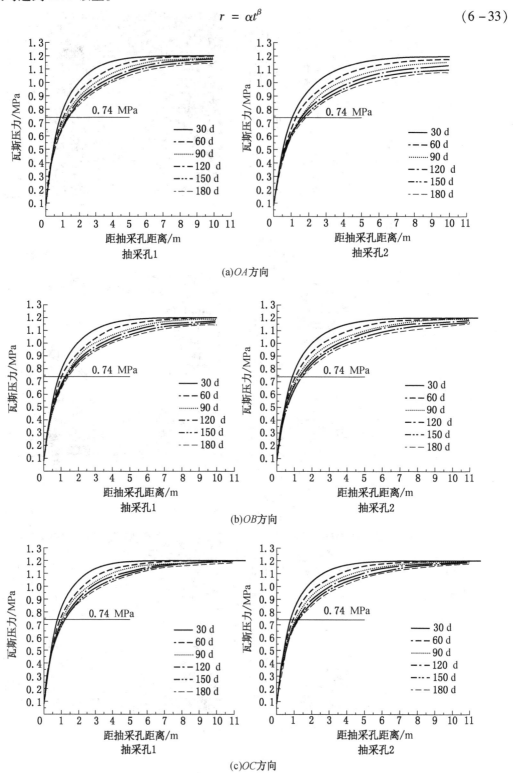

(a)OA方向

(b)OB方向

(c)OC方向

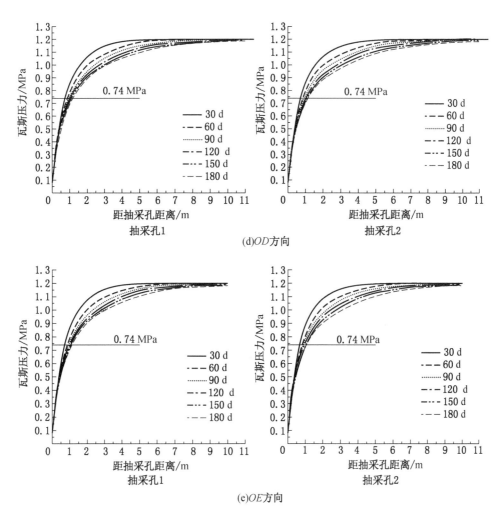

图6-5 抽采钻孔1和抽采孔2不同抽采时间沿不同方向瓦斯压力曲线

表6-2 不同方向有效抽采半径拟合式

方位	抽采孔 1		抽采孔 2	
	拟合函数	相关系数 R^2	拟合函数	相关系数 R^2
OA	$r = 0.33811t^{0.27113}$	0.9991	$r = 0.36678t^{0.30082}$	0.9978
OB	$r = 0.31155t^{0.27026}$	0.9993	$r = 0.31439t^{0.28976}$	0.9986
OC	$r = 0.30192t^{0.26336}$	0.9983	$r = 0.27654t^{0.28948}$	0.9965
OD	$r = 0.29141t^{0.25776}$	0.9979	$r = 0.26033t^{0.27877}$	0.9984
OE	$r = 0.28223t^{0.25347}$	0.9981	$r = 0.2424t^{0.27593}$	0.9993

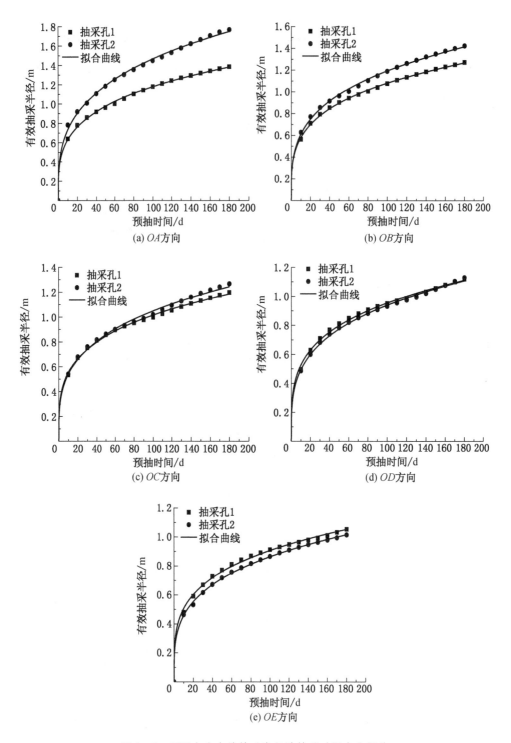

图6-6 不同方向有效抽采半径随抽采时间变化规律

6.3 煤层瓦斯抽采有效影响半径测试验证

为了保证数值模拟结果的可靠性，在现场采用测压法对模拟钻孔1进行验证。

6.3.1 试验钻孔布置

钻孔在预抽煤层瓦斯时，在煤层瓦斯压力和抽采负压的共同作用下，钻孔周围煤体内瓦斯不断进入钻孔并被抽走，在钻孔抽采影响范围内，煤体的瓦斯压力不断降低，因此在抽采钻孔周围不同距离处布置测试钻孔，通过测试钻孔内瓦斯压力的变化，确定钻孔的抽采影响半径。

为了保证测试数据的可靠性，试验地点选择在无地质构造和瓦斯异常带。测试地点在焦作九里山矿二$_1$煤层16141运输巷的原始煤层（平均厚度约7.2 m，瓦斯压力1.21 MPa），煤层层理面明显，且存在正交的天然裂隙，连续性较弱的端割理的发育受限于连续性较强的面割理。煤层特征及测试点钻孔布置、间距如图6-7（钻孔深度40 m，孔径94 mm）所示。

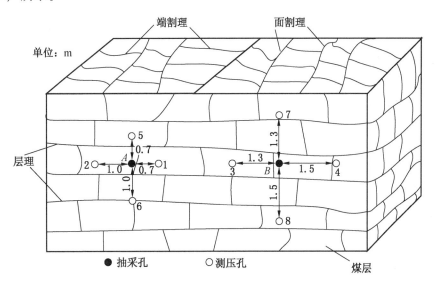

图6-7 瓦斯抽采有效半径测试钻孔布置

6.3.2 测试结果与分析

首先施工1~8号钻孔，并及时封孔，安装压力表（图6-8），当压力稳定后，再依次施工A、B孔（抽采孔），并及时封孔待抽。在整个测压过程中，前3 d每天记录2~3次压力值，以后每天定时观察记录一次压力值的数据，最后绘出各测压钻孔的瓦斯压力变化曲线（图6-9）。

图6-9给出了不同测压孔瓦斯压力随时间的变化规律，其中前24 d是测压孔瓦斯压力恢复及稳定过程，从第25 d开始抽采孔抽采瓦斯（抽采负压30 kPa），不同测压孔内瓦斯压力随抽采时间逐渐减小。从图6-9中可以看出，瓦斯抽采过程中，其有效抽采半径

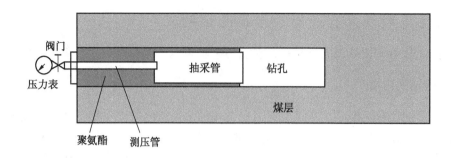

图 6-8　测压孔

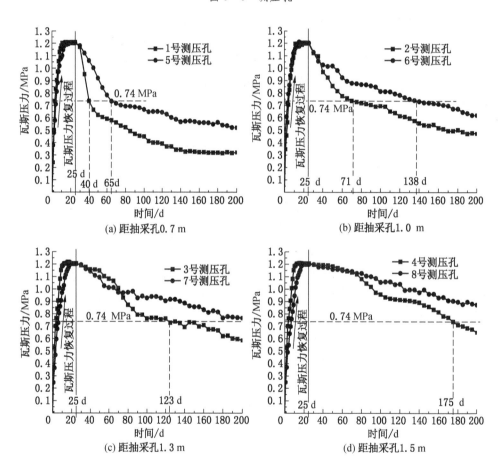

图 6-9　瓦斯压力测试曲线

具有时效特征，即有效抽采半径随抽采时间变化，如在煤层水平方向（平行层理方向），抽采时间 15 d、46 d、98 d 和 150 d 时，有效抽采半径分别为 0.7 m(No.1 表示测压孔 1，下同)、1.0 m(No.2)、1.3 m(No.3) 和 1.5 m(No.4)；在垂直煤层层理方向，抽采时间 40 d、113 d 时，有效抽采半径分别为 0.7 m(No.5)、1.0 m(No.6)，而对于测压孔 7 和 8，抽采时间 175 d 内瓦斯压力依旧大于 0.74 MPa。

图 6 - 10 所示为钻孔垂直端割理方向（平行层理）时瓦斯有效抽采半径现场测试结果与抽采钻孔 1 数值模拟结果对比图。从图 6 - 10 中可以看出，对抽采钻孔 1，在瓦斯抽采过程中，无论是平行层理方向（OA 方向）还是垂直层理方向（OB 方向），数值模拟结果和现场试验结果基本一致，虽然在定量上有些差别，但差别不大。这充分表明了本书数值模型的可靠性。

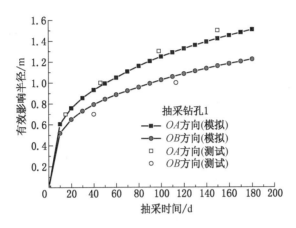

图 6 - 10　瓦斯抽采有效半径试验和数值结果对比

6.4　煤层瓦斯抽采有效抽采区域分析

模型中（图 6 - 3）整个模拟区域关于 $A'A$、$E'E$ 及抽采孔 O 对称，由此可得不同抽采时间沿 OA、OB、OC、OD、OE 方向关于 $A'A$、$E'E$ 及抽采孔 O 对称位置的有效抽采半径，如图 6 - 11 所示中的点图。

从图 6 - 4 中可以看出，煤层瓦斯抽采压力等值线类似椭圆形，为了确定煤层瓦斯抽采有效半径的椭圆形态，采用以下方法进行验证：假设在抽采时间 t 时，以平行层理方向（AA'）的有效抽采半径为椭圆长轴 a_{lt}，以垂直层理方向（EE'）的有效抽采半径为椭圆短轴 b_{st}，则在瓦斯抽采模型（图 6 - 3）XZ 坐标系中，以抽采孔为中心的瓦斯抽采有效半径方程为

$$\frac{X^2}{a_{lt}^2} + \frac{Z^2}{b_{st}^2} = 1 \qquad (6 - 34)$$

采用式（6 - 34）对不同抽采时间煤层瓦斯有效抽采区域进行数值计算并作图（图 6 - 11）。从图 6 - 11 中可以看出，同一抽采时间，不同方向上模拟得到的有效抽采半径位置均在式（6 - 34）的椭圆曲线上，即确定各向渗透异性煤层瓦斯抽采有效区域是以抽采孔为中心、最大抽采距离 a_{lt} 为长轴、最小抽采距离 b_{st} 为短轴的椭圆。

对于两种方位上布置的抽采孔 1 和抽采孔 2，其有效抽采区域面积（即椭圆面积 $S = \pi a_{lt} b_{st}$）存在差别，抽采孔 1 的有效抽采区域面积（S_1）小于抽采孔 2 的有效抽采区域面积（S_2）（图 6 - 12），且随着抽采时间的增加，两种方位抽采孔的有效抽采区域面积差别也逐渐增大。如在抽采 30 d 时，S_2 为 1.95 m^2，是 S_1（1.80 m^2）的 1.08 倍；抽采 90 d 时，

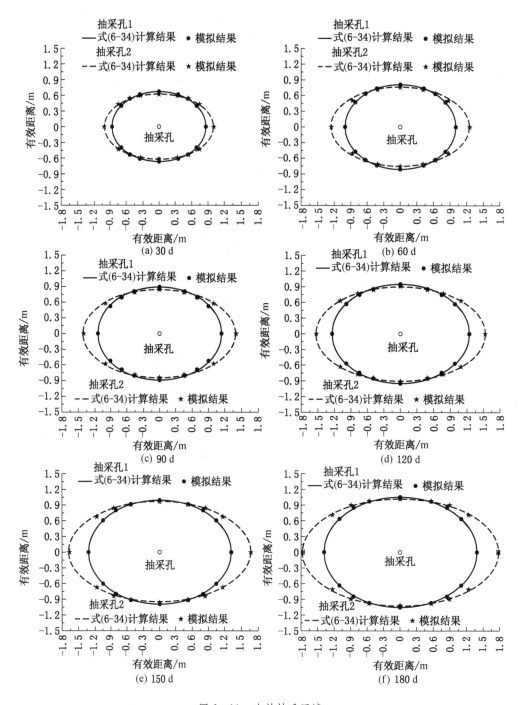

图 6-11 有效抽采区域

S_2 为 3.71 m^2，是 S_1（3.20 m^2）的 1.16 倍，而抽采 150 d 时，S_2 为 5.04 m^2，是 S_1（4.12 m^2）的 1.22 倍。这也表明，煤层顺层钻孔瓦斯抽采时，抽采孔平行层理且沿端割理方向（垂直面割理方向）时瓦斯抽采效果更好。

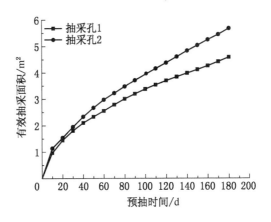

图 6-12 有效抽采面积

6.5 钻孔间距及合理布孔计算分析

假设某一预抽孔坐标为 (0, 0),并沿抽采有效距离的长轴 r_{lt}、短轴 r_{st} 方向建立直角坐标 x、z,如图 6-13 所示。若与之相邻的另一预抽孔坐标为 (x_0, z_0),则基于煤层瓦斯抽采不仅要消除空白带,还要以抽采孔数目最少为原则,则合理布孔方式需满足 $ABCD$ 区域面积最大,即 $x_0 z_0$ 最大。

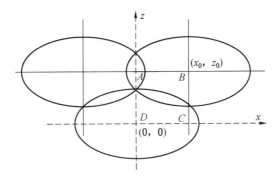

图 6-13 合理布孔方式示意图

此时,$\dfrac{(x-x_0)^2}{r_{lt}^2} + \dfrac{(z-z_0)^2}{r_{st}^2} = 1$ 过 $(0, r_{st})$ 点,且 $0 < x_0 < r_{lt}, r_{st} < z_0 < 2r_{st}$,即

$$\frac{x_0^2}{r_{lt}^2} + \frac{(r_{st} - z_0)^2}{r_{st}^2} = 1 \qquad (6-35)$$

当 $ABCD$ 区域面积最大时 $(x_0 z_0$ 最大$)$,$(x_0 z_0)^2$ 也应最大,则

$$(x_0 z_0)^2 = r_{lt}^2 \left[1 - \frac{(r_{st} - z_0)^2}{r_{st}^2} \right] z_0^2 = \frac{r_{lt}^2}{r_{st}^2} \left[r_{st}^2 - (r_{st} - z_0)^2 \right] z_0^2 = \frac{r_{lt}^2}{r_{st}^2} \left[2r_{st} - z_0 \right] z_0^3$$

$$\leqslant \frac{r_{lt}^2}{r_{st}^2} \cdot \frac{1}{2} \left[(2r_{st} - z_0)^2 + (z_0^3)^2 \right]$$

当式 (6-35) 取等号时,即 $(2r_{st} - z_0) = z_0^3$ 时,$(x_0 z_0)^2$ 最大,即

$$z_0{}^3 + z_0 - 2r_{st} = 0 \qquad\qquad (6-36)$$

式 （6-36） 为典型卡尔丹公式，对其求解。

$$\Delta = \left(\frac{-2r_{st}}{2}\right)^2 + \left(\frac{1}{3}\right)^3 = r_{st}{}^2 + \left(\frac{1}{3}\right)^3$$

$$Y_1 = r_{st} + \sqrt{\Delta} \qquad Y_2 = r_{st} - \sqrt{\Delta}$$

可得 z_0 满足条件的实数解为

$$z_0 = \sqrt[3]{Y_1} + \sqrt[3]{Y_2} \qquad\qquad (6-37)$$

对于任一抽采时间 t 时，x、z 方向上的有效抽采半径为 r_{lt}、r_{st}，代入式（6-37）和式（6-35）可求得布孔位置坐标 (x_0, z_0)，x_0、z_0 分别与预抽时间 t 的关系如图 6-14 所示，可用函数式（6-38）表示。从图 6-14 中可以看出，在不同预抽时间下，钻孔布置间距随预抽时间的增大而增大，其中，平行层理方向布置间距增大较快，而垂直层理方向布置间距缓慢增大。

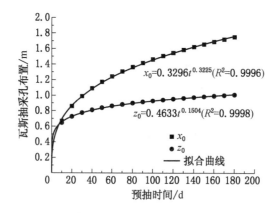

图 6-14 瓦斯预抽时间与钻孔布置位置关系

$$\begin{cases} x_0 = 0.3296t^{0.3225} & (R^2 = 0.9996) \\ z_0 = 0.4633t^{0.1504} & (R^2 = 0.9998) \end{cases} \qquad (6-38)$$

在此，选取九里山矿一个 5 m × 20 m 煤层抽采面（煤层厚度 5 m，长度为 20 m）来计算煤层瓦斯抽采钻孔合理布置及抽采情况，假设煤层预抽时间为 150 d，采用式（6-38）分别计算出 $x_0 = 1.0$、$z_0 = 1.5$ m，即可按照图 6-15 对煤层抽采钻孔进行合理有效的布孔。如前所述，为了消除煤层突出危险性，瓦斯有效抽采区域应完全覆盖煤层，不留抽采空白带。煤层原始瓦斯压力为 1.21 MPa，煤层瓦斯渗透率 $k_{x0} = 1.645 \times 10^{-16}$ m²、$k_{y0} = 0.9891 \times 10^{-16}$ m²。其他参数见表 6-1。数值计算分析瓦斯抽采过程煤层瓦斯压力分布情况，如图 6-16 所示，从图 6-16 中可以看出，随着抽采时间的增加，煤层瓦斯压力逐渐降低。从模型中 A—A 方向和 B—B 方向提取不同抽采时间的瓦斯压力，如图 6-17 所示。从图 6-17 中可以看出，无论是 A—A 方向还是 B—B 方向，当预抽采时间达到 150 d 时，瓦斯压力均低于 0.74 MPa，即完全满足煤矿预抽的目的。

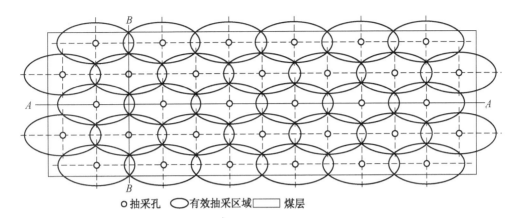

○抽采孔　◯有效抽采区域　▭煤层

图 6-15　瓦斯抽采区域钻孔布置示意图

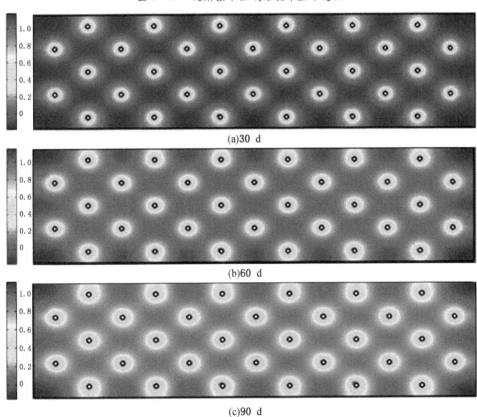

(a)30 d

(b)60 d

(c)90 d

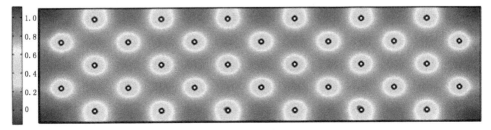

(d)120 d

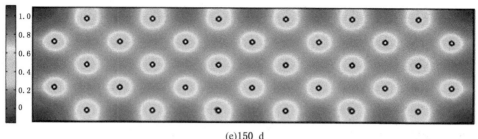

(e)150 d

图 6-16 瓦斯抽采压力分布图

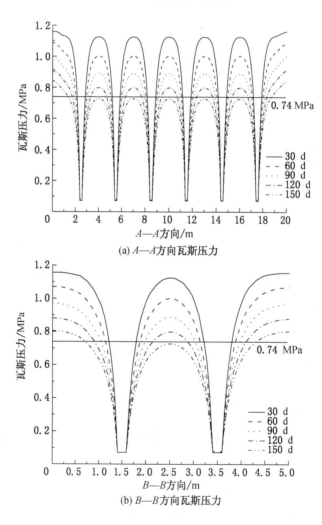

(a) A—A方向瓦斯压力

(b) B—B方向瓦斯压力

图 6-17 不同抽采时间瓦斯压力曲线图

6.6 本章小结

基于煤层各向渗透异性特征,建立煤层瓦斯抽采的气-固耦合模型,数值模拟了各向渗透异性煤层不同钻孔方位下有效抽采半径的时效特性，定量分析了钻孔方位对有效抽采区域的影响。结果表明：

（1）各向渗透异性煤层中，瓦斯有效半径随抽采时间呈幂指数增大。相同抽采时间，钻孔方位对有效抽采半径影响明显。

（2）各向异性煤层中，有效抽采区域是以抽采孔为中心，平行层理方向的抽采距离为长轴，垂直层理方向抽采距离为短轴的椭圆。

（3）相同抽采时间，垂直面割理方向抽采孔的有效抽采区域面积大于垂直端割理方向抽采孔的有效抽采区域面积，即从瓦斯抽采煤层压力降至安全标准之下来说，有效抽采面积越大，抽采效果越好。

（4）以九里山煤矿在 5 m×20 m 煤层抽采面钻孔布置为例，无论是垂直层理方向，还是平行层理方向，当预抽采时间达到 150 d 时，瓦斯压力均低于 0.74 MPa，即完全满足煤矿预抽的目的。

7 各向异性煤层注氮促抽瓦斯影响半径时效特性

对于低透气性煤层，瓦斯抽采难度大、效率低，极大影响了煤矿的安全生产。虽然煤矿采取了水力压裂、水力割缝、预裂控制爆破和交叉钻孔等一系列强化抽采瓦斯措施（Wang，2015；Yan，2015；Yuan，2011；Shang，2009），但这些措施受制于技术本身的局限性和煤层地质条件的复杂性。而自20世纪末煤层注入 CO_2 提高煤层气采收率（CO_2 - ECBM）的实验取得成功之后（Clarkson，2000），该技术逐渐推广应用于煤层注气增产（ECBM：Enhanced Coal Bed Methane）领域（Michael，2014）。在煤层钻孔注入 CO_2 促抽瓦斯研究表明（Masaji，2010；Frank，2009），二氧化碳注入可明显提高采气率。虽然在给定的生产周期内未达到稳定，但甲烷组分接近60%，二氧化碳组分接近40%。这表明这些气体的交换比通常想象的要复杂，这也增加了长期稳定性注入二氧化碳的信心。近些年，开展了煤层钻孔注空气（N_2）促抽瓦斯研究，杨宏民（2010）在阳泉矿区进行了煤层低压注气（<0.6 MPa）驱替/促抽瓦斯试验，结果表明，向煤层注入空气可起到明显的促抽瓦斯效果，可使预抽消突时间由19 d减少到9 d。李志强（2011）在井下注 N_2 强化煤层气抽采的试验发现，注气过程中，邻近孔 CH_4 浓度均呈现先上升后下降的趋势。与此同时，国内外学者对注气增产机理进行的大量实验和理论研究为此项技术的推广应用起到了积极作用（Scott，1999；Katayama，1995；Jessen，2008；Dutka，2013；Cui，2004）。

煤层渗透率是反映煤层注氮促抽时气体渗流的重要物性参数，由于煤层沉积过程中具有取向性，导致不同方向的渗透率不同，即储层存在各向异性，尤其在层理方向（Laubach，1998；Wang，2014）。Koenig 和 Stubbs（1986）对美国 Warrior 盆地煤层的渗透率测试表明，不同层理方向渗透率比达17∶1。Wang（2011），Li（2004）等在不同层理、节理条件下进行渗透试验，指出层理、节理构造对渗透和变形均有重要影响。因而，煤矿采用注气 - 抽采瓦斯技术时，注气孔 - 抽采孔合理间距布置还必须考虑煤层气体渗透的各向异性特征，因为各向异性煤层注气孔 - 抽采孔间距的合理布置不仅影响瓦斯促抽效果，而且钻孔间距过大，在消突范围内容易形成促抽盲区；钻孔间距过小，则容易造成人力和物力的浪费。

在煤层注气促抽瓦斯应用中，注气孔 - 抽采孔间距的合理布置却鲜有报道。煤层注气 - 抽采钻孔的布置依赖于钻孔注气影响半径，其时效特性是合理布孔的重要依据。因此，钻孔注氮促抽煤层甲烷的影响半径及其影响半径的时效特性亟待解决。本章采用现场测试和数值模拟的方法，开展各向异性煤层钻孔注氮促抽瓦斯影响半径的研究，为煤层注气促抽煤层甲烷的钻孔合理布置提供指导。

7.1 注气参数对驱替煤层甲烷效果的影响

1. 注入气体自身的吸附—解吸特性

不同的煤种对各种气体的吸附能力不同，煤对气体的吸附性能越大，则对气体的解吸性能也越大。煤对 CH_4、CO_2、N_2 这 3 种气体的吸附能力及差异是决定是否可以置换吸附的基础。研究表明，煤对 CO_2 吸附能力最强，其次为 CH_4，N_2 是这三者中吸附能力最弱的，但是煤对 N_2 的吸附能力表明，N_2 也可以作为置换吸附的选择气源，只不过相对于 CO_2 而言置换能力差一点而已。

2. 气体置换煤中 CH_4 的解吸特性

CO_2 的吸附能力相对较大，能够很容易"争抢"煤表面 CH_4 的吸附位，而 N_2 作为吸附能力较小的置换气源，同样能够依靠浓度差以及煤层压力的变化"挤占"部分 CH_4 吸附位，也就是俗称的"抢座位"，从而达到置换解吸的效果。如果把 CO_2 竞争吸附作用比喻成"以强制胜"，那么 N_2 的置换解吸则可以理解成"以多取胜"。

3. 多元混合气体竞争吸附特性

任子阳（2010）和于宝种（2010）针对阳泉无烟煤对二元气体的竞争吸附特性进行了研究，结果表明，煤对气体的吸附与过程无关，吸附能力较强的气体优先吸附，但混合气体中各组分的吸附量不仅取决于其吸附能力的大小，还取决于其在混合气体中所占的浓度比例或分压，同时混合体系中每一组分的吸附量都小于其在相同分压下单独吸附时的吸附量。

4. 注气方式

受井下注气设备能力和注气安全的限制，煤层压力不宜太高，井下注气压力略高于负压抽采极限后的残余煤层气压力是可行的注气方法，且注气后应确保残余气体压力低于采掘规定的安全压力（0.74 MPa）。采用高压注气时往往选择间歇性注气方式（抽采持续不断），而低压注气时采用边注边抽方式。高压间歇性注气由于驱气流量较大，驱出的甲烷很快被负压带走，因此排出的甲烷浓度大于边注边抽的浓度；边掘边抽条件下低压注气的注气能力有限，一定时间内注气的影响距离较短，影响到邻近抽放孔所需的时间较长，但在总的时间段内，对于促排的甲烷总量，长时间边注边抽的促排甲烷效果要远远大于间歇性注气（李志强，2011）。

5. 注气压力

从置换解吸的现场应用技术来看，气体注入煤层后的压力是必然要考虑的主要因素。如果注入的是 N_2 气置换煤层 CH_4，则注入的 N_2 首先将进入到煤体的裂隙、孔隙中，即注入的 N_2 首先在煤体裂隙和孔隙中运移。然后注气压力会诱发形成新的裂隙并造成原有的裂缝扩延，形成了新的渗透通道，从而增大了煤层渗透率，渗流速度增大。根据达西定律，渗流速度与压力梯度成正比，当大量 N_2 通入煤层后，降低了煤层中甲烷的分压，使甲烷从煤层中释放出来。杨宏民（2010）在石港煤矿的注气试验表明，注气压力对置换解吸甲烷的效果明显，随着注气压力的增加，煤层中甲烷的分压减小，置换甲烷的解析量增大。但并非注气压力越大越好，而是存在一个合理的值。注气压力越大，对注气装备设施及工艺技术的要求就越高，从安全角度考虑，诱导突出的危险性也就越大。

6. 注气流量

注入的气体流量决定了注气气源的补给量，也即决定了区域内浓度差的大小。只有当气体到达微孔表面时，置换吸附—解吸才能起主导作用。根据菲克扩散定律，扩散速度与浓度梯度成正比，区域内浓度差越大，扩散也容易发生，扩散速度也就越快。

7. 注气时间

由于煤对 N_2 的吸附性能低于 CH_4，当把 N_2 作为置换解吸煤层甲烷的气源时，除了部分 N_2 的作用是置换解吸外，大量的 N_2 最主要的还是"排挤"和"携载"游离 CH_4，最终经由煤层裂隙排出。所以，注气时间一方面用来平衡置换甲烷的时间，另一方面还决定了"排挤"和"携载"甲烷的量。因此，从理论上讲注气的时间越长，置换出来的甲烷量也越多，但现场实际注气试验发现，随着注气时间的延长，甲烷解吸量在单位时间内的衰减很快，尤其到了后期，单位时间内置换出的甲烷量已经很少，考虑到矿井生产的接替效率以及抽采成本，注气时间不宜太久。

8. 其他参数对驱替煤层甲烷效果的影响

1）钻孔间距及钻孔参数

注气钻孔与抽放钻孔之间的距离也是影响注气置换甲烷效率的一个重要因素。钻孔间距如果太大，抽采影响范围不能覆盖注气钻孔周边瓦斯的扩散半径，容易形成抽采盲区，从而影响抽采效果，而钻孔间距太小，容易造成人力和物力的巨大浪费。由掘进、开采等生产工艺所决定的钻孔的布孔方式以及钻孔孔径、孔长等参数也是影响置换解吸甲烷效果的关键因素。

2）配套注气的工艺措施

配套措施是指与注气措施相配套的其他消突措施，如封孔方式、抽采负压，包括本煤层抽放孔（迎头钻孔、巷帮钻孔）及穿层钻孔抽采等。这些都会直接或间接地影响置换解吸甲烷的效果。

7.2 煤对各组分气体的吸附规律

要研究煤层注气驱替/置换甲烷的规律，首先要掌握气体（N_2、CO_2）对煤中吸附状态 CH_4 的置换吸附规律，研究它们之间的作用机制，才能为注气置换煤层甲烷的现场试验和技术应用提供科学和理论依据。本节针对试验矿井煤层（石港煤矿 15 号煤层）的煤样对 CH_4、N_2、CO_2 竞争吸附能力的差异，优选适合置换解吸煤层甲烷的理想气体，探讨煤层注气驱替/置换甲烷效果，为分析井下注气试验影响驱替煤层甲烷效果的因素奠定基础。

石港煤矿煤样对 CH_4 的吸附规律吸附符合 Langmuir 吸附模型。图 7-1 所示为石港煤矿 15 号煤层试验测得的煤对 CH_4 的吸附等温线。

石港煤矿 15 号煤对 CH_4 吸附曲线的吸附常数 $a = 36.12$ m^3/t，$b = 0.93$ MPa^{-1}。根据上述实验结算，当吸附压力 $P < 2.0$ MPa 时，吸附量随压力的变化很快，吸附压力 $P > 2.0$ MPa 后，吸附量随吸附压力的变化趋于缓和。从图 7-1 中可以看出，在常规抽采方式下延长抽采时间，即使煤层瓦斯压力降到了 0.74 MPa，瓦斯含量仍高达 11.0 m^3/t 以上，煤层中吸附的瓦斯量依然很大，仍然具有煤与瓦斯突出危险性。

石港煤矿煤样对 N_2 的吸附规律附符合 Langmuir 吸附模型，吸附等温线如图 7-2 所示。

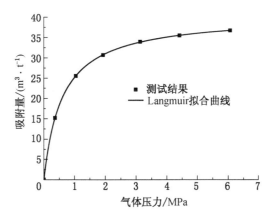

图 7 - 1 石港煤矿 15 号煤对甲烷的吸附等温线

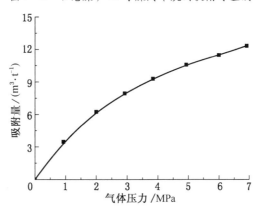

图 7 - 2 石港煤矿 15 号煤对 N_2 的吸附等温线

石港煤矿煤样对 CO_2 的吸附规律符合 Langmuir 吸附模型，吸附等温线如图 7 - 3 所示。

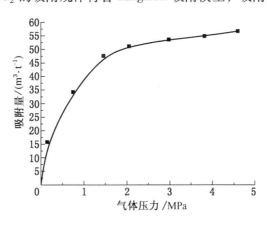

图 7 - 3 石港煤矿 15 号煤对 CO_2 的吸附等温线

石港煤矿 15 号煤对 CO_2 吸附曲线的吸附常数 $a = 63.6943$ m^3/t，$b = 1.9146$ MPa^{-1}。
将石港煤矿 15 号煤对 CH_4、N_2、CO_2 单组分吸附等温线绘制在一张图上，如图 7 - 4

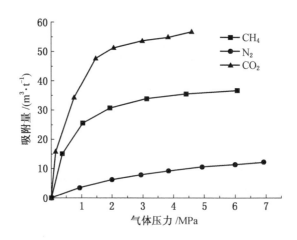

图 7 - 4　石港煤矿 15 号煤对各气体吸附等温线

所以。从图 7 - 4 中可以看出，煤对 CH_4、N_2、CO_2 吸附的 Langmuir 吸附体积 V_L 的大小顺序为 $V_L(CO_2) > V_L(CH_4) > V_L(N_2)$ 或 $a(CO_2) > a(CH_4) > a(N_2)$，这与其分子间的范德华力的顺序一致，即 $Q(CO_2) > Q(CH_4) > Q(N_2)$。

7.3　煤层各向异性钻孔注气促抽瓦斯影响半径现场试验

7.3.1　试验钻孔布置及参数

根据石港煤矿矿井瓦斯涌出量预测结果，15 号煤层生产能力达 0.9 Mt/a 时，回采工作面瓦斯涌出量为 114.36 m^3/min，其中，邻近层瓦斯涌出量为 75.48 m^3/min。由此可以看出，石港煤矿应该以本煤层、邻近层抽采为主，采空区抽采并行的方法预抽瓦斯。石港煤矿目前建立了地面固定高、低压瓦斯抽采双系统，通过 2 台 2BEC67 型水环真空泵抽采瓦斯。地面低负压瓦斯抽采系统主管采用 ϕ630 ×6 mm 螺旋钢管，井下瓦斯抽采主管、干管均采用 ϕ630 ×12.8 mm PE 管。地面高负压瓦斯抽采系统主管采用 ϕ426 ×6 mm 螺旋钢管，井下瓦斯抽采主管、干管、分管均采用 ϕ400 ×7.8 mm PE 管。

15 号煤层掘进工作面采用预抽的方法。在巷道掘进开口位置左右各 15 m 的范围内，布置钻孔直径 94 mm、孔长 100 ~ 120 m 的预抽钻孔。巷道掘进到 80 m 位置后，在巷道的两侧施工钻场，每个钻场钻孔采用扇形布置，同时，在横贯间距 3 m 内均匀施工超前钻孔进行预抽，钻孔直径 94 mm、长度为 100 m，钻孔封孔段长度不得小于 6 m，孔口抽采负压不得小于 13 kPa。

试验在石港煤矿 15201 回风巷进行了 2 组掘进头迎头顺层钻孔注气 + 抽采试验。试验首先进行了单抽效果考察，并在同样条件下进行了边注气边抽采试验，分别观察测试钻孔的瓦斯抽采量及瓦斯浓度。

煤矿 15 号煤层埋深 450 ~ 460 m，层厚 5.93 ~ 8.22 m，平均厚度为 7.18 m。注气促抽煤层瓦斯作为区域消突措施，钻孔参数设计见表 7 - 1。考虑到现场钻孔施工方便、测试准确，采用单个测量的布孔方式（图 7 - 5），分别在平行层理和垂直层理方向逐次扩大注气孔与测试孔之间的距离，测得不同注气时间的影响半径。

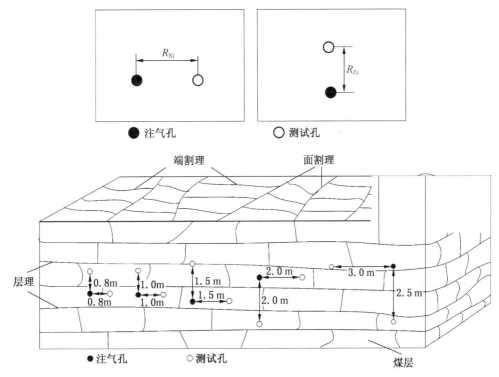

图7-5　注气影响半径测试钻孔布置图

表7-1　注气影响半径测试钻孔参数

钻孔类型	钻孔规格及封孔要求			
	钻孔深度/m	孔径/mm	封孔深度/m	封孔方式
注气孔	60	94	10	硬质PVC管+聚氨酯全段封孔
测试孔	60	94	8	硬质PVC管+4′管+聚氨酯封孔
孔间距/m	0.8、1、1.5、2、2.5（垂直层理）、3（平行层理）			

注：为保证注气时，防止注入气体泄漏，将封孔深度确定在煤体原始应力带以内。现场实测石港煤矿的巷帮原始应力带在6~8 m的范围。

7.3.2　钻孔注气促抽煤层瓦斯影响半径测试及分析

注气的气源采用井下压风管路中的压缩空气（0.5 MPa左右），因为空气的组分构成中80%是N_2，可以很好地替代纯N_2；即使注气过程中有泄漏，也不会造成井下空气组分结构性的变化。注气方式采用注气+排放，在排放情况下，排放孔的瓦斯流量不会受到抽采负压不稳定的因素影响，现场试验容易得到较为稳定的数据。

注气前，测试孔已连续抽采12 h，流量基本稳定。在注气过程中，注气孔和测试孔之间的气体形成压力差，气体由注气孔（高压端）向测试孔（低压端）运移，在注气初期排放孔的流量有明显的增大，随着注气时间增加，排放孔的流量虽有局部小波动，但总体上呈现出平稳增加的特性。直至排放孔的混合流量最大值的出现，各组数据测试变化情况如图 7-6 所示，其中，BGI 和 AGI 分别表示注气前和注气后。

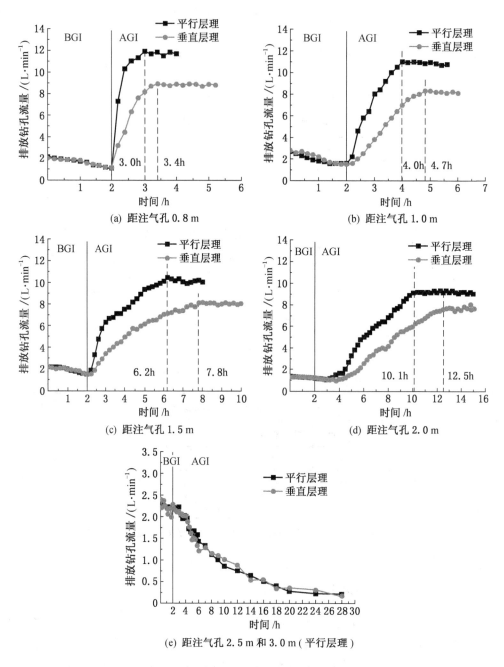

图 7-6　距注气孔不同距离的排放钻孔流量变化

由图 7-6 可知，煤层钻孔注气后，影响范围内的测试孔混合气体流量显著增大，但在平行/垂直层理方向的测试孔气体流量却有一定差异，并且混合流量达到最大值时的注气时间也明显不同。如注气孔与测试孔间距 R_x 和 R_z 均为 0.8 m 时，分别在注气后 1.4 h 和 1.0 h，混合气体抽采流量达到最大值；R_x 和 R_z 均为 1.0 m 时，分别在注气后 2.7 h 和 2.0 h，混合气体抽采流量达到最大值；R_x 和 R_z 均为 1.5 m 时，分别在注气后 5.8 h 和 4.2 h，混合气体抽采流量达到最大值；R_x 和 R_z 均为 2.0 m 时，分别在注气后 9.5 h 和 7.0 h，混合气体抽采流量达到最大值；而当 $R_x = 3.0$ m，$R_z = 2.5$ m，注气后近 30 h 没有出现混合流量的增大，说明在注气压力为 0.5 MPa 下注气 30 h，垂直层理方向影响不到 2.5 m，平行层理方向影响不到 3.0 m。现场注气影响半径测试结果见表 7 - 2。

表7-2 注气影响半径测试结果

注气影响半径/m	注气时间（平行层理）/h	注气时间（垂直层理）/h	时差 Δh/h
0.8	1	1.4	0.4
1.0	2	2.7	0.7
1.5	4.2	5.8	1.6
2.0	7	9.5	2.5

由表 7 - 2 可以看出，注气影响半径随注气时间的增加而增大；但随着注气时间的增加，单位时间内注气影响半径的增加量会越来越小，尤其是垂直层理方向。即，尽管注气过程中时间增加很多，但注气影响半径增加量有限，如影响半径从 1.5 m 增加到 2.0 m，影响半径增大 0.5 m，平行层理方向注气时间增加 2.8 h，垂直层理方向注气时间增加 3.7 h。导致这种情况出现的原因是煤层各向异性，即平行层理方向的氮气渗透率大于垂直层理方向的渗透率。

7.4 煤层注气驱替气体流动基本理论

1. 多元气体吸附平衡方程

吸附态组分在平衡压力 p_{ei} 下的含量可由广义 Langmuir 方程表示：

$$c_{pi} = \rho_{ia}\rho_c \frac{a_i b_i p_{ei}}{1 + b_1 p_{e1} + b_2 p_{e2}} \tag{7-1}$$

式中，ρ_{ia} 为标准条件下的气体组分 i 的密度，kg/m³，$i = 1$ 代表 CH_4，$i = 2$ 代表 N_2（下同）；ρ_c 为煤体密度，kg/m³；a_i 和 b_i 分别为纯气体 i 在煤中的吸附常数，m³/kg 和 MPa^{-1}；p_{e1}、p_{e2} 分别为气体组分 1、2 的平衡分压力，MPa。

2. 气体状态方程

由于煤层低压注气，忽略气体压缩系数影响，将气体组分看作理想气体，理想气体状态方程可表示为

$$\rho_{ia} = \frac{M_i p_a}{R_i T_a} \tag{7-2}$$

式中，M_i 为的气体组分 i 的分子量；p_a 为标准条件下的瓦斯压力，取 0.1 MPa；T_a 为标准条件下的瓦斯温度，取 273 K。

3. 气体扩散方程

假设吸附态 CH_4、N_2 扩散到微孔隙系统中的运动符合 Fick 扩散定律，则

$$\frac{\partial c_i}{\partial t} + \nabla \cdot (D_i \nabla C_i) = Q_i \quad (i = 1,2) \tag{7-3}$$

式中，c_i 为气体组分的浓度，kg/m^3；D_i 为气体组分的扩散系数，m^2/s；Q_i 为汇源项，$kg/(m^3 \cdot s)$。

4. 气体渗流方程

气体在煤体中大孔隙/裂隙中为渗流运动，其连续性方程为

$$\nabla \cdot (\rho_i v_i) + \frac{\partial Q_i}{\partial t} = 0 \tag{7-4}$$

式中，ρ_i 为气体组分 i 的密度；kg/m^3；v 为气体总的渗流速度，m/s；

$$v = -\frac{k}{\mu_i} \nabla p \tag{7-5}$$

式中，k 为氮气在煤体中的渗透率，m^2，μ_i 为气体组分 i 的动力黏性系数，$N \cdot s/m^2$；∇p 为气体流动方向上的压力梯度，Pa/m。

5. 质量交换方程

煤体表面吸附态与孔隙系统中的游离态之间的质量交换定义为

$$Q_i = (c_i - c_{pi}) \tau \tag{7-6}$$

式中，τ 为解吸扩散系数，表明吸附态气体解吸并向裂隙系统扩散的难易程度。

6. 耦合方程

将式（7-1）、式（7-2）、式（7-5）和式（7-6）代入式（7-3），可得

$$\frac{\varphi M_i}{R_i T} \frac{\partial p_{ei}}{\partial t} - \nabla \cdot \left(\frac{M_i k p_{ei}}{R_i T \mu_i} \nabla P\right) = Q_i \tag{7-7}$$

式（7-3）和式（7-7）共同构成多组分气体在孔隙系统中扩散、渗流的连续性方程。

7.5 各向异性煤层注氮促抽瓦斯影响半径数值模拟及分析

7.5.1 注气促抽煤层瓦斯模型

模拟煤层厚度选取山西石港煤矿 15 号煤层的平均厚度 7.18 m，长度选取 13.5 m，为平行煤层，模型如图 7-7 所示。模拟注气压力为 0.5 MPa；煤层 N_2 渗透率采用上述测试结果；模型四周边界假设为零流量；并假设煤层瓦斯中不含有氮气成分，煤层中的氮气全部来自注入的气体，即认为原始煤层中的氮气压力为 0。数值模拟中采用的煤体参数均来自石港煤矿煤样的测试结果，具体见表 7-3。

根据煤样取样位置埋深及上覆岩层状况，对煤样设置轴压和围压：石港煤矿主采 15 号煤层，埋深 450~460 m，上覆岩层主要有灰岩、泥岩、黏土岩等，平均密度取 2600 kg/m^3，地应力（轴压）约为 11.8 MPa，考虑地质构造原因，侧压系数取 0.9，因而设置试验围压约为 10.6 MPa。在不同氮气压力下测试煤样的渗透率，结果如图 7-8 所示。

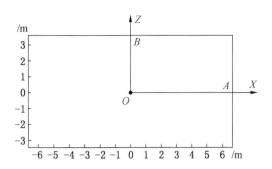

图7-7 煤层注气数值模拟模型

表7-3 数值模拟参数

符 号	参 数 名 称	取 值	单 位
ρ_c	煤体密度	1.35×10^3	kg/m^3
ρ_{1a}	CH_4 密度	0.717	kg/m^3
μ_1	CH_4 动力黏性系数	1.04×10^{-5}	$Pa \cdot s$
a_1	CH_4 Langmuir 常数	0.03832	m^3/kg
b_1	CH_4 Langmuir 常数	0.51	$1/MPa$
φ	煤体孔隙率	0.05	
ρ_{2a}	N_2 密度	1.25	kg/m^3
μ_2	N_2 动力黏性系数	1.69×10^{-5}	$Pa \cdot s$
a_2	N_2 Langmuir 常数	0.01658	m^3/kg
b_2	N_2 Langmuir 常数	0.46	$1/MPa$

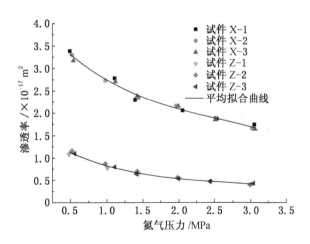

图7-8 煤层氮气各向异性渗透率

采用充气系统（高压瓦斯罐和减压阀）充当压力气源，从低压开始，吸附平衡压后，打开煤样气体出口端，直至气体渗流达到稳定状态，测定瓦斯渗透量。从图7-4中可以看出，煤样渗透率随氮气压力的增大而减小，且平行层理方向渗透率明显比垂直层理方向渗透率大得多。分别对 X 方向和 Z 方向的煤样渗透率均值采用指数函数拟合，相关系数均达到 0.98 以上，其拟合式可表示为

$$\begin{cases} k_X = 1.33 + 2.71e^{-0.64p} & (R^2 = 0.9843) \\ k_Z = 0.36 + 1.25e^{-0.98p} & (R^2 = 0.9817) \end{cases} \tag{7-8}$$

式中，k_X、k_Z 分别为煤样 X 和 Z 方向氮气渗透率，$10^{-17}\,\text{m}^2$；p 为氮气压力，MPa。

7.5.2　钻孔注气影响半径数值模拟结果与分析

在煤层钻孔注气前，假设煤层中原始瓦斯压力和瓦斯含量处处相等，煤层中气体流动为等温过程，吸附解吸符合广义朗格缪尔等温吸附方程。图 7-9 所示为注气压力为 0.5 MPa，不同时间钻孔周围 N_2 压力云图。从图 7-9 中可以看出，随着注气时间延长，N_2 压力影响半径逐渐增大。但由于垂直层理和平行层理 N_2 渗透率不同，导致注气影响半径在垂直层理和平行层理上也有明显差别。模型中 $O-A$ 线（平行层理）和 $O-B$ 线（垂直层理）方向的氮气压力随时间的变化规律如图 7-10 所示。

钻孔注气前，钻孔周围煤层氮气压力为 0，随着注气时间的增加，氮气在钻孔周围煤层的影响范围逐渐增大。在煤层平行/垂直层理方向，注气 1 h 后氮气的影响半径分别为

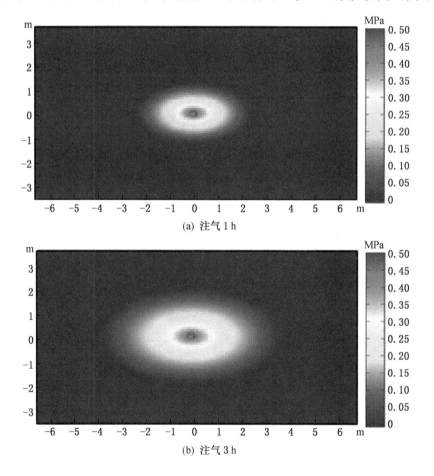

(a) 注气 1 h

(b) 注气 3 h

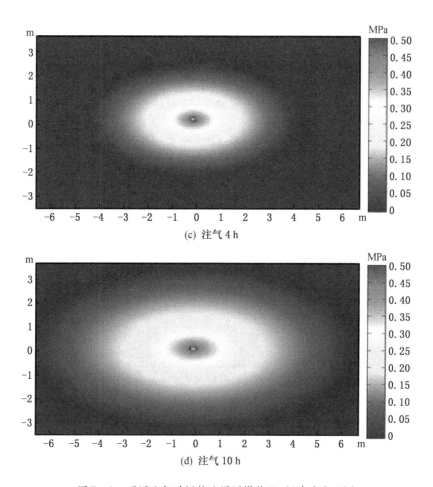

(c) 注气 4 h

(d) 注气 10 h

图 7-9　不同注气时间钻孔周围煤体 N_2 压力变化云图

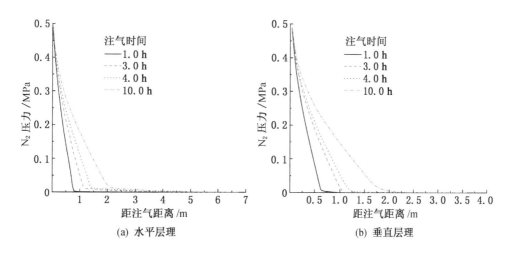

(a) 水平层理

(b) 垂直层理

图 7-10　X 和 Z 方向氮气压力

0.78 m 和 0.64 m；注气 3 h 后氮气的影响半径分别为 1.20 m 和 1.05 m；注气 4 h 后氮气

的影响半径分别为 1.40 m 和 1.20 m；注气 10 h 后氮气的影响半径分别为 2.30 m 和 1.92 m。数值模拟结果与现场测试结果如图 7 - 11 所示，无论是平行煤层层理方向还是垂直煤层层理方向，数值模拟注气影响半径与现场实测注气影响半径的结果吻合，试验测试结果略大于数值模拟结果；这是因为数值模拟时模型没有考虑煤层中存在裂隙对渗透率的影响等因素。但整体来说，数值模拟结果与现场测试结果具有一致性，数值模型和模拟是可靠的。

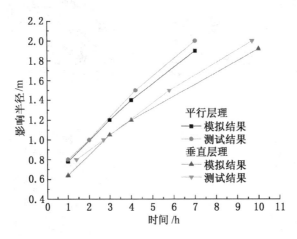

图 7 - 11　数值模拟结果与实测结果对比

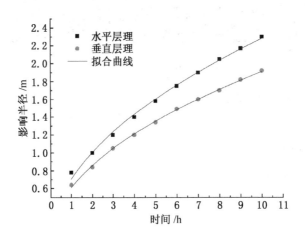

图 7 - 12　随注气试件增加的影响半径

在平行/垂直煤层层理方向，0.5 MPa 注气压力下的影响半径与注气时间（图 7 - 12）的关系均可用幂指数拟合具体关系见式（7 - 9），相关性均达到 0.98 以上。

$$\begin{cases} \text{平行层理方向：} R_X = 0.7051 t^{0.5099} & (R^2 = 0.9958) \\ \text{垂直层理方向：} R_Z = 0.6077 t^{0.4974} & (R^2 = 0.9986) \end{cases} \quad (7-9)$$

7.5.3　注气孔合理布置

为了确定注气孔 - 抽采孔的合理布孔参数，现利用注气影响半径与注气时间的关系式

（7 – 10），计算 0.5 MPa 注气压力下注气影响半径的增加率，结果如图 7 – 13 所示。

$$\eta = \frac{r_{j+1} - r_j}{t_{j+1} - t_j} \times 100\% \tag{7 - 10}$$

式中，r_{j+1}、r_j 分别为 t_{j+1} 和 t_j 时刻的影响半径，m；η 为从 t_j 到 t_{j+1} 时刻影响半径的增加率。

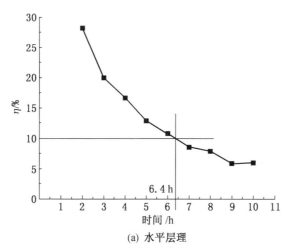

(a) 水平层理

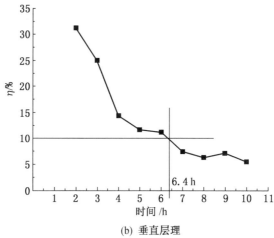

(b) 垂直层理

图 7 – 13　影响半径增加率

　　由图 7 – 13 可知，注气影响半径随注气时间的增加而增加，但增加量则是随时间的增加而减小的，注气影响半径在单位时间内的增加率也将无限的减小，即随着注气时间的增加，会出现"时间的无效增加"，在单位时间内注气影响半径增加率小于 5% 时，可认为是"时间的无效增加"，为提高现场注气效率，并且保证在注气后能够使注入煤层气体尽可能快速排出，现场布孔时采用增加率不低于 10%，此时注气用时大约为 6.4 h。将此时间代入式（7 – 10），计算可得抽采孔与注气孔合理间距：平行层理方向间距为 1.82 m，垂直层理方向间距为 1.53 m。现场确认在 0.5 MPa 注气压力下平行层理方向间距为 1.8 m，垂直层理方向间距为 1.5 m。

7.6　本章小结

　　煤层注气增产日益成为低透气性煤层强化抽采瓦斯的有效方法，其钻孔注气影响半径是注气孔、抽采孔布置的重要依据。本章首先对各向异性煤层注气促抽瓦斯影响半径进行现场测试，根据煤层钻孔注气时测试孔的流量变化，揭示钻孔注气促抽瓦斯影响半径变化规律；其次，采用受载煤岩瓦斯渗流试验系统，测试各向异性煤样的渗透率；最后基于瓦斯渗流－扩散等理论，建立注气促抽煤层甲烷模型，数值分析各向异性煤层注气促抽瓦斯时影响半径的时效特性。研究结果表明：

　　（1）平行/垂直层理方向渗透率均随氮气压力增大呈指数减小，但平行层理方向渗透率明显大于垂直层理方向渗透率。

　　（2）煤层钻孔注气后，平行/垂直层理方向的测试孔混合气流量均随注气时间增大，但达到最大值时所需注气时间明显不同。

　　（3）平行/垂直层理方向的注气影响半径随注气时间呈幂指数增大，但注气时间相同时，平行层理方向的影响半径大于垂直层理方向的影响半径，这是因为两个方向渗透率有差异。

　　（4）煤层注气影响半径的增量随注气时间增加而逐渐减小，即存在有效影响半径，进而存在合理的钻孔布置方式。

　　（5）确认了山西石港煤矿 15 号煤层注氮促抽瓦斯时注气孔、抽采孔的合理孔间距，在 0.5 MPa 注气压力下平行层理方向为 1.8 m，垂直层理方向为 1.5 m。

8　煤体结构异性力学性能

　　煤体的力学性能是煤矿设计开采的重要参数，基于煤和岩石物理力学性质测定方法第 7 部分：单轴抗压强度测定及软化系数计算方法（GB/T 23561.7—2009），煤和岩石物理力学性质测定方法 第 10 部分：煤和岩石抗拉强度测定方法（GB/T 23561.10—2010），从垂直层理、平行层理和端割理、平行层理和面割理三个方向对煤体的抗拉强度和抗压强度进行测试研究。

8.1　实验设备

1. HZ – 15 型电动取芯机

　　煤块取芯所用的设备为 HZ – 15 型电动取芯机，实物如图 8 – 1 所示。取芯机主要用于建筑、公路、大坝等硬化混凝土钻孔取芯，具有操作简单、钻孔取芯准确、芯样表面光洁的特点，且对芯样不发生意外破坏。本实验使用的钻头直径为 50 mm，长度为 400 mm。

图 8 – 1　HZ – 15 型电动取芯机

2. TCHR – Ⅱ型切磨机

　　TCHR – Ⅱ型切磨机是对电动取芯机取下来的煤柱进行切割，实物如图 8 – 2 所示。切磨机具有安全可靠、精确、防尘等优点。抗压试验采用的煤柱长度为 100 mm，巴西劈裂实验采用的煤柱长度为 30 mm。

3. 微机控制电液伺服万能试验机

　　单轴抗压试验和巴西劈裂试验所用的仪器为微机控制电液伺服万能试验机（图 8 – 3），试验机操作简单，数据易于保存。

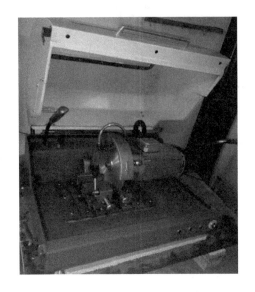

图 8-2　TCHR - Ⅱ型切磨机

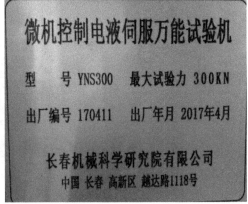

图 8-3　微机控制电液伺服万能试验机

8.2　试件制作

8.2.1　取芯

原煤取自焦作赵固二矿二$_1$煤层，煤体硬度大，坚固性系数 f 约为 1.34，煤中层理面明显，且存在天然端割理和面割理。本实验利用 HZ - 15 型电动取芯机，按图 8 - 4 中的 x、y、z 三个方向取芯，x 方向是平行层理沿面割理方向（测试面割理方向的抗压强度、弹性模量、抗拉强度）、y 方向是平行层理沿端割理方向（测试端割理方向的抗压强度、弹性模量、抗拉强度）、z 方向为垂直层理方向（测试垂直层理方向的抗压强度、弹性模量、抗拉强度），取样煤体如图 8 - 5 所示。

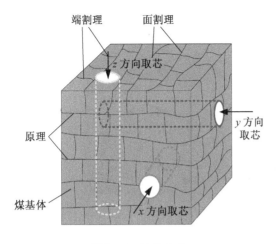

图 8 - 4 取芯方向

图 8 - 5 取样煤体

8.2.2 切割打磨

将取下来的长度不一、端面不平的煤柱再进行加工。首先在煤柱上裹一层胶带（图 8 - 6），一方面可减小切割端面时边缘处质地疏松的煤脱落，另一方面可以防止切削端面时，切割机喷出的水过多地渗入煤柱试件中，对实验数据造成影响。将裹上胶带的煤柱进行长度测量，做上标记。然后将做好标记的煤柱固定在 TCHR - Ⅱ 型切磨机砂轮下面的卡槽处（图 8 - 7），将标记和砂轮切割的位置重合，拧紧卡扣，固定好煤柱，将防护罩盖上，进水开关打开，打开电机开关，右手握着进度手柄，缓慢下压，砂轮将缓慢切割煤柱，直至将煤柱完全切断。此过程一定要缓慢进行，保证煤样试件被切位置的完整度和平整度。抗压实验采用的煤柱长度为 100 mm，巴西劈裂实验采用的煤柱长度为 30 mm。

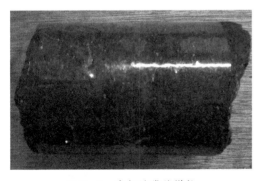

图 8 - 6 裹好胶带的煤柱

图 8 - 7 煤样切磨

将切削完成的煤样试件上的剩余胶带处理干净，装入密封袋内（图 8 - 8），防止煤样试件的含水率等条件发生变化。

图8-8 装袋密封的煤样试件

8.3 抗压强度测试

8.3.1 抗压强度测试原理

单轴压缩试验是测定煤体抗压强度的一种常用方法。煤体受压破坏时的最大压应力值称为单轴抗压强度，简称抗压强度，用 σ 表示。

$$\sigma = \frac{F_n}{A} \tag{8-1}$$

式中，F_n 为最大破坏荷载，N；A 为垂直于荷载方向的试件断面面积，mm^2；σ 为试件的单轴抗压强度，MPa。

煤样试件的变形特性可以从实验时记录下来的应力-应变曲线中获得。煤样的应力-应变曲线反映了不同应力水平下对应的应变规律。根据岩石的应变-应力曲线的变形阶段，可以把煤芯的应力-应变曲线也分为 OA、AB、BC 三个阶段，如图8-9所示。

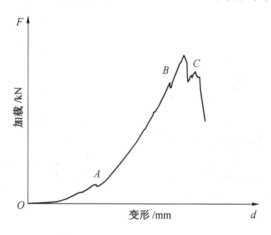

图8-9 应力-应变曲线

OA 阶段称为压密阶段，应力-应变曲线呈上凹形，即应变随应力的增加其增量减小，主要由是煤芯内部的微裂隙在外力作用下发生闭合所致。AB 阶段称为弹性阶段，这一阶段应力－应变曲线基本成直线，通常用弹性模量和泊松比两个参数来描述岩石的应力－应变曲线的关系。曲线的斜率即为煤样的弹性模量。BC 阶段称为破坏阶段，产生脆性破坏。

弹性模量的计算，就是将各试件实验时记录下来的应力－应变曲线中 AB 阶段的斜率计算出来，求出各试件的弹性模量，取平均值为各个方向、含水率、温度的弹性模量。

弹性模量的计算公式为

$$E = \frac{\sigma_{c(50)}}{\varepsilon_{h(50)}} \qquad\qquad (8-2)$$

式中，E 为试件的弹性模量，MPa；$\sigma_{c(50)}$ 为试件的常规单轴抗压强度的50%，MPa；$\varepsilon_{h(50)}$ 为试件的 $\sigma_{c(50)}$ 处对应的轴向压缩应变。

8.3.2　抗压强度测试试验步骤

本实验采用的试验机为微机控制电液伺服万能试验机。将电脑和试验机油阀打开，进入试验机实验系统，新建实验文档，选择试验标准为岩石单轴抗压实验标准。将煤芯竖直放在试验机承压台的中心位置，保持水平。调节上压头下降，压头将要接触煤芯时停止。将电脑页面数据调零，点击"开始"进行实验。压头缓慢下压，电脑上会出现力－位移曲线、峰值力。当煤芯被压坏时，实验停止结束，保存数据，输出力－位移曲线、应力－应变曲线。

操作步骤如下：

（1）将试件放置于压力机承压板中心，调整 WES－1000B 的液压万能试验机使其就位，如图 8－10 所示。

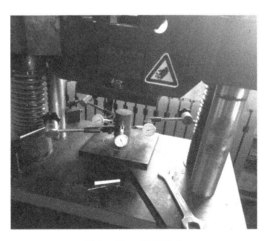

图 8－10　放置煤芯

（2）操控电脑，按照位移加载（0.5 mm/s）方式进行加载。

（3）待试件出现明显劈裂破坏时，关掉万能试验机，保存数据。

（4）调节万能试验机，取出破坏的试件，清理万能实验机，准备下一组实验。

（5）重复上述步骤，直至试验结束。

8.3.3 试件编号及尺寸

抗压强度试验的煤样采用直径 50 mm，高度 100 mm 的试件，分为 3 个方向：垂直层理（CS – VB）、平行层理沿端割理方向（CS – PC）和平行层理沿面割理方向（CS – FC）。试件尺寸及编号见表 8 – 1。相同条件下煤样试件至少 6 块，通过实验测出试件的破坏力，用式（8 – 1）算出抗压强度。根据应力 – 应变曲线求出弹性模量，分析比较各个条件下试件的抗压强度、弹性模量。

表 8 – 1 抗拉强度测试试件尺寸及编号

取芯方向	编号	直径/mm	高度/mm	截面积/mm²
垂直层理	CS – VB – 1	49.40	101.50	1916.65
	CS – VB – 2	49.40	110.00	1916.65
	CS – VB – 3	49.37	100.90	1914.33
	CS – VB – 4	49.35	100.46	1912.78
	CS – VB – 5	49.39	100.14	1915.88
	CS – VB – 6	49.40	101.00	1916.65
平行层理沿端割理方向	CS – PC – 1	49.40	102.45	1916.654
	CS – PC – 2	49.40	101.60	1916.65
	CS – PC – 3	49.23	101.50	1903.48
	CS – PC 39	49.40	99.00	1916.65
	CS – PC – 4	49.29	101.10	1908.13
	CS – PC – 5	49.50	102.90	1924.42
	CS – PC – 6	49.50	102.90	1924.42
	CS – PC – 7	49.40	100.27	1916.65
平行层理沿面割理方向	CS – FC – 1	49.30	102.10	1908.90
	CS – FC – 2	49.30	100.60	1908.90
	CS – FC – 3	49.40	101.00	1916.65
	CS – FC – 4	49.21	102.34	1901.94
	CS – FC – 5	49.32	101.90	1910.45
	CS – FC – 6	49.40	101.00	1916.65
	CS – FC – 7	49.26	101.00	1905.81

按表 8 – 1 将 3 个方向符合标准的煤样试件用游标卡尺在试件中点和两端三个位置各测量直径一次，取平均值为试件直径，计算出横截面积为 A。在上下横截面相互垂直的方向测量试件高度两次，取平均值为试件高度 H。

8.3.4 试件单轴压缩测试

不同方向的试验在单轴压缩过程中的力 – 变形曲线如图 8 – 11 ~ 图 8 – 13 所示。从图中可以看出，开始阶段，煤芯都处于压密阶段，由于各个试件的裂隙不同，压密阶段的变形也有差别。从图中还可以看出，平行层理沿面割理方向的煤样试件在压密阶段变形最大，说明面割理的煤芯试件的裂隙比垂直层理、平行层理沿端割理的裂隙要大一些。当压

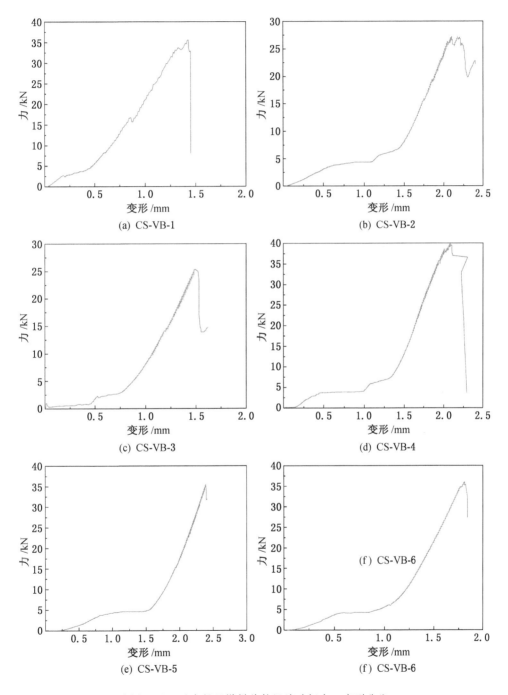

图 8-11 垂直层理煤样单轴压缩破坏力-变形曲线

缩煤体进入弹性阶段时，加载力迅速增大，而后突然破坏。根据曲线的斜率可以看出，试件几乎没有塑性阶段，弹性阶段结束后直接被破坏，这也充分说明煤体是塑性的。图中垂直层理方向煤样压缩所需破坏力最大，平行层理沿端割理方向煤样所需的破坏力次之；平行层理沿面割理方向所需的破坏力最小。

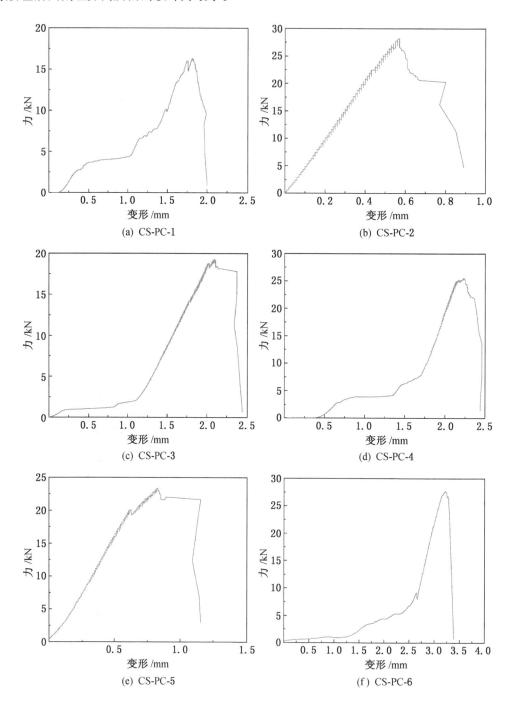

(a) CS-PC-1 (b) CS-PC-2

(c) CS-PC-3 (d) CS-PC-4

(e) CS-PC-5 (f) CS-PC-6

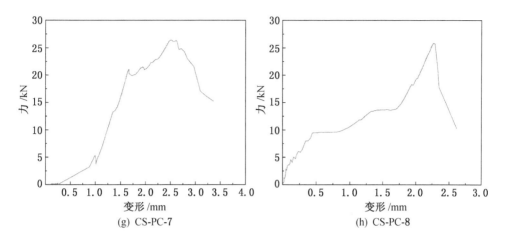

(g) CS-PC-7   (h) CS-PC-8

图 8-12 平行层理沿端割理方向煤样单轴压缩破坏力 - 变形曲线

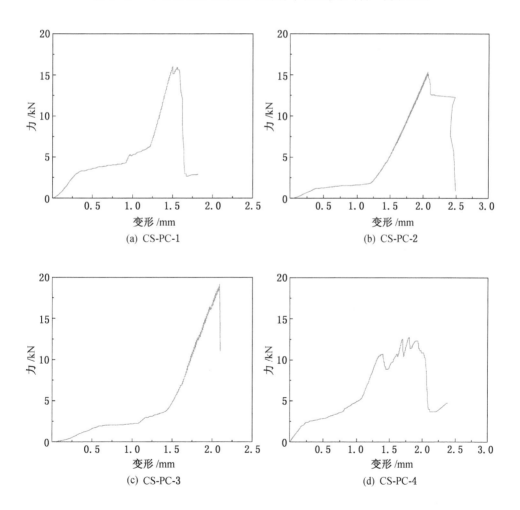

(a) CS-PC-1   (b) CS-PC-2

(c) CS-PC-3   (d) CS-PC-4

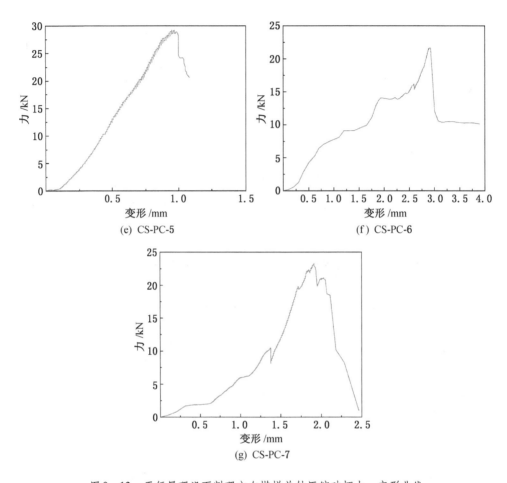

(e) CS-PC-5

(f) CS-PC-6

(g) CS-PC-7

图 8－13　平行层理沿面割理方向煤样单轴压缩破坏力－变形曲线

8.3.5　抗压强度分析

1. 方差和标准差

方差和标准差主要用于测度数值型数据的分散程度。方差是指一组数据各个值与其均值离差平方的平均数，标准差是方差的平方根。方差和标准差的数值越大，说明数据的分散程度越高。反之，则说明数据的分散程度越低。方差和标准差的计算公式对于分组的数值型数据和未分组的数值型数据有所不同。设一组数据为 x_1、x_2、$x_3 \cdots x_n$，则方差为

$$s^2 = \frac{\sum_1^n (x_i - \bar{x})^2}{n-1} \qquad \bar{x} = \frac{\sum_1^n x_i}{n} \qquad (8-3)$$

标准差：

$$s = \sqrt{\frac{\sum_1^n (x_i - \bar{x})^2}{n-1}} \qquad (8-4)$$

2. 离散系数

方差和标准差反映的是数值型数据分散程度的绝对值，它的数值越大，说明数据的分

散程度越高。但根据其计算公式不难发现方差和标准差测度数据分散水平时有以下两个特点：一方面方差和标准差数值的大小取决于原本这组数据值的大小，也就是与这组数据的平均大小水平有关，其平均水平较大，其标准差一般也越大；另一方面方差和标准差的计量单位要么是原来数据计量单位的平方，要么与原计量单位一致，因此采用不同的计量单位，其分散程度的测量值也会不同。因此，对于平均水平不同或计量单位不同的两个不同的总体，是不能用方差或标准差来比较两者分散程度高低的（在下面的例子中将直观地体现这一点）。这样，为消除数据值水平高低和计量单位不同对分散程度测量值的影响，需要计算离散系数。离散系数也称为变异系数，是一组数据的标准差与其均值之比，用来测度相对离散程度。用公式表示为

$$V_s = \frac{s}{\bar{x}} \qquad (8-5)$$

离散系数主要用于比较多组数据之间的离散程度。离散系数大说明数据的分散程度大，反之，离散系数小说明数据的分散程度小。这样就解决了不同组数据之间由于数据值水平相差悬殊或计量单位不同而不能直接用方差或标准差等绝对指标直接比较它们的分散程度的问题。

根据图 8-11~图 8-13 可得煤体单轴压缩的最大破坏力，进而根据式（8-1）可得不同方向煤体的单轴抗压强度（表 8-2）。从表 8-2 可以看出，垂直层理方向煤样的抗压强度最大，其次是平行层理沿端割理方向，平行层理沿面割理方向的煤样抗压强度最小。但是，不论是哪个方向上煤样的抗拉强度差别均较大，如垂直层理方向，最大抗压强度为 20.73 MPa，最小为 12.66 MPa；平行层理沿端割理方向，最大抗压强度为 15.18 MPa，最小为 8.31 MPa；平行层理沿面割理方向，最大抗压强度为 15.28 MPa，最小为 6.48 MPa。为了分析这些数据的离散性，在此采用方差和离散系数对它们进行分析。对于抗压强度来说，平行层理沿面割理方向煤样抗压强度的离散性最大，离散系数达到 0.2908，同时导致弹性模量的离散性也较大，离散系数为 0.3718。垂直层理方向煤样抗压强度的离散性最小，离散系数为 0.1765，其弹性模量的离散性也较小，离散系数为 0.2691。总体来说，煤样弹性模量的离散性比抗拉强度的离散性大。

表 8-2 煤体抗压强度及分析

取芯方向	编号	最大破坏力/kN	抗压强度/MPa	均值/MPa	方差	离散系数	弹性模量/GPa	均值/GPa	方差	离散系数
垂直层理	CS-VB-1	35.58	18.56	17.23	9.25	0.1765	1.92	1.89	0.26	0.2691
	CS-VB-2	26.18	13.66				2.04			
	CS-VB-3	25.38	13.26				1.7			
	CS-VB-4	39.65	20.73				2.78			
	CS-VB-5	35.23	18.39				2.07			
	CS-VB-6	35.98	18.77				2.53			

表8-2(续)

取芯方向	编号	最大破坏力/kN	抗压强度/MPa	均值/MPa	方差	离散系数	弹性模量/GPa	均值/GPa	方差	离散系数
平行层理沿端割理方向	CS-PC-1	15.93	8.31	12.5	5.36	0.1852	0.96	1.67	0.43	0.3949
	CS-PC-2	29.1	15.18				2.74			
	CS-PC-3	19.34	10.16				1.02			
	CS-PC 39	25.43	13.27				2.24			
	CS-PC-4	22	11.53				1.88			
	CS-PC-5	27.59	14.34				2.09			
	CS-PC-6	26.35	13.69				1.349			
	CS-PC-7	25.88	13.50				1.10			
平行层理沿面割理方向	CS-FC-1	15.59	8.17	10.02	8.49	0.2908	2.02	1.4	0.27	0.3718
	CS-FC-2	15.07	7.89				0.92			
	CS-FC-3	19.05	9.94				1.53			
	CS-FC-4	12.32	6.48				0.72			
	CS-FC-5	29.2	15.28				1.78			
	CS-FC-6	21.7	11.32				0.96			
	CS-FC-7	21.1	11.07				1.84			

8.3.6 试件的破坏特征

对3个方向煤样破坏形态进行比较分析（图8-14）。从图8-14中可以看到垂直层理的煤样试件（CS-VB）被破坏后，基本形态结构还可以保持完整，主要的一条裂纹位置和煤样的高基本一致，周围还分散几条小的裂纹，煤样试件破碎最严重的地方是在中部位置，表面有的煤块已经掉落，内部已成碎块状。平行层理沿端割理方向的煤样试件（CS-

(a) 垂直层理 (b) 端割理 (c) 面割理

图8-14 破坏形态

PC）比平行层理沿面割理方向的煤样试件（CS－FC）的破坏程度要大，煤样试件上半部分已经完全破碎，碎屑较多，无法拼凑复原，底部比较完整，裂纹很多且很小，从上部斜着延伸到底部，基本没有竖直裂纹。平行层理沿面割理方向的煤样试件（CS－FC）在施加荷载后出现三道裂纹，将煤样试件变成了三部分，一块较大、两块偏小。裂纹都是从上端面贯穿到下端面。基本没有碎屑，整体性较好。

8.4 抗拉强度测试

8.4.1 巴西劈裂试验方法的基本原理

劈裂法也叫径向压裂法。这种试验方法的基本原理是：用一个实心圆柱形试件，使它承受径向线荷载直至破坏，间接地求出岩石的抗拉强度。基于半无限体上作用集中力的布辛奈斯克（Boussinesq）解析解，将其作用于圆盘试件直径的两端，扣除由于集中力而产生与圆盘周边的应力，在这种条件下求得岩石圆盘中心点的水平拉应力，以此作为岩石的抗拉强度，如图8－15所示。按照《工程岩体试验方法标准》规定：试件的直径为48～54 mm，厚度为直径的0.5～1.0倍。

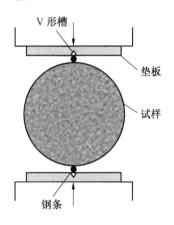

图8－15 劈裂试验示意图

根据理论推导，岩石破坏时作用在试件中心的最大拉应力可按下式求得：

$$R_t = \frac{2P}{\pi Dh} \tag{8-6}$$

式中，R_t 为试件中心的最大拉应力，即为抗拉强度，MPa；P 为试件破坏荷载，N；D 为试件的直径，mm；h 为试件的厚度，mm。

由于该方法试件加工简单，试验步骤相对来说也较为简单，是目前最常用的抗拉强度试验方法，几乎所有国家的相关试验规范都推荐此方法来求岩石的抗拉强度。需要注意的是根据解析解的分析条件，实验时施加的线荷载必须通过试件的圆心，与加载的两点连成一条直线，并要求在破坏时破裂面也通过加载点连接的直径，否则试验结果将有较大的误差。

8.4.2 试验步骤

试验采用的设备是微机控制电液伺服万能试验机，具体步骤如下：

（1）将电脑和试验机油阀打开，进入试验机实验系统，选择巴西劈裂法实验标准。

（2）将煤芯水平放在承压台中心位置，要求煤体试件的放置必须放在正中央，以保证试件始终处于平台的中间位置，试验时施加的线荷载必须通过试件的圆心，且与加载的两个集中线荷载在同一平面，如图8－16所示。

（3）电脑数据调零，开始试验，压头缓慢下降，对煤芯施加荷载。

（4）在加载过程中观察试件何时何处出现裂纹。

（5）煤芯被破坏时，试验结束，保存数据及曲线。

（6）调节万能试验机，取出破坏的试件，清理万能实验机，准备下一组实验。

（7）重复上述步骤，直至试验结束。

在巴西劈裂试验过程中，首先出现裂纹的地方是煤体试件与钢条接触处，一旦发现有裂纹，立刻减缓加沙的速度。此外还需要注意的是，保证试件始终位于上下铁条的中心位置，防止出现偏心拉压造成数据异常或者直接导致试验的失败。

(a) 放置煤芯　　　　　　　(b) 出现裂纹

(c) 破坏后形态

图8－16　抗拉试验过程

8.4.3 试件编号及尺寸

抗压强度试验的煤样采用直径50 mm、高度30 mm的试件，分为3个方向：垂直层理（TS－VB）、平行层理沿端割理方向（TS－PC）和平行层理沿面割理方向（TS－FC）。试件尺寸及编号如表8-3所示。相同条件下煤样试件至少7块，通过实验测出试件的破坏力，用式（8-6）算出抗压强度。按表8-3将3个方向符合标准的煤样试件用游标卡尺在试件中点和两端3个位置各测量直径一次，取平均值为试件直径 D。在上下横截面相互垂直的方向测量试件高度两次，取平均值为试件高度 H。

表8-3　抗拉强度试件尺寸

取芯方向	编号	直径/mm	高度/mm	$\pi DH/mm^2$
垂直层理	TS-VB-1	49.25	32.90	5090.401
	TS-VB-2	49.40	30.00	4655.84
	TS-VB-3	49.30	31.00	4801.296
	TS-VB-4	49.40	30.80	4779.996
	TS-VB-5	49.34	32.12	4978.798
	TS-VB-6	49.49	33.59	5222.486
	TS-VB-7	49.40	31.20	4842.074
	TS-VB-8	49.4	30.35	4710.158
	TS-VB-9	49.50	28.95	4501.981
平行层理沿端割理方向	TS-PC-1	49.40	30.45	4725.678
	TS-PC-2	49.40	31.80	4935.191
	TS-PC-3	49.40	30.00	4655.84
	TS-PC-4	49.40	30.30	4702.399
	TS-PC-5	49.40	31.10	4826.554
	TS-PC-6	49.40	30.05	4663.6
	TS-PC-7	49.30	30.40	4708.368
	TS-PC-8	49.45	29.79	4627.929
	TS-PC-9	49.21	29.85	4614.743
	TS-PC-10	49.50	29.90	4614.743
平行层理沿面割理方向	TS-FC-1	49.40	29.10	4516.165
	TS-FC-2	49.42	33.00	5123.498
	TS-FC-3	49.21	32.17	4973.41
	TS-FC-4	49.26	28.98	4484.796
	TS-FC-5	49.21	30.64	4736.876
	TS-FC-6	49.40	31.35	4865.353
	TS-FC-7	49.40	30.10	4671.36

8.4.4　试件巴西劈裂测试分析

不同方向煤样试件在压缩过程中力-变形曲线如图8-17~图8-19所示。从图中可以看出，开始阶段煤芯都处于压密阶段，由于各个试件的裂隙不同，压密阶段的变形也有差别。从图中可以看出，当压头与煤芯接触到开始施加荷载时，曲线斜率很小。即变形随位移的变化速率很快；随着加载力的增大，曲线斜率逐渐变大，煤芯的变形随着力的增大变形很小。直到试件被完全破坏，力骤降。从图 8 - 17 ～ 图 8 - 19 可以看出，垂直层理方向煤样试件劈裂与平行层理沿端割理方向煤样所需的破坏力、平行层理沿面割理方向所需的破坏力差别不大。

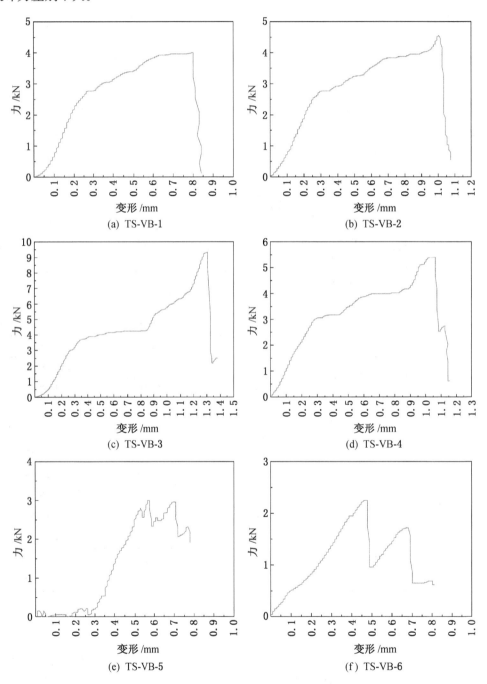

(a) TS-VB-1

(b) TS-VB-2

(c) TS-VB-3

(d) TS-VB-4

(e) TS-VB-5

(f) TS-VB-6

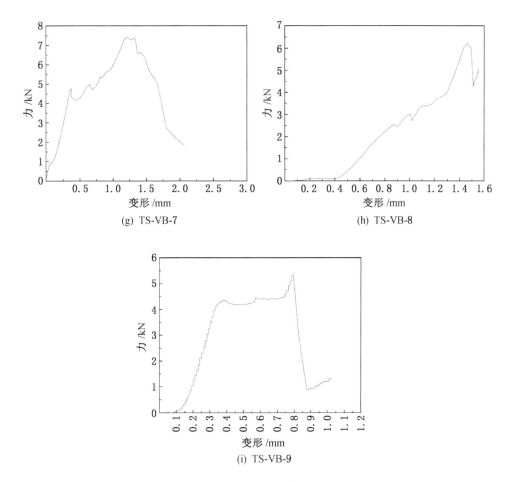

(g) TS-VB-7　　　　　　　　　　　(h) TS-VB-8

(i) TS-VB-9

图 8-17　垂直层理方向煤样巴西劈裂破坏力-变形曲线

　　根据图 8-17～图 8-19 可得到煤体试件劈裂的最大破坏力,进而根据式 (8-7) 可得到不同方向煤体的抗拉强度 (表 8-4)。从表 8-4 可以看出,在垂直层理方向上,煤样试件 TS-VB-3 和 TS-VB-6 抗拉强度异常,平行层理沿端割理方向上,煤样试件 TS-PC-3 抗拉强度异常,平行层理沿面割理方向上,煤样试件 TS-FC-3 抗拉强度异常。去除这些异常试件的抗拉强度,垂直层理方向煤样的抗拉强度最大,均值为 1.073 MPa,其次是平行层理沿端割理方向,抗拉强度均值 0.825 MPa,平行层理沿面割理方向的煤样抗拉强度最小,均值为 0.793 MPa。但是,不论是哪个方向上,煤样的抗拉强度差别均较大。如垂直层理方向,最大的抗拉强度为 1.534 MPa,最小的为 0.602 MPa;平行层理沿端割理方向,最大的抗拉强度为 1.207 MPa,最小的为 0.709 MPa;平行层理沿面割理方向,最大的抗拉强度为 0.939 MPa,最小的为 0.547 MPa。为了分析这些数据的离散性,在此采用方差和离散系数对它们进行分析。对于抗拉强度来说,平行层理沿面割理方向煤样抗拉强度的离散性最小,离散系数为 0.1584;垂直层理方向煤样抗拉强度的离散性最大,离散系数为 0.6478。

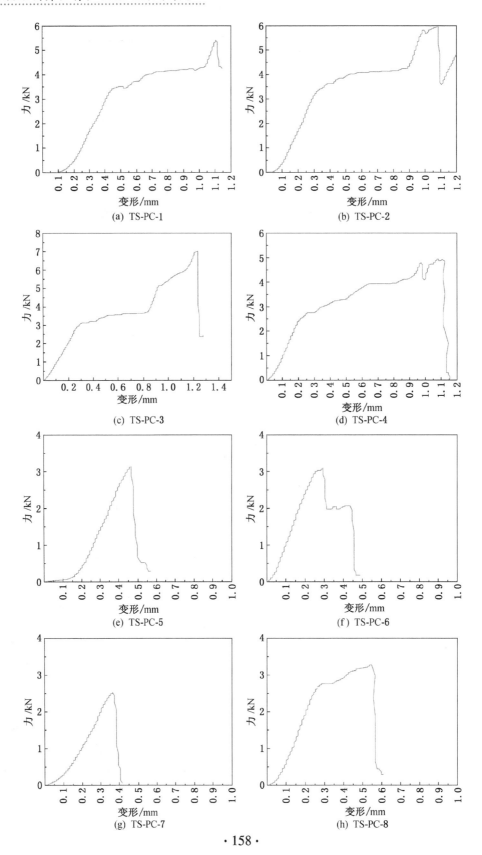

(a) TS-PC-1

(b) TS-PC-2

(c) TS-PC-3

(d) TS-PC-4

(e) TS-PC-5

(f) TS-PC-6

(g) TS-PC-7

(h) TS-PC-8

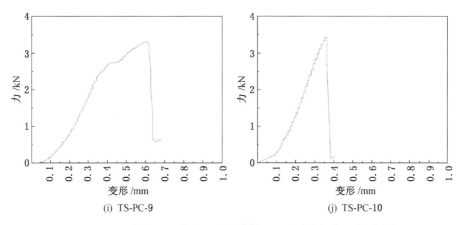

(i) TS-PC-9　　　　　　　　(j) TS-PC-10

图 8-18　平行层理沿端割理方向煤样巴西劈裂破坏力 - 变形曲线

表 8-4　煤体抗拉强度及分析

取芯方向	编号	最大破坏力/kN	抗压强度/MPa	均值/MPa	方差	离散系数
垂直层理	TS－VB－1	4.0	0.786	1.073	0.483	0.6478
	TS－VB－2	4.56	0.979			
	TS－VB－3	**9.33**	**1.943**			
	TS－VB－4	5.4	1.130			
	TS－VB－5	3.0	0.603			
	TS－VB－6	**2.25**	**0.431**			
	TS－VB－7	7.43	1.534			
	TS－VB－8	6.22	1.321			
	TS－VB－9	5.22	1.159			
平行层理沿端割理方向	TS－PC－1	5.4	1.143	0.825	0.059	0.2938
	TS－PC－2	5.96	1.208			
	TS－PC－3	**7.01**	**1.506**			
	TS－PC－4	4.95	1.053			
	TS－PC－5	3.13	0.648			
	TS－PC－6	3.1	0.665			
	TS－PC－7	2.53	0.537			
	TS－PC－8	3.28	0.709			
	TS－PC－9	3.32	0.719			
	TS－PC－10	3.43	0.743			
平行层理沿面割理方向	TS－FC－1	3.7	0.819	0.793	0.016	0.1584
	TS－FC－2	**3.81**	**0.744**			
	TS－FC－3	6.46	1.299			
	TS－FC－4	3.9	0.870			
	TS－FC－5	4.45	0.939			
	TS－FC－6	3.94	0.810			
	TS－FC－7	2.68	0.574			

8.4.5 破坏形态

对垂直层理方向（TS－VB）、平行层理沿端割理方向（TS－PC）、平行层理沿端割理方向（TS－FC）煤样试件的破坏形态进行比较分析，如图 8－20 所示。从图 8－20 中可以看到煤样试件的裂纹形状都是曲折的。经过分析比较，可以看出平行层理沿端割理方向（TS－FC）煤样试件的裂纹是最接近直线的，平行层理沿端割理方向（TS－PC）的裂纹

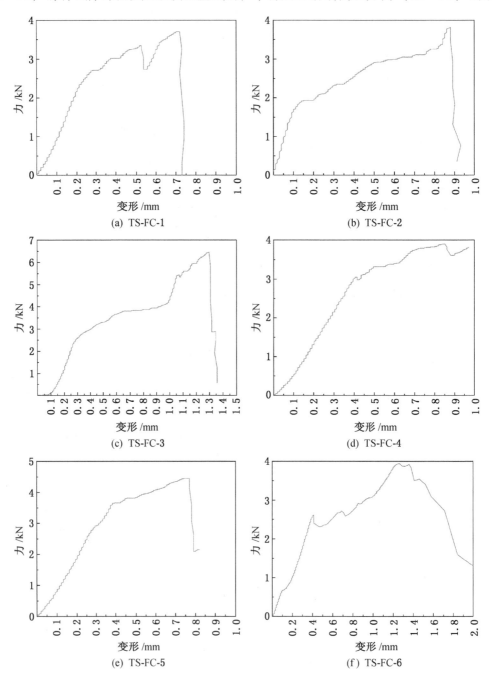

(a) TS-FC-1

(b) TS-FC-2

(c) TS-FC-3

(d) TS-FC-4

(e) TS-FC-5

(f) TS-FC-6

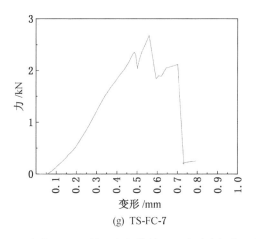

(g) TS-FC-7

图 8 – 19   平行层理沿面割理方向煤样巴西劈裂破坏力 – 变形曲线

最为曲折，这些都与煤样试件内部的各向异性（割理）有关。同时垂直层理方向（TS – VB）煤样试件被破坏时，一些煤块会从主体掉落，这些与内部的裂隙有很大关系。

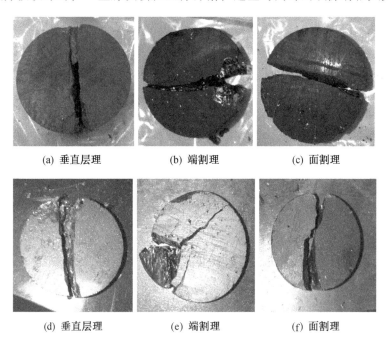

| (a) 垂直层理 | (b) 端割理 | (c) 面割理 |
| (d) 垂直层理 | (e) 端割理 | (f) 面割理 |

图 8 – 20   巴西劈裂破坏形态

8.5   抗压强度与抗拉强度对比分析

将垂直层理（VB）、平行层理沿端割理方向（PC）和平行层理沿面割理方向（FC）煤样试件的抗拉强度和抗压强度进行对比分析。

（1）抗压强度。垂直层理方向（CS – VB）抗压强度最大，约为平行层理沿端割理方向（CS – PC）抗压强度的 1.38 倍，约为平行层理沿面割理方向（CS – FC）抗压强度的

1.72 倍。

（2）抗拉强度。垂直层理方向（CS – VB）抗拉强度最大，约为平行层理沿端割理方向（CS – PC）抗拉强度的 1.30 倍，约为平行层理沿面割理方向（CS – FC）抗拉强度的 1.35 倍。

（3）抗压强度/抗拉强度。煤样试件的抗压强度远大于其抗拉强度，具体见表 8 – 5。在垂直层理方向（CS – VB）抗压强度约为抗拉强度（TS – VB）的 16.06 倍；平行层理沿端割理方向（CS – PC）抗压强度约为其抗拉强度（TS – PC）的 15.15 倍；平行层理沿面割理方向（CS – FC）抗压强度约为抗拉强度（TS – FC）的 12.64 倍。

表 8 – 5　抗压强度与抗拉强度对比

取芯方向	编号	抗压强度/MPa	抗拉强度/MPa	比值
垂直层理	VB	17.23	1.073	16.06
平行层理沿端割理方向	PC	12.5	0.825	15.15
平行层理沿面割理方向	FC	10.02	0.793	12.64

8.6　本章小结

本章从垂直层理、平行层理垂直面割理、平行层理垂直端割理 3 个方向对煤体的抗拉强度和抗压强度进行测试，进而对比分析煤体的力学各向异性特征，研究结果表明：

（1）抗压强度。垂直层理方向抗压强度最大，约为平行层理沿端割理方向抗压强度的 1.38 倍，约为平行层理沿面割理方向抗压强度的 1.72 倍。

（2）抗拉强度。垂直层理方向抗拉强度最大，约为平行层理沿端割理方向抗拉强度的 1.30 倍，约为平行层理沿面割理方向抗拉强度的 1.35 倍。

（3）抗压强度/抗拉强度。煤样试件的抗压强度远大于其抗拉强度，在垂直层理方向抗压强度约为抗拉强度的 16.06 倍；平行层理沿端割理方向抗压强度约为其抗拉强度的 15.15 倍；平行层理沿面割理方向抗压强度约为抗拉强度的 12.64 倍。

9 结构异性煤层抗冲击性能

煤矿在开采、储运过层中不可避免地会受到诸如机械或爆炸等多种形式的冲击载荷的影响，动态载荷下的受力状态与静态载荷明显不同，因此继续使用原来的静载理论和方法去分析煤矿的受力状态、变性规律以及破坏形式是不合适的，只有对受冲击荷载作用的煤样进行分析才能更为准确地了解煤矿施工过程中煤体的真实受力情况。

随着科学的进步，人们逐渐开始关注材料的动态力学性能。美国和英国等发达国家在20世纪初就开始研究分析高应变率下煤的强度特性（Moomivand，1999；Butcher，1975）。Klepaczko（1984）等研究了冲击载荷下煤的受力状态特征，并指出煤的力学参数对应变率表现出较高的敏感性，煤的弹性特性和应变率敏感性之间存在一个界限，如果高于这个界限，其弹性模量和应变率表现出线性增长的趋势，而低于这个界限两者则表现不敏感。Costantino（1983）进行了大量的与煤岩相关的实验，并根据实验结果得到了体积模量、剪切模量、杨氏模量、泊松比、纵波和剪切波速等与煤相关的力学参数数据库。

我国对煤岩力学性能研究比较落后，大多数参数的设定取自国外材料（Kumar，1968；Zemanek，1961）。20世纪90年代，为讨论动力压裂煤样释放瓦斯的方法，吴绵拔（1987）采用气-液式压缩联动系统的快速加载机等装置研究高瓦斯低透性煤样（阳泉煤样）在加载速率 $10^{-1} \sim 10^4$ MPa/s 范围内的力学性能，得出单轴压缩条件下，加载速率每提高一个数量级煤样抗压强度以及变形模量分别提高15.5%和17%，煤样的动态弹性模量是静力变形模量的179%，煤样的加载速率与应变速率呈双对数线性关系，在拉伸条件下，加载速率每提高一个数量级时，煤样的抗拉强度提高10.8%。

英国剑桥大学Kolsky总结了之前的方法，发明了分离式霍普金森压杆（SHPB），用于研究应变率 $10^2 \sim 10^4$ s^{-1} 范围内多种材料的动态力学特性。一般来说，随着应变率的增长，材料的屈服强度提高，极限强度也相应增加，延伸率变小，屈服滞后和破坏滞后等现象显著。SHPB试验装置自发明以来，已经被广泛用于各个工程领域中，试验材料的种类已由金属发展到非金属，从常温试验发展到高温或低温试验，SHPB被认为是研究各种材料在高应变率下力学特性的重要试验装置（Omidvar，2012；Toihidul，2012；王立新，2018；Ai，2019；Zhang，2019；平琦，2019）。

近些年来国内主要针对以煤和岩石为主的脆性材料进行了广泛研究。占国平（2013）研究了花岗岩动态力学性能，试验证明：花岗岩对应变率像其他脆性材料一样具有敏感性，碎片的尺寸随应变率的增加而明显减小，岩石不同长度尺寸以及自身微观结构特征差异对试验结果也有一定影响。陈腾飞（2013）通过SHPB试验装置对脆性材料进行不同程度的冲击，试验结果显示随着应变率的提高，脆性材料的动态抗压强度和峰值应变都随之增大。脆性材料的破坏原理就是受到冲击以后发生的动态失稳破坏过程，材料吸收能量的多少由材料本身性质和应变率决定，吸收的能量越多，破碎越严重。支乐鹏（2012）对斜长角闪岩和砂岩进行冲击压缩试验，试验结果表明：冲击载荷较小时砂岩的动态破坏形式为外围剥落式径向拉伸破坏，斜长角闪岩的动态破坏形式为轴向劈裂破坏；当冲击荷载增大时，由于破碎严重，砂岩呈粉碎状，斜长角闪岩呈压碎状。刘石（2013）利用直径为100 mm 的 SHPB 试验装置研究了绢云母石英片岩和砂岩的力学特征，结果表明两种岩石的动态抗压强度、吸收能量的多少以及破坏形态均表现出对应变率的敏感性，但弹性模量随应变率的变化不明显。随着平均应变率的提高，两种岩石试样破坏时的碎块尺度减小而碎块数量增加。在平均应变率近似相等的情况下，砂岩中有较多的裂隙能够扩展，导致其碎块尺度减小，最终的破碎程度也更高。绢云母石英片岩试样的破坏形式主要呈压碎状，砂岩试件的破坏形式在低冲击荷载作用下呈轴向劈裂状；在高冲击荷载作用下，呈颗粒粉碎状。

随着 SHPB 试验技术的不断提升，越来越多的专家、学者开始对煤的动态力学性能进行研究（Klepaczko，1984）。单仁亮（2005）对云驾岭煤矿煤样进行 SHPB 冲击压缩试验，结果表明高应变率下应力应变曲线一般具有 4 个阶段：初始非线性加载段、塑性屈服段、应变强化段和最终的卸载破坏段。初始弹性模量、屈服强度与极限强度都随着应变率的提高而提高，但屈服强度最为显著。与一般脆性材料相比，冲击荷载作用下明显的塑性屈服段是煤样特有的现象。刘少虹（2013）对煤进行冲击荷载试验得到与静态明显不同的特征曲线，刚开始非线性加载特征明显，接着应力稍微变化，应变跟着剧烈变化，表现出明显的塑性屈服特征，而后必须进一步增加应力才能得到比较大的应变，表现出强化阶段的特征，最后出现破坏。与岩石等脆性材料相比，屈服阶段明显不同。刘晓辉（2012）利用直径为 75 mm 的 SHPB 试验装置，对煤岩进行不同程度的冲击，分析可得煤岩具有复杂的微细观结构；煤岩在低冲击荷载作用下呈轴向劈裂状，高冲击荷载作用下呈压碎破坏状态；煤岩在冲击荷载作用下，随应变率的增大，入射能、反射能、透射能均增加，应变率越大，煤岩破碎程度越高，耗能也越多。随着应变率的提高，煤岩破碎块度分形维数呈线性增长。解北京（2013）利用分离式霍普金森压杆（SHPB）试验装置对平煤十矿焦煤试样进行了不同程度的冲击试验，探究煤样的动态力学特性。结果表明：随着应变率的提高，平煤十矿煤样应变硬化和应变软化现象显著。随着应变率的提高，煤样的平均应变率先快速增长，然后趋于平缓，数据总体上符合二次多项式的趋势。煤样的最大应变率先快速增长，而后增加趋于平缓，并出现波动，数据总体上符合三次多项式的趋势。煤样的应变峰值波动较大，随着应变率的提高，变化规律不明显。煤样的应力峰值随应变率的提高而提高。付玉凯（2013）使用直径为 50 mm 的 SHPB 试验装置，对煤岩进行不同程度的冲击，研究煤岩的动态破坏机理，试验结果表明：煤岩动态应力 - 应变曲线出现 3 个阶段（个别出现 4 个），分别是非线性加载段、塑性屈服段和卸载破坏段，个别还存在应变强化段，变形模量、屈服强度以及极限强度都随着应变率的提高而提高。当应变率较高时，煤岩的动态力学性能变化较为敏感。高文蛟（2012）使用 SHPB 对煤样进行动态压缩试验，结果表明：当应变率较高时，煤样有应变软化和应变硬化现象，并随应变率的提高，现象越加显著。煤样应力 - 应变曲线上有两个应力极值，第 1 极值对应的应变很小并呈直线上升，为煤样的屈服强度；当煤样经过应变软化和应变硬化后，达到第 2 极值，该极值为煤的极限强度，且这 2 个峰值强度都对应变率比较敏感。利用 SHPB 试验装置对煤样进行冲击，从破坏结果可以看出，无烟煤的破坏模式主要有压剪破坏、拉应力破坏、张应变破坏和卸载破坏 4 种。在每次试验中上述 4 种破坏很少单独出现，往往是 2 种或 2 种以上同时出现。刘文震（2011）借助分离式 Hopkinson 压杆装置对煤的动态力学本构关系进行了研究，发现煤的应力 - 应变曲线在应变率较小的情况下，非线性表现得更加突出；刘晓辉等（2012）借助直径为 75 mm 的分离式 Hopkinson 压杆装置对不同应变率下的煤岩进行研究分析，发现煤岩在不同应变率下破坏状态有所不同，低应变率下煤样多以轴向劈裂破坏为主，高应变率下煤样则呈现出压碎破坏状态。

虽然大量学者已经研究了在冲击荷载作用下煤样的宏观破坏形式，但由于煤样结构异性特征的研究重视度还不够，对于煤样结构异性特征的试验研究也较少，对不同方向煤样在不同冲击荷载作用下的抗冲击性能研究还不充分。煤岩属于结构异性的脆性材料，在冲击荷载的作用下，煤岩孔隙裂隙将引起抗冲击强度的变化。煤岩中实施爆破作业，炸药瞬间爆炸的巨大能量将产生爆炸冲击波、继而在煤体传播过程中衰减为应力波和地震波，从装药中心向煤体四周传播。所以研究不同冲击荷载作用下，煤样的各方向抗冲击变化规律，具有一定的现实意义，将成为未来研究的重点方向之一。

9.1 分离式霍普金森压杆（SHPB）试验基本理论与技术

9.1.1 理论研究

在冲击荷载下材料的变化与其在静态下有很大不同，极其复杂，外界因素的影响也很明显。这对冲击荷载试验装置提出了很高的要求。通常通过应变率来区分材料所处的状态，在静态或准静态荷载下，应变率一般为 10^{-4} s^{-1}，荷载不随时间发生明显变化；在动态荷载下，中应变率（10^2 s^{-1} 以下）、高应变率（$10^2 \sim 10^4$ s^{-1}）、超高应变率（$10^4 \sim 10^6$ s^{-1}）短暂时间尺度上荷载发生显著变化，其中 SHPB 试验系统是研究材料在高应变率下的动态力学性能。

SHPB 试验装置设计巧妙，构造简单，全程计算机控制，自动化操作，步骤简单，采用间接方法得到材料试验数据，计算试验材料在高应变率变化范围内的应力 - 应变曲线。

SHPB 试验理论建立在弹性波基础上。本章将采用一维弹性波理论，对两钢杆相互碰撞产生应力波、应力波在钢杆中的传播以及应力波在不同介质间反射与透射的现象进行解释，阐明 SHPB 试验方法的基本原理，重点介绍试验的两个基本假设，对提高试验装置的精度提出一些建议，为下一步试验打下良好基础。

当冲击荷载作用在弹性材料的局部表面时，一开始只有那些直接受到作用力的表面部分的介质质点因速度的改变而离开初始位置。由于这部分介质质点与相邻介质质点发生了相对运动，必将对相邻介质质点施加作用力（应力），同时表面质点也受到相邻介质质点的反作用力，使这部分介质质点的速度和大小发生改变，因而它们便离开平衡位置做简谐运动。由于介质质点的惯性效应，相邻介质质点的运动将滞后于表面介质质点的运动，依次类推，冲击载荷在物体表面引起的扰动将在介质中逐渐由近及远传播出去，这种扰动在介质中由近及远的传播便形成了应力波，其中扰动与未扰动的分界面称为波阵面，而扰动的速度称为波速。

1. 细长杆（即一维）中波的传播

细长杆（即一维）中波传播速度的计算非常简单，如图9-1所示。

撞击杆以速度 v 碰撞一长圆柱杆，所产生的压缩应力波从左至右传播。经过时间 t，形成扰动，对其微元体进行受力分析。如果忽略长圆柱杆的横向惯性效应，根据牛顿第二定律 $F=ma$，并设定作用力拉为正、压为负，可得

$$-\left[A\sigma - A\left(\sigma + \frac{\partial\sigma\delta x}{\partial x}\right)\right] = A\rho\delta x\frac{\partial^2 u}{\partial t^2} \tag{9-1}$$

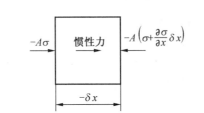

图9-1 杆中微元段变形示意图

式（9-1）简化可得

$$\frac{\partial\sigma}{\partial x} = \rho\frac{\partial^2 u}{\partial t^2} \tag{9-2}$$

因为钢杆的变形是弹性的并且满足胡克定律，即

$$\frac{\sigma}{\varepsilon} = E \tag{9-3}$$

通常应变 ε 被定义为 $\frac{\partial u}{\partial x}$，$u$ 是位移。负号表示压缩应变，正号表示拉伸应变。这样，由式（9-2）可得

$$\frac{\partial}{\partial x}\left(E\frac{\partial u}{\partial x}\right) = \rho\frac{\partial^2 u}{\partial t^2} \tag{9-4}$$

或

$$\frac{\partial^2 u}{\partial t^2} = \frac{E\partial^2 u}{\rho\partial x^2} \tag{9-5}$$

这便是波动微分方程，在一维情况下的波速定义为

$$C_0 = \sqrt{\frac{E}{\rho}} \tag{9-6}$$

实际上这是一个近似方程，由于在假定时采用了一维前提，不计杆中质点的横向运动，若要考虑质点的横向运动，则结果就变得复杂得多，但只要杆中传播的应力波波长比杆的横向尺寸大得多，则这一近似方程满足要求。

2. 细长杆的受力分析

如图9-2所示的细长杆，在左端突然作用一均匀分布的压应力 σ。在撞击的瞬间，杆端有限薄层内将产生均匀压缩，这个压缩将依次传到相邻的薄层。压缩波开始以某个速

度 C 沿杆 x 向移动。经过时间 $\mathrm{d}t$ 后，杆端的部分长度 $\mathrm{d}l = C\mathrm{d}t$ 将受到压缩，而其余部分仍处于静止的无应力状态。

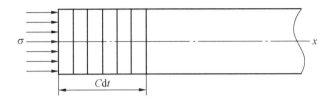

图 9-2 杆受力示意图

波的传播速度 C 与杆端被压缩区内质点的速度 v 是不同的。由牛顿第二定律不难得出

$$F\mathrm{d}t = m\mathrm{d}v \tag{9-7}$$

式中，m 是杆内质点被扰动部分的质量，$m = \rho A\mathrm{d}l$（A 为杆的横截面积，ρ 为材料密度）。因为 $\sigma = \dfrac{F}{A}$，所以，

$$\sigma A\mathrm{d}t = \rho A\mathrm{d}l\mathrm{d}v \tag{9-8}$$

$$\sigma = \rho \frac{\mathrm{d}l}{\mathrm{d}t}\mathrm{d}v \tag{9-9}$$

$\dfrac{\mathrm{d}l}{\mathrm{d}t}$ 是脉冲速度 C，即有

$$\sigma = \rho C\Delta v \tag{9-10}$$

3. 杆撞击固定端现象分析

现讨论刚硬固定端受到速度为 v_0 的杆的撞击现象，其撞击过程如图 9-3 所示，其中杆长为 L，应力波在杆中传播速度为 C。

（1）撞击后，压缩波由固定端向杆内传播。在 $0 \leqslant t \leqslant \dfrac{l}{C}$ 时，波经过的所有质点静止。

（2）在 $t = \dfrac{l}{C}$ 时，杆子是静止的，但处于压缩状态。全部的动能转化为应变能。

（3）在 $t = \dfrac{l}{C}$ 时，压缩波在杆的后端反射成为拉伸波。拉伸波起着卸载波的作用，抵消了入射压缩波的影响。

（4）在 $t = 2\dfrac{l}{C}$，杆子应变能完全转化成动能。反射的拉伸波给予全部质点一个速度，但其方向与压缩脉冲相反。因此在 $t = 2\dfrac{l}{C}$ 时，杆以速度大小不变但方向相反离开撞击界面。

4. 不同介质界面的透射与反射

现讨论用两种不同材料制成的变截面杆如图 9-4 所示。

假定作用于杆左端 1 的扰动产生一强度为 σ_1 的弹性压缩脉冲向右端传播。在杆端 2 的界面处，该压缩波将一部分透射，一部分反射。把透射波的幅值用 σ_T 表示，反射波的幅值用 σ_R 表示，则在界面处，必须满足以下两个条件：

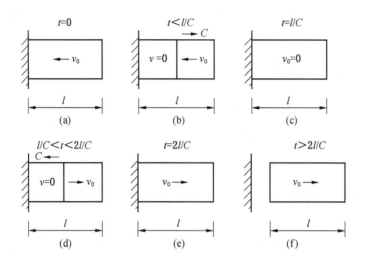

图 9-3 杆碰撞示意图

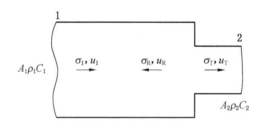

图 9-4 弹性波在不同介质界面上的反射与透射

（1）在界面处，界面两侧的内力必须相等。

（2）在界面处，质点速度必须是连续的。

令 σ_R 和 σ_T 是压缩应力，此处压应力为正，则由条件（1）得

$$A_1(\sigma_I + \sigma_R) = A_2\sigma_T \qquad (9-11)$$

式中，A_1，A_2 分别表示左、右杆的横截面积。由条件（2）得

$$v_I - v_R = v_T \qquad (9-12)$$

利用 $\sigma = \rho C v$，式（9-12）可写为

$$\frac{\sigma_I}{\rho_1 C_1} - \frac{\sigma_R}{\rho_1 C_1} = \frac{\sigma_T}{\rho_2 C_2} \qquad (9-13)$$

联合式（9-11）和式（9-13）即可写出用 σ_I 表示的 σ_R 和 σ_T 表达式：

$$\sigma_T = \frac{2A_1\rho_2 C_2}{A_1\rho_1 C_1 + A_2\rho_2 C_2}\sigma_I \qquad (9-14)$$

$$\sigma_R = \frac{A_2\rho_2 C_2 - A_1\rho_1 C_1}{A_1\rho_1 C_1 + A_2\rho_2 C_2}\sigma_I \qquad (9-15)$$

式（9-14）和式（9-15）的含义：

（1）如果两杆的材料相同，那么 $\rho_1 = \rho_2$，$C_1 = C_2$

$$\sigma_{\text{T}} = \frac{2A_1\sigma_{\text{I}}}{(A_1 + A_2)} \qquad (9-16)$$

$$\sigma_{\text{R}} = \frac{(A_2 - A_1)}{(A_1 + A_2)}\sigma_{\text{I}} \qquad (9-17)$$

式中，若 $A_1 > A_2$ 则 σ_{R} 和 σ_{T} 都是正的，若 $A_1 < A_2$，则 σ_{R} 为负。这就说明反射波是拉伸波。

（2）如果 $\frac{A_2}{A_1} \to 0$，则杆完全不受约束，$\sigma_{\text{R}} \to -\sigma_{\text{I}}$，若 $\frac{A_2}{A_1} \to \infty$，则杆犹如固定端一样，$\sigma_{\text{R}} \to \sigma_{\text{I}}$，$\sigma_{\text{T}} \to 0$。

（3）式（9-16）中，σ_{T} 的系数永远是正的，这就意味着拉伸波透射后仍是拉伸波，压缩波透射后仍是压缩波。

（4）式（9-17）中，σ_{R} 的系数的符号可能是正，也可能是负。如果系数是负的，则入射压缩波反射成拉伸波，如果系数是正的，入射压缩波反射仍为压缩波。

（5）如果两杆的横截面积相等，那么 $A_1 = A_2$，则

$$\sigma_{\text{T}} = \frac{2\rho_2 C_2}{\rho_1 C_1 + \rho_2 C_2}\sigma_{\text{I}} \qquad (9-18)$$

$$\sigma_{\text{R}} = \frac{\rho_2 C_2 - \rho_1 C_1}{\rho_1 C_1 + \rho_2 C_2}\sigma_{\text{I}} \qquad (9-19)$$

由式（9-18）和式（9-19）可以看出，透射应力 σ_{T} 总是正值，透射脉冲和入射脉冲始终保持一致，而反射应力 σ_{R} 可正可负，取决于两种介质的波阻抗相对大小，下面分三种情况进行讨论：

① $\rho_1 C_1 < \rho_2 C_2$，应力波由波阻抗较小的介质传播到波阻抗较大的介质中，此时入射波应力符号与反射波应力符号相同，入射压缩波反射仍为压缩波，透射波应力值大于入射波应力值，这就相当于应力波由软材料进入硬材料时的情况。当 $\rho_2 C_2 \to \infty$，就相当于弹性波在固定端反射。

② $\rho_1 C_1 > \rho_2 C_2$，应力波由波阻抗较大的介质传播到波阻抗较小的介质中，此时入射波应力符号与反射波应力符号相反，透射波应力值小于入射波应力值，这就相当于应力波由硬材料进入软材料时的情况，认为软材料具有减振缓冲作用。如果 $\rho_2 C_2 \to 0$，相当于弹性波在自由表面反射。

③ $\rho_1 C_1 = \rho_2 C_2$，应力波在两种波阻抗相同的介质中传播，不会产生反射，这说明对于两种不同的介质，即使 ρ_0 和 C_0 不相同但只要其波阻抗相同，应力波穿过不同介质界面时，就不会产生反射，这就称为波阻抗匹配。

9.1.2 SHPB 试验装置系统

SHPB 试验系统装置由动力驱动装置、撞击杆（子弹）、测速仪、入射杆、透射杆、缓冲杆、阻尼器、超动态应变仪以及动态测试分析仪组成（图9-5）。SHPB 试验装置的撞击杆（子弹）、入射杆和透射杆在撞击过程中均保持在弹性范围内变化，并且具有相同的直径和材质。操作过程中，应将 SHPB 试验装置的各杆中心线连接保持成一条直线，并

将煤样涂抹凡士林放在入射杆和透射杆之间，使其充分耦合，并与两杆轴线保持一致。

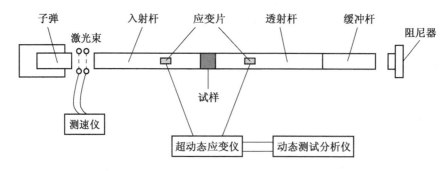

图 9-5 SHPB 试验系统

试验使用的 SHPB 试验装置主要用于测试煤岩等脆性材料，由于煤岩内部存在大量随机的原生裂隙，为防止试验数据过于离散，尽可能使用足够大的压杆直径，根据实际情况入射杆采用变截面的过渡方式。由刘孝敏（2000）对应力波在变截面 SHPB 杆中的传播特性研究可得：当矩形应力脉冲从入射杆的小直径处向大直径处传播时，其脉冲峰值和平台的放大倍数仅与两处的直径比有关，此时一维应力波提供的理论公式仍然有效。应力脉冲，尤其是脉冲头部与变截面的过渡段几何形状有关，过渡段的长度越长，半锥角越小，波在横截面上的应力分布越均匀；相反地，若过渡段的长度越短，它的二维现象越显著，具体表现在波在横截面上的应力分布非常不均匀，高频震荡严重不对称。

根据圣维南原理，变截面杆过渡段引起的二维效应随着离变截面段距离的增加而减弱，应力脉冲随着传播距离的增加，应力应变均匀性相应改善，由于变截面过渡段引起的二维效应增加了应力脉冲上升时间，对提高煤样应力应变均匀性起到了较为积极的作用。

9.1.3 SHPB 冲击试验基本原理

将加工好的煤样置于入射杆和透射杆之间，煤两端面要涂抹适当的凡士林以便更好地和杆两端面贴合，试件中心要和杆件中心保持在一条直线上，设置冲击气压，高压气体驱动子弹，高速撞击入射杆的一端，在其中产生一个压力脉冲（入射波）；当入射波经过入射杆 - 煤样 - 透射杆时，压力脉冲在入射杆和煤样、煤样和透射杆的界面处发生反射、透射；在入射杆和透射杆中分别形成一个反射脉冲和透射脉冲，这些信号通过粘贴在入射杆和透射杆上的电阻应变片，经过超动态应变仪的放大，被采集卡记录下来。由测得的入射波、反射波和透射波，经过计算求得煤样的动态力学性能数据，进而可得动态冲击试验下测试材料的动态应力 - 应变曲线。

进行 SHPB 冲击试验的前提是必须满足下列两个基本假定：

（1）杆件中一维应力波假定：即压杆中的应力波传播必须是一维的。对于在圆形弹杆件中传播的波具有二维轴对称性，且杆件本身在受到冲击时由于应变率的变化出现应变率效应，假设应力波为一维弹性波，在计算应力应变时按照一维弹性波理论即可，计算步骤简单，误差较小，在这个假设前提下，应变片采集到的应变值可以近似认为是试样端面产生的应变。

（2）应力或应变在试样长度方向均匀分布的假定：入射杆与试块端面、试块端面与透射杆经过反射和透射产生反射波和透射波，并沿杆件继续传播。在这个过程中，应力波在试块内部不断往返传播，试块的尺寸和杆件相比又小得多，试件沿长度方向的内部应力和应变将很快趋于平均化，这时试块本身可能产生的应力波效应就可忽略。

在一维应力波假定成立的条件下，对输入杆与试块界面测得加载力 F_1 和质点速度 V_1，试块界面与透射杆的加载力 F_2 和质点速度 V_2，记压杆截面积为 A，弹性模量为 E，应力波在杆件中的传播速度为 C_0，试块截面积 A_s，试块长度为 L_s，那么可按下列各式计算试块的平均应力 σ_s、平均应变率 $\dot{\varepsilon}_s$ 和平均应变 ε_s：

$$\begin{cases} \sigma_s = \dfrac{F_1 + F_2}{2A_s} \\[2mm] \dot{\varepsilon}_s = \dfrac{V_1 - V_2}{L_s} \\[2mm] \varepsilon_s = \displaystyle\int_0^t \dot{\varepsilon}_s \, \mathrm{d}t \end{cases} \tag{9-20}$$

压杆一般为弹性材料，利用弹性杆中一维弹性波理论分析可得，试块端面与压杆之间应变、应力和质点速度之间的关系如下：

（1）入射杆或试件端面：

$$\begin{cases} F_1 = E(\varepsilon_i + \varepsilon_r)A \\ V_1 = C_0(\varepsilon_i - \varepsilon_r) \end{cases} \tag{9-21a}$$

（2）试样或透射杆端面：

$$\begin{cases} F_2 = E\varepsilon_t A \\ V_2 = C_0 \varepsilon_t \end{cases} \tag{9-21b}$$

于是只要测得入射波 ε_i、反射波 ε_r 以及透射波 ε_t 即可计算出试块两端面的应力和应变，由于压杆始终保持弹性状态，则不同位置上的波形均相同，且根据细长杆中一维应力弹性波传播不产生畸变的特性，由应变片测得波形信号变得可行。将式（9-21a）和式（9-21b）分别代入式（9-20），可得 3 个波形信号下试块平均应力、应变率及应变的"三波法"表达式：

$$\begin{cases} \sigma_s = \dfrac{EA(\varepsilon_i + \varepsilon_r + \varepsilon_t)}{2A_s} \\[2mm] \dot{\varepsilon}_s = \dfrac{C_0(\varepsilon_i + \varepsilon_r + \varepsilon_t)}{L_s} \\[2mm] \varepsilon_s = \dfrac{C_0}{L_s}\displaystyle\int_0^t (\varepsilon_i + \varepsilon_r + \varepsilon_t) \, \mathrm{d}t \end{cases} \tag{9-22}$$

按照试块应力均匀化假定，有 $F_1 = F_2$，或按照一维应力波理论则有

$$\varepsilon_i + \varepsilon_r = \varepsilon_t \tag{9-23}$$

于是入射应变波、反射应变波和透射应变波三者实际上测得其中任意两个即可，得到试块的动态应力与应变，能够得出高应变率下试块的动态应力 - 应变曲线。将式（9-23）代入式（9-22）得到"二波法"表达式：

$$
\begin{cases}
\sigma_s = \dfrac{EA\varepsilon_t}{A_s} \\[2mm]
\dot{\varepsilon}_s = \dfrac{2C_0(\varepsilon_i - \varepsilon_t)}{L_s} \\[2mm]
\varepsilon_s = \dfrac{2C_0}{L_s}\displaystyle\int_0^t (\varepsilon_i - \varepsilon_t)\,dt
\end{cases}
\tag{9-24}
$$

式中，E 为压杆材料的弹性模量；C_0 为压杆弹性波速；A 为压杆的横截面积；A_0 为试件原始横截面面积；L_s 为试件长度。

9.1.4 SHPB 冲击试验系统分析

1. 测试系统及其标定

由应力波的基础知识可知，撞击杆产生的脉冲宽度是由撞击杆的长度决定的。当撞击杆与入射杆发生碰撞时，两个杆中将会有压力脉冲产生并向各自杆的另一端传播。当撞击杆中的压力脉冲在自由端反射后成为一列拉伸卸载波，并向撞击端传播，所以入射杆中的脉冲宽度是撞击杆长度的两倍，而应力脉冲的幅值则是由撞击速度决定的。

当入射杆中的应力脉冲到达试样的接触面时，由于波阻抗的不匹配，一部分脉冲被反射，在入射杆中形成反射波，另一部分则通过试样透射入透射杆中，形成投射波。反射波和透射波的幅值和形状是由试样材料性质所决定的。粘贴在入射杆和透射杆上的应变片能够记录到入射波和透射波完整的波形。

为了准确地测量入射、反射和透射脉冲，应该注意测量时记录到的信号没有脉冲间的相互作用，因为粘贴应变片时应尽量保证应变片粘贴的位置距压杆和试样接触端距离大于撞击杆长度的 2 倍，同时保证入射杆和透射杆上的应变片与试样的距离相等。因为如果距离相等，那么就可以保证杆上的应变片分别测得的反射和透射波在时间上是一致的，同时为了消除弯曲的影响，通常在每根压杆上对称地贴两个应变片，并将它们串联。

试验前应该首先进行系统的标定。常用的标定方法有两种：其中一种是动态标定法，即如果将试样从两根加载杆之间移走，将入射杆和透射杆直接接在一起，只要输入一个一致的应力波，通过入射和透射杆上的应变片就可以对整个系统进行标定。由于撞击杆和两根压杆的材料及横截面积相同，故它们具有相同的波阻抗。如果撞击杆以一定的速度撞击入射杆，根据一维应力波理论，杆中将会有压缩波产生，其最大应变为

$$
\varepsilon_{max} = \frac{V_0}{2C_0}
\tag{9-25}
$$

式中，V_0 为撞击速度；C_0 是加载杆的弹性波速。根据加载杆上应变片的输出就可以完成对系统的动态标定。

除了采用动态进行标定外，还可以在应变仪的电桥电路上并联一个已知的标定电阻，通过它产生一个模拟应变：

$$
\varepsilon_{km} = \frac{1}{2k}\frac{R_R}{R_L + R_R}
\tag{9-26}
$$

式中，k 为应变片的系数；R_R 和 R_L 分别为应变片和标定电阻的阻值。

2. SHPB 试验中易出现的影响因素及其解决办法

1）试样中的应力平衡及输入波整形技术

在 SHPB 试验中，部分学者曾经指出由于应力波的宽度远大于试样的长度，因此可以认为试样在受载期间处于一种均匀变形和应力平衡状态，即认为试样两端的受力平衡。但实际上，只有当应力波在试样中发生多次内反射后，试样的应力应变才能趋于平衡，即平衡是需要时间的。在 SHPB 试验中，一般认为应力波在试件中来回反射 - 透射一定次数后，试件中应力分布均匀，用 k_{min} 表示试件中应力分布均匀时所需的最少反射 - 透射次数。在试件加载过程中达到应力均匀，即入射波上升时间必须大于 k_{min} 所用的时间。

在霍普金森试验中，由于试样取得均匀应力状态需要一定的时间，因而所得的应力 - 应变曲线上最初的一段是不准确的，这也就是说使用该装置无法获得材料在高应变率下的弹性模量。特别是对一些脆性材料，如果脉冲上升太快，试样在尚未达到应力平衡时已经破坏，实验数据将失去意义。

因而，对于脆性材料，为了保证材料在破坏前，弹性波在内部发生多次反射，达到应力应变均匀以及近似恒应变率变形，理想的脉冲上升是缓慢的而不是急剧的，这时就需要对入射波进行整形处理。通常采用的方法是在输入杆的撞击端粘上一个小直径的波形整形器，这样撞击过程中撞击首先作用在整形器上，由于整形器的塑性变形，传入输入杆中的加载波将发生变化。这一方法不但可以过滤加载波中由于直接碰撞引起的高频分量，减少波形在长距离传播中的弥散，消除由于高频波的弥散失真引起的实验误差；而且该方法还可以使加载波变宽，其上升沿变缓，从而使材料的应力平衡能够在脉冲的上升过程中达到。在实际运用中，大多数采用铜片作为整形器，并可以通过改变整形器的材料和尺寸改变输入波的形状。通过试验对比发现，矩形波和坡形波都不是理想的入射波形，梯形波较为理想。

2）端面摩擦效应及试样惯性效应

端面摩擦效应是由于压杆和试块的材质不同，两者的结合性不能达到完全理想状态，冲击压缩过程中会产生摩擦现象，这会导致试样端部沿径向的变形受到约束，从而使试块端面与压杆之间的一维应力状态遭到破坏。

因此，试验时必须采取措施减少试样与加载杆接触面的摩擦。最常用的办法有：①将试样的端面打磨光滑，使其平整度不大于 0.02 mm；②在试样与加载杆接触面上涂抹润滑油，但在使用润滑剂过程中需注意的是涂抹在试样端部的润滑剂层要很薄。

惯性效应是由于材料的密度不同，导致一维应力波在传播过程中出现传播速度不一致，且波沿着轴向和径向两个方向同时运动产生的现象。

为进一步考虑惯性效应对实验结果可能产生的影响，将应力的求解公式进一步修正为

$$\sigma_{S1} = \sigma_S - \rho_S \left(\frac{1}{2}\mu^2 r^2 - \frac{1}{6}h^2 \right) \ddot{\varepsilon} \qquad (9-27)$$

式中，$\ddot{\varepsilon}$ 为试块应变率的一阶导数。分析式（9-27）可知，影响惯性效应的主要因素是应变率，当应变率为定值时，$\ddot{\varepsilon}$ 为 0，不用考虑惯性效应的影响；当应变率不恒定时，$\ddot{\varepsilon}$ 存在，试块存在惯性效应。

9.2 煤样冲击荷载的确定

炸药在岩土中爆炸时，作用于孔壁的初始径向峰值应力如下：

$$P_r = \frac{\rho_0 D^2 n}{8 \bar{r}^3} K^{-6} \tag{9-28}$$

$$\bar{r} = \frac{R_0}{r_b} \tag{9-29}$$

$$K = \frac{d_d}{d_c} \tag{9-30}$$

式中，D 为爆速；P_r 为粉碎区界面上峰值压力；K 为装药不耦合系数；ρ_0 为炸药的装药密度；d_d 为炮孔直径；d_c 为装药直径；r_b 为炮孔半径；R_0 为粉碎区半径，一般为炮孔半径的 2~3 倍；n 为气体与孔壁碰撞压力增大系数，一般取 8~10。

由式（9-28）、式（9-29）、式（9-30）可求得粉碎区界面上峰值压力。

应力波峰值压力随距离衰减的关系为

$$\sigma_{rmax} = \frac{P_r}{\bar{r}^\alpha} \tag{9-31}$$

$$\bar{r} = \frac{R}{R_0} \tag{9-32}$$

$$\alpha = 2 - \frac{u_d}{1 - u_d} \tag{9-33}$$

$$\mu_d = 0.8\mu \tag{9-34}$$

式中，σ_{rmax} 为应力波峰值压力；P_r 为粉碎区界面上峰值压力；R 为距离装药中心的距离；R_0 为粉碎区半径；α 为应力波衰减指数；μ_d 为煤体动态泊松比；μ 为煤体静态泊松比。

9.3 变截面 SHPB 试验装置

9.3.1 试验装置系统

采用河南理工大学土木学院力学试验室配置的 SHPB 系统对煤样进行冲击试验（图 9-6）。该装置由子弹、子弹测速仪、入射杆、透射杆、缓冲杆和阻尼器等组成。其中，氮气作为动力输出，通过设置压力控制子弹速度，子弹直径为 37 mm，长度为 400 mm，入射杆长 2400 mm，透射杆长 1200 mm，入射杆和透射杆均为变截面杆，直径 37~50 mm，缓冲杆直径为 37 mm，长度为 1000 mm。钢杆中弹性波波速 C_0 取 5.19 km/s，弹性模量 E 取 210 GPa，密度 ρ_0 取 7.8×10^3 kg/m³。

在该装置中，由近及远分别是枪筒、子弹、子弹测速仪、入射杆、透射杆、吸收杆和阻尼器等，其中，氮气作为动力输出，压力表控制子弹速度。

在 SHPB 试验系统中，通过在入射杆和透射杆贴应变片的方式测得入射、反射以及透射脉冲，其中入射脉冲用于标定电压信号与应变之间的关系，反射和透射脉冲则用于计算煤样的应力-应变关系曲线以及应变率-时间关系曲线。

图9-6 变截面SHPB试验装置系统

装置采用压力表（图9-7）控制气体压力的方式为子弹提供速度。系统采用激光测速仪测量子弹撞击入射杆的速度（图9-8），入射杆与子弹接触处保持直径一致，均为37 mm，上面数字11.99代表子弹经过两道激光的时间间隔，下面数字3.34表示经过两道激光的平均速度。

图9-7 气压控制器

图9-8 子弹速度测量系统

9.3.2 压杆的安装与调平

将撞击杆的前端与发射腔保持一致，将入射杆和透射杆分别放到压杆支座上，然后调平，保持撞击杆、入射杆和透射杆的轴线在同一直线上。

调平一般是通过调节压杆支座上的螺母完成，可先调上下，再调左右。通常以撞击杆的位置为准，将入射杆与撞击杆对齐且保证端面接触无空隙，依次类推，完成透射杆与反射杆的调平。

9.3.3 应变片的粘贴与连线

波的幅值由子弹撞击入射杆的速度来控制，而波的宽度由子弹的长度来控制（$\lambda = 2L$），由于波在传播过程中遇到不同介质时会不停地反射、透射，为了避免相互作用消除这一影响从而得到比较准确的数据，一般保证入射杆上的应变片所贴的位置距入射杆杆端的距离大于子弹长度的2倍，同时透射杆也为变截面，则透射杆上的应变片距缓冲杆杆端同样大于子弹长度的2倍。

应变片（参数见表9-1）粘贴通常采用串联方式，并沿杆轴对称粘贴，以消除弯曲效应。在应变片粘贴和接线过程中，要检查万用表测量应变片的电阻值是否正确，接线两端是否通畅。

表9-1 电阻应变片规格

型号	敏感栅尺寸	基底尺寸	灵敏度系数	电阻值
BX120-3AA	3 mm×2 mm	6.6 mm×3.3 mm	2.06~2.12	120 Ω

在贴应变片之前，首先要对杆进行处理，钢杆容易生锈，使用之前先进行打磨，用纱布沿与轴向成45°方向快速打磨，直到表面呈现出金属光泽，为保证两应变片对称粘贴，用半圆状画线器（图9-9）紧卡在预贴位置处，用钢刀标记，沿钢杆表面滑动半圆状画线器，再次标记，形成十字交叉状，使用带丙酮的棉球把打磨后的十字交叉处表面擦洗干净，用502胶把应变片准确贴到指定位置。注意用手套一张塑料轻轻挤压应变片，使下部空气全部溢出，保证粘贴充分，使用烙铁将应变片引线与屏蔽线用焊锡丝相连，固定在端子上，再把屏蔽线连入桥盒，最后用胶带把屏蔽线牢牢绑在钢杆上，注意绝缘。

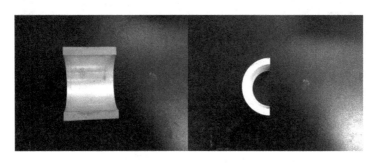

图9-9 半圆状画线器

数据采集系统是试验另外重要的组成部分，主要由电阻应变片、双芯屏蔽线、桥盒、CS 动态电阻应变仪和 TST3406 动态测试分析仪等组成。CS 动态电阻应变仪和 TST3406 动态测试分析仪如图 9 - 10 所示。

图 9 - 10　CS 动态电阻应变仪和 TST3406 动态测试分析仪

通过 TST3406 动态测试分析仪上的参数设置表确定相关的参数。包括采样率、采样长度、采样延时以及触发参数。采样率为每秒采点的数量，储存点的总数是一定的，采样率越高，采样持续时间越短。测试分析仪采样率最高为 40000 kHz，试验一般采用 4000 kHz。采样长度指采样持续时间，为了保证采样的完整性，根据子弹的长度以及弹性波在钢杆中的传播速度确定采样长度为 5 cm，通过与采样率的比例关系计算实际采样时间。采样延时是触发前的采样长度，本试验均采用内部触发，子弹撞击入射杆，应变片受压，电压呈负值，设置合适的触发电平，保证采集及时准确，但为了获得触发前的脉冲数据则需要利用采样延时。以触发时刻为 0 时刻，本试验采样延迟为 0.02，这样就可以观察到波的前沿。

9.3.4　试验前的准备工作

（1）开机预热，接通电源，打开气压控制器，调到指定示数。

（2）检查子弹、入射杆、透射杆是否共轴，保证端面充分接触。

（3）查看各个仪器之间连接是否正确，使用万用表检查应变片电阻是否正常，注意绝缘，避免出现较大的干扰信号，以免误触发。

（4）将电阻应变仪示数调整到准确位置，合理设置动态测试分析仪的参数。

9.4　煤岩的选择与煤样制备

原煤取自焦作赵固二矿二$_1$煤层，煤体硬度大，坚固性系数 f 约为 1.34，煤中层理面明显且存在天然端割理和面割理。煤样制备与第 8 章的制备方法一样，在此不再赘述。

根据试验需求，选用 50 mm 的钻孔，煤芯的钻取须分为 3 个方向，分别沿垂直于层理方向（VB）、平行层理方向（PB）、与垂直层理方向成 45°角（T45）取芯（图 9 - 11）。

钻取过程中应注意：转速不宜太快，太快会使煤岩破碎，破坏其完整性。在取芯过程中要适当浇水，防止温度过高。考虑到后期要做霍普金森（SHPB）压杆试验，而 SHPB 系统对煤样要求比较高，要求煤样的不平行度小于 0.02 mm，所以对取出的煤样不仅要进

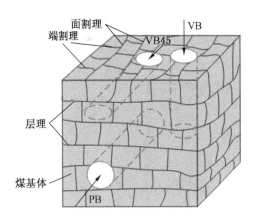
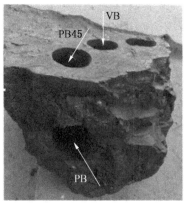

图 9 – 11　煤样取芯方式

(a) 岩芯钻取机　　　　(b) 岩芯切磨机　　　　(c) 岩芯磨平机

图 9 – 12　煤样加工设备

行切割，而且还需要对切割后的煤样进行磨平处理，使其满足实验要求。因此，需对取出的圆柱体按略大于所要求的长度进行切割，以便为后续磨平机预留出磨平所需的长度。经过一系列工序后，最终要保证煤样直径和长度都为 50 mm，煤样两端不平行度小于 0.02 mm。将加工好的煤样装入密封袋，防止空气中水分的进入而影响试验精度。岩芯钻取机、切割机、磨平机及加工好的煤样如图 9 – 12 所示。

加载气压及其所对应的冲击速度及冲击荷载见表 9 – 2。

表 9 – 2　冲击试验部分参数

冲击气压/ MPa	冲击速度/ (m·s⁻¹)	冲击荷载/ MPa	垂直层理方向	煤 样 编 号	
				平行层理方向	45°角方向
0.1	3.22	65.59	VB – 1	PB – 1	T45 – 1
0.15	3.45	70.28	VB – 2	PB – 2	T45 – 2
0.2	4.03	82.09	VB – 3	PB – 3	T45 – 3
0.3	5.18	105.52	VB – 4	PB – 4	T45 – 4
0.5	6.62	134.85	VB – 5	PB – 5	T45 – 5

9.5   煤样冲击压缩试验结果分析

9.5.1   煤体冲击原始波形分析

利用直径为 50 mm 的变截面 SHPB 试验装置，在不同冲击荷载下对煤样进行冲击。为了避免透射波过于震荡，试验时将煤样与万向头紧紧夹在入射杆和透射杆之间，如图 9 - 13 所示，在煤样与钢杆接触处涂抹凡士林，尽可能降低两者间的摩擦。本次试验共 15 个煤样。将制备好的煤样分为 3 组，组 1 煤样垂直于煤体层理取芯（VB）；组 2 煤样平行煤体层理取芯（PB）；组 3 煤样垂直层理方向成 45°角（T45）取芯。对每组进行冲击时，加载气压分别设置为 0.1 MPa、0.15 MPa、0.2 MPa、0.3 MPa、0.5 MPa。

图 9 - 13   煤样单轴冲击压缩试验

图 9 - 14 所示为煤样在不同冲击强度下的原始波形图，从图中可以看出，随着冲击强度增大（冲击气压），无论是入射波、反射波还是透射波峰值均显著增大。

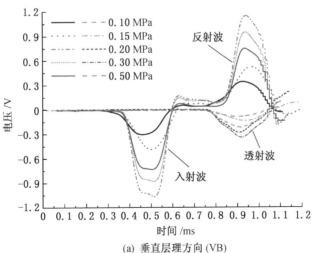

(a) 垂直层理方向 (VB)

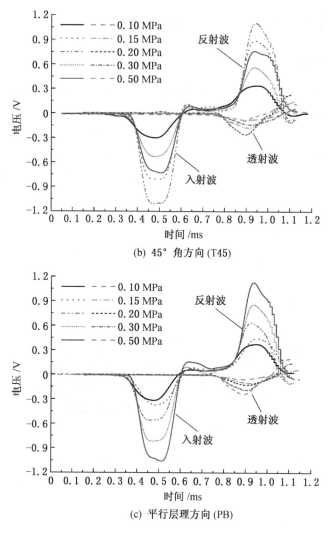

(b) 45°角方向 (T45)

(c) 平行层理方向 (PB)

图 9 - 14　煤体冲击原始波形图

9.5.2　不同冲击荷载下煤样应力 - 应变关系

在不同冲击强度下，不同取芯方向煤样的冲击动态应力 - 应变曲线如图 9 - 15 所示。从图 9 - 15 中可以看出，同一取芯方向煤样，随着冲击强度增大，煤样动态应力显著增大。

冲击试验条件下煤体变形破坏过程一般表现为：孔隙收缩，煤体压实，颗粒接触面积增大或是形成裂隙组，部分区域之间黏附性降低等。应力 - 应变曲线大致可划分为线弹性阶段、塑性变形阶段和破坏阶段。曲线几乎不存在下凹段，没有出现明显的初始压密阶段，而是直接进入线弹性阶段，应力随应变近似呈线性增加，分析其原因可能是煤样较密实，内部的微裂隙较少发育，且在较高的冲击力下，煤样的宏微观缺陷来不及闭合，压密阶段极短。

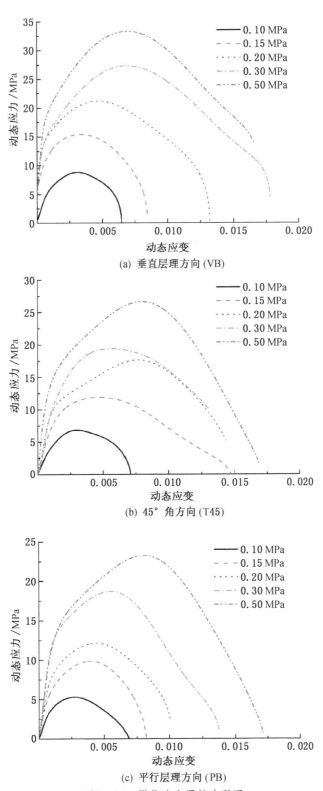

(a) 垂直层理方向 (VB)

(b) 45°角方向 (T45)

(c) 平行层理方向 (PB)

图 9-15 煤体冲击原始波形图

对比不同应变率下各煤样应力－应变曲线的线弹性段，发现不同应变率下煤样的动态弹性模量不同，随应变率的加大，动态弹性模量增大，表现出对煤的应变率相关性及敏感性。随着应变率的不断增大，应力上升越来越快，动态弹性模量也越来越大，曲线基本没有塑性平台，说明煤样随着应变率的增大表现出了明显的脆性。当应力值上升到极限强度的 80% 左右时，曲线上升趋势减缓，表现出与岩石相似的强化阶段（张海东，2012，2014；Ma，2010），其减缓程度与煤样自身的裂隙数量有关，说明煤样中的原生裂隙开始闭合，应变增长速度加快，内部含有裂隙的煤样或岩样都会呈现出这种现象（谢理想，2013）。最后是破坏阶段，煤体受载超过其各自的强度极限后，煤体破坏，曲线总体下降。

不同冲击强度下煤样的最大动态应力值见表 9－2。动态应力最大值随着冲击气压的增大呈指数增大［图 9－16，式（9－35）］，其相关系数均在 0.94 以上，具体见式（9－35）。

表 9－2　不同冲击气压时煤样最大动态应力　　　　　　　　　MPa

冲击气压	VB	T45	PB
0.1	8.813	6.83	5.28
0.15	15.38	11.87	9.84
0.2	21.20	17.64	12.12
0.3	27.34	19.43	18.70
0.5	33.30	26.63	23.27

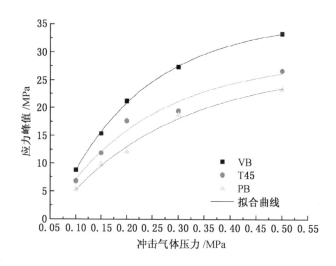

图 9－16　动态应力最大值与冲击气压关系

$$\begin{cases} VB:\sigma_m = -48.89\exp(-p/0.169) + 35.80 & (R^2 = 0.9986) \\ T45:\sigma_m = -36.36\exp(-p/0.195) + 28.91 & (R^2 = 0.9444) \\ PB:\sigma_m = -34.13\exp(-p/0.231) + 27.37 & (R^2 = 0.9870) \end{cases} \quad (9-35)$$

当应变率相近时，对比垂直于煤体层理方向取芯的煤样、垂直层理45°角取芯的煤样和平行于煤体层理方向取芯的煤样的抗压强度，发现平行于煤体层理方向取芯的煤样的抗压强度较低，这是因为平行于层理方向取芯的煤样中会存在较多竖直的裂隙，此时煤样破坏以拉应力为主，而煤样抗拉强度会小于其抗压强度，所以平行于层理方向取芯的煤样破坏时强度较低，说明应变率大小受煤样层理影响显著。

9.5.3 不同冲击荷载下煤样动态强度增长因子

动态强度增长因子（DIF）是研究混凝土、煤岩等材料动态抗压强度与平均应变率之间关系的一个重要参数，动态强度增长因子可由下式求得：

$$DIF = \frac{f_d}{f_s} \tag{9-36}$$

式中，f_d 为煤样动态抗压强度，MPa；f_s 为煤样静态抗压强度，MPa。

为了获得煤样静态抗压强度，在河南理工大学力学实验室借助微机控制电液伺服万能试验机对煤样进行单轴压缩实验，该试验机由长春机械科学研究院有限公司制造生产，操作简单，由计算机控制，全程自动化。微机控制电液伺服万能试验机实物如图9-17所示。

根据煤样方向的不同，此次试验共分为3组：平行层理方向煤样、垂直层理方向煤样和45°角方向，每组各有3个煤样，最终对其取平均值作为煤样静态抗压强度，并对实验结果进行整理（表9-3）。

图9-17 微机控制电液伺服万能试验机

表9-3 煤样单轴压缩试验记录

方向	煤样编号	煤样尺寸/cm		抗压强度/MPa	均值/MPa
		直径	高度		
垂直层理	VB0-1	4.99	10.09	20.73	19.30
	VB0-2	4.99	10.05	18.39	
	VB0-3	4.99	10.10	18.77	
45°角方向	T450-1	4.99	10.05	15.18	14.40
	T450-2	4.99	10.02	14.34	
	T450-3	4.99	10.03	13.69	
平行层理	PB0-1	4.99	10.05	9.94	8.67
	PB0-2	4.99	10.02	8.17	
	PB0-3	4.99	10.03	7.89	

注：VB0为垂直层理方向取芯煤样单轴抗压试件；T450为与垂直层理呈45°角方向取芯煤样单轴抗压试件；PB0为平行层理方向取芯煤样单轴抗压试件。

由表9-3中的数据可计算出，垂直层理方向平均抗压强度为19.30 MPa，与垂直层理呈45°角方向平均抗压强度为14.40 MPa，平行层理方向平均抗压强度为8.67 MPa。

由式（9-36）可计算出煤样动态强度增长因子（DIF），具体见表9-4。

表9-4 不同冲击荷载作用下煤样动态强度增长因子计算结果

方向	煤样编号	冲击气压/MPa	最大动态应力/MPa	单轴抗压强度/MPa	DIF
垂直层理	VB-1	0.1	8.813	19.30	0.46
	VB-2	0.15	15.38		0.80
	VB-3	0.2	21.20		1.10
	VB-4	0.3	27.34		1.42
	VB-5	0.5	33.30		1.73
45°角方向	T45-1	0.1	6.83	14.40	0.47
	T45-2	0.15	11.87		0.82
	T45-3	0.2	17.64		1.22
	T45-1	0.3	19.43		1.35
	T45-2	0.5	26.63		1.85
平行层理	PB-1	0.1	5.28	8.67	0.61
	PB-2	0.15	9.84		1.14
	PB-3	0.2	12.12		1.40
	PB-4	0.3	18.70		2.16
	PB-5	0.5	23.27		2.69

对不同方向煤样动态强度增长因子与冲击气压关系进行指数拟合，如图9-18所示，其相关系数均在0.94以上，具体见式（9-37）。

$$\begin{cases} \text{VB}: \sigma_m = -2.534\exp(-p/0.169) + 1.855 & (R^2 = 0.9986) \\ \text{T45}: \sigma_m = -2.525\exp(-p/0.195) + 2.007 & (R^2 = 0.9444) \\ \text{PB}: \sigma_m = -3.940\exp(-p/0.231) + 3.158 & (R^2 = 0.9870) \end{cases} \quad (9-37)$$

由图9-18可知，各方向煤样动态强度增长因子均随冲击强度的提高而增大。煤样在不同冲击荷载作用下，随着冲击强度的增大，其动态抗压强度会有不同程度的增加，表现出应变率硬化现象，之所以会出现这种现象可能是因为随着冲击荷载的增加，煤样从一维应力状态向一维应变状态转化，尤其在煤样中心部位，这种转化会更加明显，煤样在受力过程中会产生一定的惯性，这样其侧向应变就会受到限制，而这种限制会随应变率的提高而加强，相当于在试验过程中给煤样加一个被动围压，从而其动态抗压强度会得到不同程度的提高（朱晶晶，2012；Li，2000；平琦，2014）。

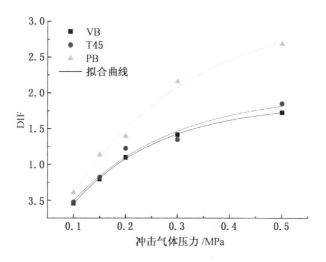

图 9 - 18　同方向煤样动态强度增长因子随冲击气压变化规律

9.5.4　不同冲击荷载作用下煤样的破坏形式

不同冲击荷载作用下煤样破坏形式不同，垂直层理方向、45°角方向和平行层理方向煤样破坏形式分别如图 9 - 19 ~ 图 9 - 21 所示。

(a) VB-1　　　　(b) VB-2　　　　(c) VB-3

(d) VB-4　　　　(e) VB-5

图 9 - 19　不同冲击荷载下垂直层理煤样的破坏形式

由图 9 - 19 ~ 图 9 - 21 可知，不同冲击荷载作用下，垂直层理方向煤样、45°角方向煤样和平行层理方向煤样的破坏形态趋势较为相似，均随着冲击荷载的增大，煤样破坏程度加大，大尺寸碎块明显减少，而小尺寸碎块明显增多，由轴向劈裂破坏状态向压碎破坏状

(a) T45-1   (b) T45-2   (c) T45-3

(d) T45-4   (e) T45-5

图 9-20 不同冲击荷载下 45°角方向煤样的破坏形式

(a) PB-1   (b) PB-2   (c) PB-3

(d) PB-4   (e) PB-5

图 9-21 不同冲击荷载下平行层理煤样的破坏形式

态转化（李胜林，2013）。表现出较强的应变率效应。煤内部存在很多的裂隙，其自身的性质就间接决定了煤样破坏会与其内部的裂隙有必然的联系，破坏就是由于煤样内部裂隙的产生和扩展导致的（章超，2014；Gomeza，2001；Li，2005；李战鲁，2006）。在较低的冲击荷载作用下，当产生的应力波穿过煤样内部的裂隙时，会使原生裂隙延伸、扩展，因产生新裂隙所需的能量较多，而冲击荷载较低时，其产生的能量不足以产生新的裂隙或新生裂隙发育不明显，此时会在裂隙尖端出现应力集中，会最先开裂，在应力波的作用下，裂隙会沿着尖端扩展，最终使煤样发生轴向劈裂破坏。平行层理方向煤样因其裂隙方向与冲击方向一致，煤样破坏会以拉应力为主，使煤样沿轴向方向开裂，如 VB - 2 煤样所示。当冲击荷载较大时，煤样在受力过程中会产生较大的惯性，这种惯性会对其侧向应变有一个约束，煤样原生裂隙闭合程度加大，煤样承载力变大。当煤样承受较高的冲击荷载作用时，由于剪切压力的存在，煤样内部会表现出很强的脆性且会产生一部分新生裂隙，这些新生裂隙在应力波的作用下会发生延伸以及贯通，煤样内部裂隙会不断增多，碎块尺寸不断减小，诸如煤样 VB - 5、PB - 5，其中 PB - 5 还要承受较大拉应力的作用，因此最终呈现出破碎状态。

对比图 9 - 19 ~ 图 9 - 21 中各煤样的破坏形态，发现在冲击强度相同时，平行层理方向煤样的轴向劈裂破坏更为严重，考虑其原因，主要是因为平行层理方向煤样具有较多的与轴向平行的原生裂隙。煤样产生破坏往往是由于其内部原生裂隙的扩展、延伸以及新生裂隙的产生、扩展及贯通所致，煤样破坏过程一般都是原生裂隙首先发生扩展、延伸，之后新生裂隙才会产生，因为新生裂隙的产生需要的能量较多，且要远远多于原生裂隙扩展所需的能量，当冲击荷载较小时，作用在煤样上的能量较少，煤样的破坏就会以原生裂隙的扩展、贯通为主，能使煤样破坏的就只有那些需要少量能量就能扩展的裂隙，而这种原生裂隙数目较少，所以破坏时，煤样会呈现出碎块尺寸大、数量少的状态，这时相对应的应力也比较小，从而使低应变率下煤样的抗压强度较低。当冲击荷载增大时，作用在煤上的荷载加大，有足够多的能量使煤内原生裂隙扩展、贯通，并产生很多新生裂隙，导致煤样破坏时，碎块尺寸变小且数量增多，破碎程度加大，煤样达到破坏时的临界应力值高，因此高应变率下煤样的抗压强度相应增大（刘少虹，2014）。

9.6　本章小结

（1）简要介绍了变截面 SHPB 试验装置，分析了 SHPB 测试中的影响因素，并提出了相应的解决方案。对 SHPB 试验中的两波法和三波法数据处理公式进行了推导和分析。

（2）对平行层理方向、45°角方向和垂直层理方向煤样进行静态压缩实验，发现垂直层理方向煤样抗压强度最大，其次是 45°角方向煤样的抗压强度，平行层理方向煤样的抗压强度最小，煤样抗压强度受层理影响显著。

（3）对不同方向煤样进行动态冲击实验，结果表明：①随着冲击强度的不断增大，应力越来越大，煤样脆性越显著，应力对冲击强度表现出较高的敏感性及正相关性；②当冲击强度相同时，平行层理方向煤样抗压强度最小，其次是 45°角方向煤样的抗压强度，垂直层理方向煤样应力最大，应力大小受煤样层理影响显著；③平行层理方向、45°角方向和垂直层理方向煤样的动态强度增长因子均随着冲击强度的增大而提高。

（4）对不同冲击荷载作用下煤样破坏形态进行研究分析，结果表明：冲击载荷较小时，煤样破坏程度较小，煤样会沿轴向方向进行开裂，大尺寸碎块多，而小尺寸碎块较少，煤样破裂以拉应力为主。随着冲击荷载的增大，煤样破坏程度加大，大尺寸碎块减少，而小尺寸碎块明显增多，由轴向劈裂破坏状态向压碎破坏状态转化，表现出较强的应变率效应。平行层理方向煤样因其裂隙方向与冲击方向一致，煤样破坏会以拉应力为主，冲击强度相同时，平行于煤体层理方向取芯的煤样轴向劈裂破坏现象更加明显。

10　结构异性煤层爆破致裂有效距离研究

　　煤层气（瓦斯）通常以吸附和游离两种状态吸附存于煤体中，是一种绿色能源，燃值高且燃烧后的排放物极少（杨陆武，1999；EPA，2018）。然而，煤层气也是煤矿井下一大威胁，不仅因为煤巷中积累的甲烷有可能引发瓦斯爆炸，而且煤层中甲烷含量高是煤与瓦斯突出灾害的充分条件之一（Fan et al. 2017；An et al. 2014；Black，2018；Wold et al，2008；Karacan et al，2011）。

　　为了解决煤矿瓦斯利用和瓦斯灾害防治的问题，煤层开采前的瓦斯预抽是一项非常重要的措施。在煤层开采前进行瓦斯预抽采，不仅可以从源头上解决煤矿瓦斯事故，降低事故率，为煤矿的安全生产提供保障，还能遏制 CH_4 气体向大气排放，为全球环境保护起到积极作用；同时可以利用抽取的甲烷气体，缓解我国能源紧张的局面，达到资源综合利用的目的（樊九林，2005；王兆丰，2005）。

　　然而，在大多数高瓦斯突出矿井中，煤层的渗透率都很低，如我国95%以上的煤层瓦斯渗透系数仅为 $0.004 \sim 0.04$ $m^2/(MPa^2 \cdot d)$，瓦斯抽采难度极大。此外，随着煤矿开采深度的增加，低瓦斯矿井逐渐被高瓦斯矿井取代，地质条件也越来越复杂。更糟糕的是，中国超过70%的煤矿具有极低的瓦斯渗透性（Zhao and Wang，2014），这使得直接瓦斯抽放（瓦斯控制的基本措施）极为困难。因此，传统的预抽方法无法解决这些问题，严重制约了煤矿的安全生产和煤矿瓦斯的开发利用。

　　因此，有必要采取有效措施提高煤层开采前的渗透性，以提高采气率。增加煤层透气性方法的本质是通过物理、化学等人工干预的方式，在局部强制改善煤层的孔隙及裂缝系统，提高煤层透气性，从而达到强化抽采瓦斯的目的（陈娟，2012）。煤层渗透性改善措施的研究和应用主要包括钻孔技术（大孔径钻井、密集钻井、交叉钻井）（Ridha，2017；Xu，2014）、深孔爆破技术（Chen，2017；Wang F T，2013；Wang S R，2013）、水力压裂（Zhai，2011）等，这些措施的应用取得了增产效果（Gao，2015；Deng，2016）。

　　目前应用最为广泛的是深孔爆破技术（Mohammadi，2012；Gong，2008），许多研究人员在煤矿对该技术进行了一系列的理论和实践研究，特别是在预裂爆破的扩展范围方面。对于坚硬煤层，深孔预裂爆破致裂技术是当前煤矿瓦斯抽取实践中较常用的增透技术，即利用炸药爆炸产生的应力波和爆生气体作用于煤体，使煤体产生径向和环向裂隙，从而增大了煤层的透气性（王汉军，2012；Ti，2018）。深孔爆破技术的实质就是在煤层底板下方 $10 \sim 20$ m 处掘出抽采瓦斯的专用通道，然后在煤层中相隔一定距离处打孔，对爆破孔进行装药，在煤层底板的保护作用下，引爆煤层中的爆破孔。为在爆破过程中控制爆破方向，补偿爆破裂缝空间，采用设置不装药的控制孔方式，以形成卸压槽（池鹏，2012）。曹树刚（2009）在爆破实验的基础上，对爆破孔周围煤体的细观结构变化进行分析，指出深孔控制预裂爆破的适宜孔距为 $10 \sim 12$ m。何晓东（2005）在淮南矿务局潘三矿应用了深孔控制预裂爆破技术，结果证明深孔控制预裂技术在预防煤与瓦斯突出、增大煤层渗透性、提高瓦斯抽采率上有着显著效果。

但是，几乎所有关于煤层预裂爆破的研究都假定煤层是均匀的、各向同性的，这导致破裂范围的形状是一个以炮孔为中心的圆（Xie，2017；Zheng，2015；Chen，2018）。然而，煤体是一种非均质性天然材料，含有大量的微观原始损伤。由于煤体内部存在微小孔洞、微裂隙和颗粒胶结物，加上节理、层理等弱结构面的影响，其物理力学性质具有极大的离散性。常见的抗压强度为 1 ~ 35 MPa，抗拉强度为 0.2 ~ 2.5 MPa，弹性模量为 3 ~ 10 GPa，泊松比为 0.14 ~ 0.3，纵波波速为 1500 ~ 2400 m/s，容重为 1.3 ~ 1.65 g/cm³（王生维，1996；李志刚，2000；齐庆新，2001；闫立宏，2002；吴基文，2003；颜志丰，2009；王赟，2016；胡松，2017），这些性能的差异导致煤体具有各向异性的力学特征（Liu，2013；Song，2018；Agostini，2014；Jiang，2018；Kang，2014；Guo，2018；Cui，2015）。当在煤层中进行预裂爆破时，不同方向的拉伸强度和压缩强度的差异将导致不同的爆破致裂距离（Xie，2017）。因此，应考虑煤体各向异性的力学性能，对爆破孔和抽采孔的布置进行优化。本章首先从理论上推导了预裂爆破半径，然后对煤层的力学参数和有效爆破致裂距离进行了试验研究。最后，对煤层爆破孔布置进行了设计。

10.1 深孔爆破致裂基本理论

10.1.1 深孔爆破荷载

在钻孔中，柱状药包耦合装药，爆炸后的冲击施加于煤体上。炸药爆轰压 p_0（MPa）和透射入煤体中的初始冲击波压力 p（MPa）可采用声学近似理论得到（王文龙，1984；杨永琦，1991；Davis，1995；戴俊，2001）：

$$p = \frac{2\rho_c v_c}{\rho_c v_c + \rho_e v_d} p_0 \tag{10-1}$$

$$p_0 = \frac{1}{1+\gamma} \rho_e v_d^2 \tag{10-2}$$

式中，ρ_c 和 ρ_e 分别为煤体和炸药密度，kg/m³；v_c 和 v_d 分别为煤体中声速和炸药爆速，m/s；γ 为爆轰产物的膨胀绝热指数，在此取 3。

由于透射入煤体中的冲击波向外传播而不断衰减，变为应力波。冲击波或应力波在煤体中任一位置 r 所引起的径向应力 σ_r（MPa）和切向应力 σ_θ（MPa）分别为

$$\sigma_r = p \left(\frac{r}{r_b} \right)^{-\alpha} \tag{10-3}$$

$$\sigma_\theta = -b\sigma_r \tag{10-4}$$

式中，r 为任一点到药包中心的距离，m；r_b 为炮孔半径，m。侧压系数 b 和冲击波/应力波传播衰减指数 α 分别表示为

$$b = \frac{\mu_d}{1-\mu_d} \tag{10-5}$$

$$\alpha = 2 \pm b \tag{10-6}$$

式中，μ_d 为煤体的动泊松比，在工程中，一般认为 $\mu_d = 0.8\mu$，μ 为煤体的静态泊松比。"$\pm$"分别对应冲击波区和应力波区。

10.1.2 煤体应力状态及破坏准则

在实际工程中，煤体一般呈三向应力状态。煤体中任一点的应力状态 σ_i 可表示为（戴俊，2014）

$$\sigma_i = \frac{1}{\sqrt{2}} \left[(\sigma_r - \sigma_\theta)^2 + (\sigma_\theta - \sigma_z)^2 (\sigma_z - \sigma_r)^2 \right]^{\frac{1}{2}} \qquad (10-7)$$

式中，σ_z 为轴向应力，MPa。

若将煤体爆破致裂看成沿径向变化的平面应变问题，则有

$$\sigma_z = \mu_d(\sigma_r + \sigma_\theta) = \mu_d(1-b)\sigma_r \qquad (10-8)$$

将式（10-8）代入式（10-7），整理得

$$\sigma_i = \frac{1}{\sqrt{2}}\sigma_r \left[(1+b)^2 - 2\mu_d(1-b)^2(1-\mu_d) + (1+b^2) \right]^{\frac{1}{2}} \qquad (10-9)$$

煤体在爆破致裂时，爆破孔附近的煤体受冲击波作用（受压）产生破碎区，较远处受应力波作用（受拉）产生裂隙区。

根据 Mises 准则，在压碎区，如果煤体所处的应力状态 σ_i 满足下式，则岩石破坏：

$$\sigma_i \geqslant \sigma_{cd} \qquad (10-10)$$

式中，σ_{cd} 为煤的动态抗压强度，MPa。

在压碎圈的边界处，煤体内的等效应力强度 σ_i 降至煤的单轴动态抗拉强度 σ_{cd}。

在冲击荷载作用下，不同的煤体有着不同的反应。通常来说，煤体的动态抗压强度将随着加载应变率的增大而增大。研究表明，煤体动态抗压强度与静态抗压强度之间的关系可近似用式（10-11）表示（李夕兵，1995；Shen，2008；Yavuz，2013）：

$$\sigma_{cd} = \sigma_c \sqrt[3]{\dot{\varepsilon}} \qquad (10-11)$$

式中，σ_c 为煤体单轴静态抗压强度，MPa；$\dot{\varepsilon}$ 为加载应变率，s^{-1}，工程爆破中，加载率 $\dot{\varepsilon}$ 取 $10^0 \sim 10^5 \ s^{-1}$，在压缩圈 $\dot{\varepsilon}$ 较高，$\dot{\varepsilon} = 10^2 \sim 10^4 \ s^{-1}$，压缩圈之外 $\dot{\varepsilon}$ 降低，$\dot{\varepsilon} = 10^0 \sim 10^3 \ s^{-1}$。

而在裂隙区中，煤体的主要破坏形式为切向拉伸破坏，由 Mises 准则可知：

$$\sigma_i \geqslant \sigma_{td} \qquad (10-12)$$

式中，σ_{td} 为煤体的单轴动态抗拉强度，MPa。煤体的动态抗拉强度随加载应变率变化很小，即 $\sigma_{td} = \sigma_t$，因此在工程应用中一般采用式（10-13）表示应力波对煤体的致裂：

$$\sigma_i \geqslant \sigma_t \qquad (10-13)$$

式中，σ_t 为煤体单轴静态抗拉强度，MPa。

煤体属脆性材料，由于煤体的单轴抗拉强度远小于抗压强度，一般为单轴抗压强度的 1/3 至 1/10，所以即使在距爆破发生点较远处，在应力波的影响下，煤体依然会发生破坏。

10.1.3 致裂半径

炸药爆破后，炮孔周围的煤体受冲击波作用被压碎，形成破碎区。由式（10-1）~

式（10-3）、式（10-9）和式（10-10）整理可得破碎区半径为

$$R_c = \left(\frac{AB}{\sqrt{2}\,\sigma_{cd}} \right)^{1/\alpha} r_b \qquad (10-14)$$

式中，$A = \frac{2\rho_c v_c}{\rho_c v_c + \rho_e v_d} \frac{\rho_e v_d^2}{1+\gamma}$，$B = \left[(1+b)^2 + (1+b^2) - 2\mu_d(1-\mu_d)(1-b)^2 \right]^{\frac{1}{2}}$，$\alpha = 2+b$。

在压碎区之外即为裂隙区。在两者的分界面上，根据式（10-9）和式（10-10）煤体上的径向应力 σ_R 可表示为

$$\sigma_R = \sigma_r \big|_{r=R_c} \frac{\sqrt{2}\,\sigma_{cd}}{B} \qquad (10-15)$$

在煤体破碎区之外，冲击波以应力波的形式继续向外传播，为了与冲击波衰减指数区别，在此采用 β 表示衰减指数，$\beta = 2-b$。则由式（10-1）~式（10-3）、式（10-9）和式（10-13）整理得到爆破裂隙区半径：

$$R_F = \left(\frac{\sigma_R B}{\sqrt{2}\,\sigma_{td}} \right)^{1/\beta} R_c \qquad (10-16)$$

将式（10-14）、式（10-15）代入式（10-16），得到爆破致裂区半径：

$$R_F = \left(\frac{\sigma_{cd}}{\sigma_{td}} \right)^{1/\beta} \left(\frac{AB}{\sqrt{2}\,\sigma_{cd}} \right)^{1/\alpha} r_b \qquad (10-17)$$

10.2 结构异性煤层爆破致裂半径计算分析

10.2.1 力学参数测试结果与分析

1. 煤样制备

煤是一种复杂的多孔介质，由煤基质、孔隙和裂隙组成。由于煤的物质组成、粒度、胶结物和构造的差异，经过长时间的地质时代，煤层具有明显的层理特征。层理是煤层盆地最广泛的构造，煤层平面具有明显的层次性，与煤的发育有关（Laubach，1998；Li，2012；Zhao，2014）。一些割理沿垂直层理面方向发育，割理大致平行，分布不连续（图10-1）。在煤中有两组近似垂直的割理，根据它们的形状和相交关系分别称为面割理和端割理（Wang，2013；Li，2012；Zhao，2014）。面理面和端割理破坏了煤体的连续性和完整性，对不同方向的力学性质有决定性影响（Zhao，2014）。

煤样力学参数测试所用的原煤取自焦作九里山矿二$_1$ 煤层，煤体硬度大，坚固性系数大（$f=1.34$），煤中层理面明显，且存在天然端割理和面割理，如图10-1所示。由于煤体的结构异性特征，导致不同方向煤体的力学性能存在较大差异。如图10-2a所示，分别沿层理方向（X 方向）、与 X 成30°、45°、60°方向以及垂直层理方向（Z 方向）取芯（图10-2c），而后对加工处理后的煤样（图10-2b）进行抗拉、抗压强度测试。抗压、抗拉煤样尺寸分别为 $\phi 50 \times 100$ mm 和 $\phi 50 \times 30$ mm，不同方向煤样编号见表10-1。其中，编号中"cs"和"ts"分别表示抗压强度和抗拉强度试件。

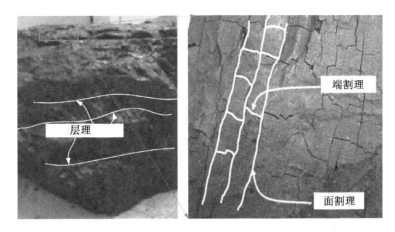

图 10 - 1   煤样层理和割理特征

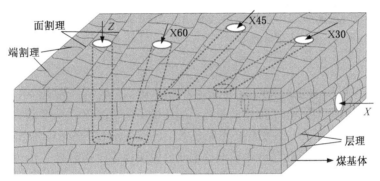

(a) 取芯方向

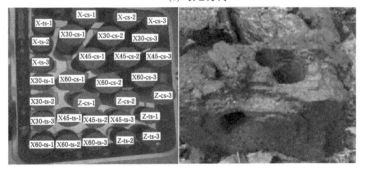

(b) 试件   (c) 取芯后煤基体

图 10 - 2   试样制备

表 10 - 1   试 件 编 号

抗压强度测试	抗拉强度测试	抗压强度测试	抗拉强度测试
X - cs - 1、2、3	X - ts - 1、2、3	X60 - cs - 1、2、3	X60 - ts - 1、2、3
X30 - cs - 1、2、3	X30 - ts - 1、2、3	Z - cs - 1、2、3	Z - ts - 1、2、3
X45 - cs - 1、2、3	X45 - ts - 1、2、3		

2. 力学性能测试结果与分析

采用电子万能试验机进行单轴压缩试验和巴西劈裂试验（拉伸试验），如图 10 - 3 所示。在单轴压缩试验中，用千分表测量煤样的径向变化。试验前，用游标卡尺在 5 个不同的位置对每个煤样的直径和长度进行 5 次测量。每种煤样应至少进行三次试验（有备用煤样）。试验加载速度为 0.2 kN/s。

(a) 抗压强度测试   (b) 抗拉强度测试

图 10 - 3   力学测试

煤样在荷载作用下的变形曲线如图 10 - 4 和图 10 - 5 所示。图 10 - 4 为单轴压缩试验，图 10 - 5 为巴西劈裂试验（拉伸试验）。由图 10 - 4 和图 10 - 5 可以看出，在加载初期，受力较小，但变形较大，说明煤体重新压实。随着变形量的减小，加载力急剧增大至最大值，但达到最大值后加载力迅速减小，这充分说明煤样已被破坏，也说明煤是脆性材料。根据实测数据，计算得到泊松比、抗压强度和抗张强度（表 10 - 2）。从表 10 - 2 可以看出，压缩强度和拉伸强度在 Z 方向最大，在 X 方向最小。此外，随着取芯方向与 X 方向夹角的减小，抗压强度和拉伸强度逐渐减小。同时，同一方向的抗压强度是拉伸强度的 13 倍以上，煤的泊松比约为 0.3。

表 10 - 2   抗压强度和抗拉强度测试结果

编号	抗压强度/MPa	均值/MPa	泊松比	均值	编号	抗拉强度/MPa	均值/MPa
Z - cs - 1	23.21		0.316		Z - ts - 1	1.96	
Z - cs - 2	21.29	22.78	0.332	0.32	Z - ts - 2	1.695	1.715
Z - cs - 3	23.86		0.312		Z - ts - 3	1.495	
X60 - cs - 1	17.66		0.287		X60 - ts - 1	1.3	
X60 - cs - 2	16.55	17.36	0.274	0.291	X60 - ts - 2	1.145	1.305
X60 - cs - 3	17.87628		0.312		X60 - ts - 3	1.475	
X45 - cs - 1	13.53		0.272		X45 - ts - 1	0.96	
X45 - cs - 2	12.95	13.13	0.321	0.282	X45 - ts - 2	0.85	0.975
X45 - cs - 3	12.92		0.253		X45 - ts - 3	1.12	
X30 - cs - 1	10.43		0.292		X30 - ts - 1	0.87	
X30 - cs - 2	8.99	9.55	0.262	0.278	X30 - ts - 2	0.555	0.71
X30 - cs - 3	9.22		0.28		X30 - ts - 3	0.71	

表 10 - 2(续)

编号	抗压强度/MPa	均值/MPa	泊松比	均值	编号	抗拉强度/MPa	均值/MPa
X - cs - 1	7.40		0.303		X - ts - 1	0.465	
X - cs - 2	6.49	7.35	0.311	0.302	X - ts - 2	0.555	0.475
X - cs - 3	8.17		0.292		X - ts - 3	0.41	

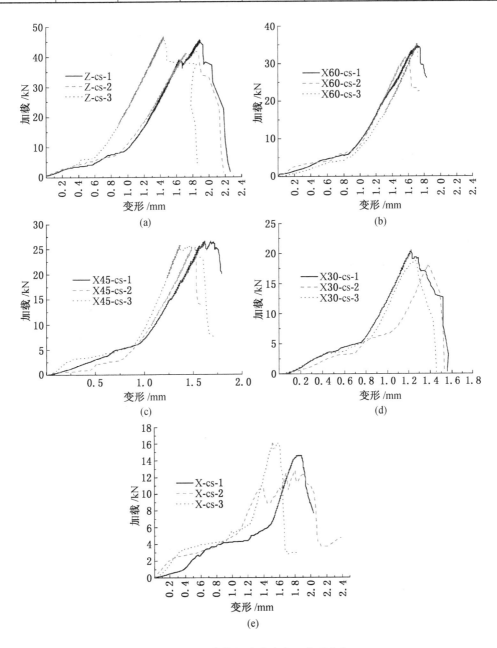

图 10 - 4 单轴压缩试验力 - 变形曲线

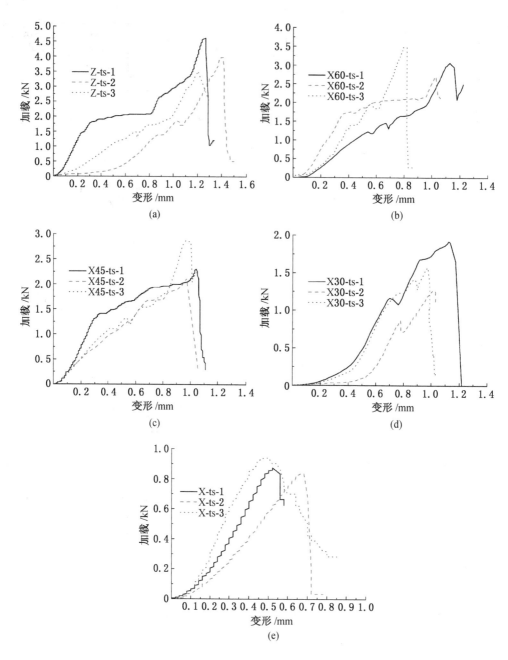

图 10-5　巴西劈裂试验力-变形曲线

10.2.2　致裂距离计算结果与分析

爆炸性能参数值如下：密度 1130 kg/m³，爆速 3500 m/s，煤体声速 2200 m/s（Wu，2005）。炮孔半径 45 mm，煤密度 1450 kg/m³。

根据取芯方向（图 10-2a），建立了一个简单的煤层爆破破裂模型，如图 10-6 所示。然后将抗压强度和抗拉强度等参数代入式（10 – 14）和式（10 – 17），计算出煤层不同方向破碎区和致裂区的距离（表 10 – 3）。

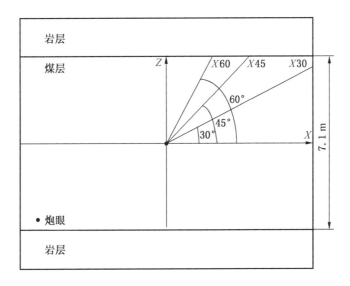

图 10 – 6 爆破致裂计算模型

表 10 – 3 破碎区和致裂区的有效距离

方向	σ_c/MPa	σ_t/MPa	R_C/r_b	R_F/r_b	R_C/m	R_F/m
Z	22.78	1.715	3.908	55.518	0.176	2.615
$X60$	17.36	1.305	4.404	62.096	0.198	2.794
$X45$	13.13	0.975	4.997	69.643	0.225	3.134
$X30$	9.55	0.71	5.757	79.522	0.259	3.578
X	7.35	0.475	6.346	100.25	0.286	4.511

由表 10 – 3 可以看出，由于煤体在不同方向的力学性能差异，破碎区和致裂区的有效距离随着抗压强度和抗拉强度的降低而增加。如图 10 – 7a 所示，在 XZ 直角坐标系中，破碎区和致裂区（四分之一）如 10 – 7b 所示。从图 10 – 7 可以看出，与 X 方向夹角越小，抗压强度和抗拉强度越小，但破碎区和致裂区有效距离越大。如 Z、$X45$、X 方向破碎区有效距离分别为 0.176 m、0.225 m、0.286 m；Z、$X45$、X 方向致裂区有效距离分别为 2.615 m、3.134 m、4.511 m，说明爆破时煤在不同方向的致裂区有效距离有明显差异。X 方向的有效致裂距离约为 Z 方向的 1.7 倍，X 方向的破碎区有效距离约为 Z 方向的 1.6 倍。而且煤层破碎区有效距离为装药半径的 3.5 ~ 7 倍，有效致裂距离为装药半径的 50 ~ 100 倍。

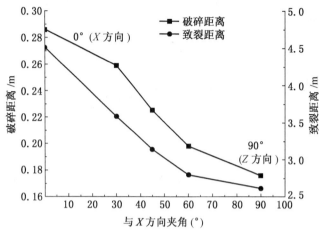

(a) 不同方向有效破碎和致裂距离

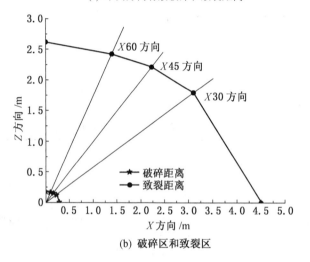

(b) 破碎区和致裂区

图10-7　煤层爆破破碎和致裂距离

10.3　煤层爆破致裂有效距离测试

在设计煤层炮孔布置方案之前，需要研究计算结果的正确性。因此，在焦作市九里山煤矿二₁煤层16采区进行了现场试验。

10.3.1　爆破致裂增透试验设计

河南九里山矿属于严重的煤与瓦斯突出矿井，16采区东翼上部二₁煤层坚硬，坚固性系数大（$f = 1.34$），顶、底板为粉砂层，较致密。煤层厚度在 $6.1 \sim 8.1$ m，平均厚度7.1 m，采用深孔爆破致裂抽采瓦斯。为了考察不同方向爆破致裂效果，设计了如图10-8所示的炮孔和瓦斯抽放孔。1~5号孔平行层理方向，1′~5′号孔垂直层理方向。

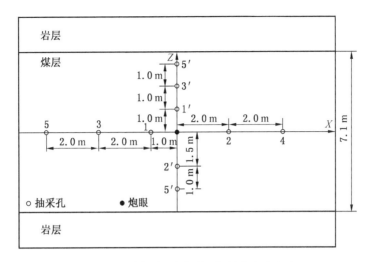

图 10-8 煤层爆破致裂瓦斯抽放布孔方式

10.3.2 致裂效果测试与分析

爆破前，继续抽气 19 d，测量并记录各抽气孔的甲烷浓度和甲烷纯量，得出各抽气孔 19 d 的平均值。爆破后，继续测量和记录每个瓦斯抽放孔的甲烷浓度和甲烷纯量，直到第 51 d。以 2 号、2′号瓦斯抽放孔为例，记录甲烷浓度（日平均值）和甲烷纯量（日平均值），如图 10-9 所示。

由图 10-9 可知，爆破前甲烷浓度和甲烷纯量均小于爆破后。爆破致裂前 19 d 中，2 号孔瓦斯抽采浓度平均值为 40.46%，抽采纯量平均值为 0.0476 m³/min。致裂后瓦斯抽采浓度为 59.16%，为致裂前的 1.46 倍；抽采纯量平均值为 0.0876 m³/min，为致裂前的 1.84 倍，变化较为明显。爆破致裂前 19 d 中，2′号孔瓦斯抽采浓度平均值为 31.35%，抽采纯量平均值为 0.0515 m³/min。致裂后瓦斯抽采浓度为 54.5%，为致裂前的 1.74 倍；抽采纯量平均值为 0.1005 m³/min，为致裂前的 1.95 倍。

采用与图 10-9 相同的方法，对于每个瓦斯抽放孔，可以得到甲烷浓度和甲烷纯量的平均值（表 10-4），因此很容易得到爆破前后瓦斯抽采浓度平均值以及纯量平均值变化情况。

表 10-4 爆破致裂孔致裂效果

方位	孔编号	平均瓦斯抽采浓度			平均瓦斯纯量		
		爆破前/%	爆破后/%	比率	爆破前/(m³·min⁻¹)	爆破后/(m³·min⁻¹)	比率
X	1	41.44	75.04	1.81	0.0513	0.1142	2.23
	2	40.46	59.16	1.46	0.0476	0.0876	1.84
	3	38.51	48.29	1.25	0.0508	0.0707	1.39
	4	38.03	39.08	1.03	0.0488	0.0525	1.08
	5	33.53	30.03	0.89	0.0415	0.0377	0.91
Z	1′	38.9	70.38	1.89	0.0448	0.0955	2.13
	2′	31.35	54.5	1.74	0.0515	0.1005	1.95
	3′	33.08	48.13	1.45	0.046	0.077	1.67
	4′	32.23	36.37	1.13	0.0467	0.0522	1.12
	5′	22.28	19.98	0.90	0.0327	0.0303	0.93

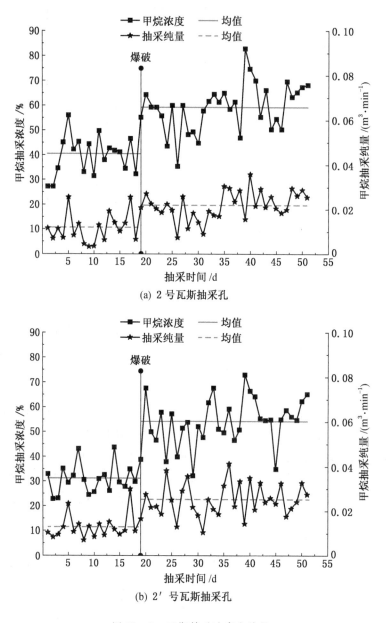

(a) 2 号瓦斯抽采孔

(b) 2′ 号瓦斯抽采孔

图 10 - 9　瓦斯抽采浓度和纯量

　　由表 10 - 4 绘制瓦斯抽采量变化与抽采孔距致裂孔距离关系图（图 10 - 10）。

　　由图 10 - 10 可以看出，与爆破前相比，距离爆破孔较近的抽采孔内，瓦斯抽采浓度和瓦斯纯量在不同程度上均有明显的提高，而且距离爆破孔越近，瓦斯抽采浓度、瓦斯纯量在致裂前后变化越明显，这说明爆破在此范围内改变了煤层结构，使瓦斯抽采量得到提高，提高了抽采率。但是，不同方向上（X 和 Z）爆破影响的范围却存在一定差别（与爆破前相比，瓦斯抽采浓度以及瓦斯纯量相对比值大于 1 时，认为受爆破致裂影响），如图 10 - 10 所示，在 X 方向，与爆破前相比，瓦斯抽采浓度以及瓦斯纯量相对比值都大于 1

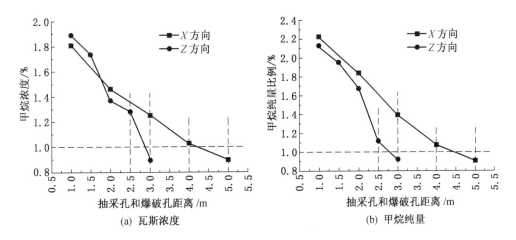

图 10-10　爆破后与爆破前瓦斯浓度比值与甲烷纯量比值

时的距离在 4.0~5.0 m；在 Z 方向，与爆破前相比，瓦斯抽采浓度以及瓦斯纯量相对比值都大于 1 时的距离在 2.5~3.0 m。这是因为煤体的结构异性，导致其不同方向上的抗拉、抗压强度存在较大差别，进而爆破致裂距离也有所不同。

10.4　煤层爆破孔设计

为了设计一个采区的爆破孔布置方案，必须合理地解决爆破孔总数（成本）最小化和爆破致裂区最大化这一矛盾，以提高煤炭生产的瓦斯抽放效率。如前所述，爆破孔数量越多，爆破孔间距越小，爆破致裂效果越好，瓦斯抽放效率越高，但爆破成本也比较高。若炮孔数量较少，往往不能达到较好的致裂效果，进而造成瓦斯抽采时间长，采煤效率低，最终导致采矿效益低。因此，只有获得有效的爆破致裂区，才可以平衡钻孔爆破成本和瓦斯抽采时间的效益关系，从而设计合理的爆破孔布置，达到最佳的爆破致裂效果。

假设煤体破碎区和致裂区与 X 轴和 Z 轴对称（图 10-6 和图 10-8），则图 10-7b 所示不同方向的破碎和致裂距离可变为图 10-11 所示。从图 10-11 可以看出，爆破破碎区和致裂区近似椭圆，而不是用常规各向同性模型计算的圆形。

当致裂区可视为椭圆时，X 和 Z 方向的致裂最大距离分别用 r_1 和 r_s 表示，分别视为椭圆的长轴和短轴，则任意方向到爆破孔中心的有效致裂距离（x，z）如式（10-18）所示：

$$\frac{x^2}{r_1^2} + \frac{z^2}{r_s^2} = 1 \qquad (10-18)$$

为了验证爆破致裂区是椭圆形状的这一现象，采用方程（10-18）拟合图 10-11 所示的模拟结果。很明显，所提出的模型与模拟结果基本一致。进而表明各向异性煤层中爆破的有效致裂区是一个椭圆。

为了充分消除煤层的突出危险，必须通过合理的爆破孔布置，消除各爆破孔之间爆破时未致裂的区域，实现有效的瓦斯抽采。这意味着爆破的裂缝区域必须完全覆盖煤层。如果煤层中的局部区域不在爆破的有效致裂区，渗透性很低，在瓦斯预排时间内很难判断该

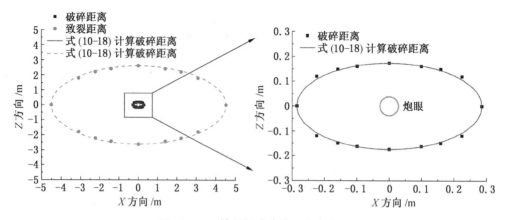

图 10 - 11　煤层爆破破碎区和致裂区

区域是否存在突出危险。因此，对于特定的采煤面，该问题可以简化为以下数学问题：如何使用最小数目的相同椭圆来完全覆盖矩形面区域。考虑到问题的对称性，简化图如图 10 - 12 所示。

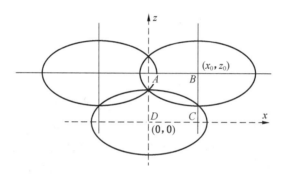

图 10 - 12　爆破孔布置示意图

假设第一个爆破孔的坐标为（0，0），爆破孔的有效致裂面积为椭圆，其长轴（r_1）和短轴（r_s）如图 10 - 12 所示。最近的一个爆破孔位于（x_0，z_0）。为了获得最佳的爆破孔布置，处在（0，0）与（x_0，z_0）之间的爆破孔有效致裂面积（$ABCD$）必须最大，这意味着 x_0z_0 的乘积必须最大。为了满足这个条件，点（0，r_s）必须在椭圆上，而且 $\frac{(x-x_0)^2}{r_1^2}+\frac{(z-z_0)^2}{r_s^2}=1,0<x_0<r_1,r_s<z_0<2r_s$。该条件可改写为方程：

$$\frac{x_0^2}{r_1^2}+\frac{(r_s-z_0)^2}{r_s^2}=1 \tag{10-19}$$

当 $ABCD$ 面积最大时，x_0z_0 的乘积必须最大，即（x_0z_0）^{2} 的值最大。则（x_0z_0）^{2} 项可用以下方程表示：

$$(x_0z_0)^2=r_1^2\Big[1-\frac{(r_s-z_0)^2}{r_s^2}\Big]z_0^2=\frac{r_1^2}{r_s^2}\big[r_s^2-(r_s-z_0)^2\big]z_0^2=\frac{r_1^2}{r_s^2}[2r_s-z_0]z_0^3 \tag{10-20}$$

从表 10 - 3 可知，$r_1=4.511$ m，$r_s=2.615$ m。将 $r_1=4.511$ m 和 $r_s=2.615$ m 代入方程（10 - 20），采用最小二乘法，用不同的 z_0 值计算可得到（x_0z_0）^{2}，当 $z_0=3.9225$ m 时，

$(x_0 z_0)^2$ 的值最大。由方程（10 – 19）可计算得到 $x_0 = 3.9066$ m。为了便于工程设计，x_0 和 z_0 的值分别确定为 4.0 m 和 4.0 m。

九里山煤矿二$_1$ 煤层 16 采区在开采过程中，回采工作面存在瓦斯超限现象。由于瓦斯抽采效果差，不能达到消除突出的目的，因此需要采用爆破方法提高煤层瓦斯渗透率。选取一个二维工作面（7.1 m × 50 m，煤厚 7.1 m，煤面长度 50 m），设计瓦斯抽放孔和爆破孔的布置，与本章爆破方法配套使用（这里称为新方法），另一个与常规方法配套使用。如前所述，为确保提高采气效果，消除煤层瓦斯突出风险，必须用爆破孔对煤面区域进行完全致裂。图 10 – 13a 所示为采用新方法对矿区爆破孔及瓦斯抽放孔布置。在这种情况下，整个煤面被每个爆破孔的致裂区域完全覆盖，煤面内的爆破孔之间没有未致裂的区域。图 10 – 13b 所示为采用常规方法对同一尺寸的煤面爆破孔和瓦斯抽放孔布置，裂纹面积为半径为 4.0 m 的圆，在这两个相同煤面（7.1 m × 50 m）中，爆破孔和瓦斯抽放孔的布置方式见表 10 – 5，两种方法具有相同的瓦斯抽采孔布置方式（瓦斯抽放孔数 38 个）。

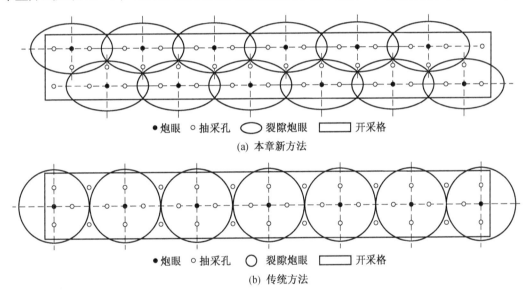

（a）本章新方法

（b）传统方法

图 10 – 13 煤面爆破孔布置

表 10 – 5 爆破孔 – 抽采空布置参数

参数	爆破孔	抽采孔	参数	爆破孔	抽采孔
孔径/mm	90	94	炸药量/kg	38.5	—
孔深/m	60	65	抽采负压/kPa	—	18.4
密封长度/m	10	12			

为了研究预裂爆破对改善瓦斯抽放效果的影响，在爆破前后对这两个区域进行了连续 60 d 以上的瓦斯浓度和瓦斯抽采量的观测。对测得的数据进行整理，将两种布孔方法的深孔预裂爆破前后瓦斯抽放效果进行对比，如图 10 – 14 所示。由图 10 – 14 可以看出，在深

孔预裂爆破前，这两种方法的瓦斯浓度和瓦斯抽采量是一致的。如常规法和新方法甲烷浓度均值分别为 62.85% 和 63.82%，瓦斯抽采总量均值分别为 954.97 m³/d 和 1012.18 m³/d。在瓦斯抽采的第 34 d，进行深孔预裂爆破。爆破后，瓦斯抽采的瓦斯浓度、总瓦斯量和纯瓦斯量均迅速增加，并在随后的一段时间内趋于稳定。然而，与传统的爆破孔布置方法相比，采用新方法爆破孔布置的爆破后瓦斯抽放的瓦斯浓度、总瓦斯抽放量和纯瓦斯抽放量均显著增加。如新方法爆破孔布置爆破后的瓦斯浓度、总瓦斯抽放量和纯瓦斯抽放量平均值分别为 79.14%、2151.96 m³/d 和 1736.52 m³/d，分别是传统方法爆破孔布置爆破后瓦斯浓度、总瓦斯抽放量和纯瓦斯抽放量（74.59%、1586.3 m³/d 和 1189.57 m³/d）的 1.06、1.36 和 1.46 倍。因此，新的炮孔布置方法对瓦斯抽放具有显著影响，有必要考虑深孔预裂爆破瓦斯抽放煤层的各向异性。

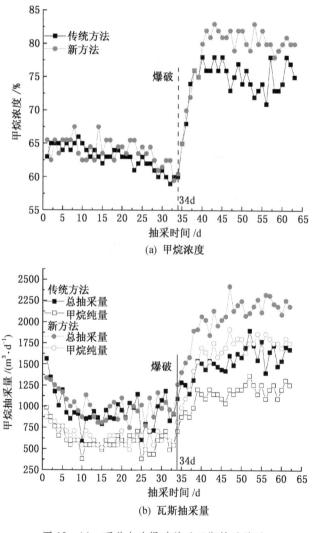

图 10-14　两种方法爆破前后瓦斯抽采效果

10.5　本章小结

深孔预裂爆破技术广泛应用于低渗透、高瓦斯煤层的瓦斯抽放，爆破有效致裂距离是布置爆破孔的关键。考虑到煤层结构异性特征，通过拉伸和压缩试验，得到了不同取芯方向煤样的力学参数。根据不同方向的爆破致裂距离，设计并应用了结构异性煤层爆破孔布置的新方法，并对井下瓦斯抽放效果进行了现场考察。

（1）从平行层理方向到垂直层理方向，抗压强度和抗拉强度均增大，抗压强度约为同一方向抗拉强度的 13 倍。

（2）随着抗拉强度的降低，不同方向的爆破致裂距离增大，平行层理方向的爆破致裂距离远大于垂直层理方向的爆破致裂距离。

（3）平行和垂直层理方向爆破致裂距离的计算结果分别为 2.615 m 和 4.511 m，与平行层理方向 2.5~3.0 m、垂直层理方向 4.0~5.0 m 的测量结果基本一致。

（4）根据不同方向爆破致裂距离的计算结果，可以近似地将爆破致裂区按椭圆处理。

（5）爆破后，新方法布置的爆破孔在爆破致裂后极大提高了瓦斯浓度和瓦斯抽采量。新方法爆破后瓦斯抽采甲烷纯量约为传统方法爆破后的 1.46 倍。

参 考 文 献

[1] 毕建军，苏现波，韩德馨，等．煤层割理与煤级的关系［J］．煤炭学报，2001，26(4)：346－349.

[2] 樊明珠，王树华．煤层气勘探开发中的割理研究［J］．煤田地质与勘探，1997，1：29－32.

[3] 郭亚静，巩红林，陈亮．铁法矿区主要煤层割理的发育特征［J］．煤炭技术，2010，29(4)：150－151.

[4] 胡斌，杨连超，胡磊，等．山西陵川地区上石炭统—下二叠统太原组 15#煤层成煤环境分析［J］．中国煤炭地质，2015，25(2)：4－11.

[5] 贾建称，张泓，贾茜，等．煤储层割理系统研究［J］：现状与展望．天然气地球科学，2015，26(9)：1621－1628.

[6] 刘洪林，王红岩，张建博．煤储层割理评价方法［J］．天然气工业，2000，20(4)：27－29.

[7] 吕志发，张新民，钟铃文，等．块煤的孔隙特征及其影响因素［J］．中国矿业大学学报，1991，20(3)：45－53.

[8] 钱凯，赵庆波，等．煤层甲烷勘探开发理论［M］．北京：石油工业出版社，1995.

[9] 苏现波，陈江峰，孙俊民，等．煤层气地质学与勘探开发［M］．北京：科学出版社，2001.

[10] 苏现波，冯艳丽，陈江峰．煤中裂隙的分类［J］．煤田地质与勘探，2002，30(4)：21－24.

[11] 唐鹏程，郭平，杨素云，等．煤层气成藏机理研究［J］．中国矿业，2009，18(2)：94－97.

[12] 王荣魁，崔洪庆．煤层割理及其在瓦斯采前抽采区块划分中的意义［C］．2012 年全国瓦斯地质学术年会论文集，2012.

[13] 杨青雄，王生维，刘旺博，等．晋城寺河矿东区 3#煤储层流体压力特征研究［J］．天然气地球科学，2011，22(2)：361－366

[14] 张建博，王红岩．山西沁水盆地有利区预测［O］．徐州：中国矿业大学出版社，1999.

[15] 张胜利，李宝芳．煤层割理的形成机理及在煤层气勘探开发评价中的意义［J］．中国煤田地质，1996，8(1)：72－77.

[16] 张彦平．国外煤层甲烷开发技术译文集［M］．北京：石油工业出版社，1996.

[17] Ammosov I I, Eremin I V. Fracturing in Coal［C］. Moscow: HZDAT Publishers, Office of Technical Services, Washington, DC, 1963: 1－109.

[18] Bogdanov A A. The dependence of the intensity of the cleav－age on the thickness of the layer［J］. Geological Society of A－mericaBulletin, 1947, 16: 125－136.

[19] Close J, Mavor M. Influence of coal composition and rank on fracture development in fruitland coal gas reservoirs of the SanJuan Basin［C］//Schwochow S D, Murray D K, Fahy M F. Coalbed Methane of Western North America. Rk. Mt. Assoc. Geol, 1991: 210－230.

[20] Close J. Natural fractures incoal［C］//Law B E, Rise D D. Hydrocarbons from Coal. AAPG Studies in Geology, 1993, 38: 19－132.

[21] Djahanguiri F, Stagg M S, Otterbness R E, et al. Rock fragmentation results for a simulated underground leaching stope［C］//Nelson P P, Laubach S E. Proc. 1st North Am. Rock Mechanics Symp. Balkema, Rotterdam, 1994: 293－300.

[22] Dron R W. Notes on cleat in the Scottish coalield［J］. Trans－action of American Institute of Mining, Metallurgical and Petroleum Engineers, 1925, 70: 115－117.

[23] Gamson P D, Beamish B B, Johnson D P. Coal microstructure and micropermeability and their effects on natural gas recovery［J］. Fuel, 1993, 72(1): 87－99.

[24] Grout M A. Cleats in coalbeds of southern Piceance Basin, Colorado－correlation with regional and local

fracture sets in associated clastic rocks [C] // Schwochow S, Murray D K, Fahy M F. Coalbed methane of Western North America. Rk. Mt. AssicGeol, 1991: 35 - 47.

[25] Kulander B R, Dean S L. Coal cleat domains and domain boundaries in the Allegheny Plateau of West Virginia [J]. AAPG Bulletin, 1993, 77(3): 1374 - 1388.

[26] Law B E. The relation between coal rank and cleat spacing: Implications for the prediction of permeability in coal [C] // Proceedings of International Coalbed Methane Symposium, 1993, 2: 435 - 442.

[27] Laubach S E, Marrett R A, Olson J E, et al. Characteristics and origin of coal cleat: A review [J]. International Journal of Coal Geology, 1998, 35(1/2): 175 - 207.

[28] Levine J R. Model study of the influence of matrix shrinkage on absolute Pemreability of coal bed reservoir [A]. In: Coalbed Mehtane and Coal Geology [C]. Edited by R. Gayer, Iharris. Geological Society Special Publication, 1996, 197 - 212.

[29] McCulloch C M, Deul M, JeranP W. Cleat in bituminous coal beds [C] //United States Bureau of Mines report of investigations, No8092, 7910, 1974: 22 - 37.

[30] Pollard D D, Aydin A. Progress in understanding jointing over the past century [J]. Geological Society of America Bulletin, 1988, 100(8): 1181 - 1204.

[31] Rice D D, Clayton J L, Pawlewicz M J. Characterization of coal derived hydrocarbons and source rock potential of coal beds, San Juan Basin, New Mexico and Colorado, USA [J]. International Journal of coal geology, 1989, 13(1 - 4): 597 - 626.

[32] Spears D A, Gaswell S A. Minenl matter in coals: Cleat minenl and their origin in some coal from the English Midlands [J]. Inter - national Journalof coal geology, 1986, 6(2): 107 - 125.

[33] Ting F T C. Origin and spacing of cleats in coal beds [J]. Pressure Vessel Technology, Trans ASEM, 1977, 99: 624 - 626.

[34] Su Xianbo. The characteristics and origins of cleat in coal from Westem North China [J]. International Journal of Coal Geology, 2001, 47: 51 - 62.

[35] Tremain C M, Laubach S E, Whitehead N H. Coal fracture studies: Guides for coalbed methane exploration and development [J]. Journal of Coal Quality, 1991, 10(3): 81 - 88.

[36] Tremain C M, Laubach S E, Whitehead N II. Coal fracture(cleat) pattern in Upper Cretaceous Fruitland Formation, San Juan Basin, Colorado and New Mexico: Implication for exploration and development [C] //Schwochow S, Murray D K and Fahy M F. Coalbed Methane of Western North America. Rk. Mt. Assoc, Geol, 1991: 49 - 59.

[37] Tyler R, Laubach S E, Ambrose W et al. Coal fracture pat? terns in the foreland of the Cordilleran thrust belt Western United States [C] // International Coalbed Methane Symposium, 1993: 695 - 704.

[38] Tyler R. Structural setting and coal fracture pattern of fore land basins; controls critical to coalbed methane producibility [C] //Tyler R, Scott A R. Geologic and I Iydrologic Controls Critical to Coalbed Methane Producibility and Resource As - sessment. Washington Xi'an, 1995: 108.

[39] 毕世科, 张洪伟, 张源, 等. 单轴压缩煤体电阻率变化各向异性实验研究 [J]. 煤矿安全, 2016, 47(12): 35 - 38.

[40] 曹代勇. 安徽淮北煤田推覆构造中煤镜质组反射率各向异性研究 [J]. 地质论评, 1990, 36(4): 333 - 340.

[41] 曹均, 贺振华, 黄德济, 等. 储层孔（裂）量的物理模拟与超声波实验研究 [J]. 地球物理学进展, 2004, 19(2): 386 - 391.

[42] 陈鹏, 王恩元, 朱亚飞. 受载煤体电阻率变化规律的实验研究 [J]. 煤炭学报, 2013, 38(4):

548 - 553.

[43] 陈健杰, 江林华, 张玉贵, 等. 不同煤体结构类型煤的导电性质研究 [J]. 煤炭科学技术, 2011, 39(7): 90.

[44] 陈杰, 周改英, 赵喜亮, 等. 储层岩石孔隙结构特征研究方法综述 [J]. 特种油气藏, 2005, 12 (4): 10 - 15.

[45] 陈鹏, 王恩元, 朱亚飞. 受载煤体电阻率变化规律的实验研究 [J]. 煤炭学报, 2013, 38(4): 548 - 553.

[46] 董守华. 气煤弹性各向异性系数实验测试 [J]. 地球物理学报, 2008, 51(3): 947 - 952.

[47] 杜云贵, 任震, 鲜学福, 等. 煤的各向电异性与其大分子结构间的关系 [J]. 煤炭转化, 1995, 18(4): 63 - 67.

[48] 高文华. 煤镜质组反射率各向异性特征在构造应力场分析中的应用 [J]. 湖南地质, 1993, 2(2): 81 - 85.

[49] 宫伟力, 李晨. 煤岩结构多尺度各向异性特征的 SEM 图像分析 [J]. 岩石力学与工程学报, 2010, 29(增1): 2681 - 2689.

[50] 桂志先, 贺振华, 张小庆. 基于 Hudson 理论的裂隙参数对纵波的影响 [J]. 江汉石油学院学报, 2004, 26(1): 45 - 47.

[51] 管俊芳, 侯瑞云. 煤储层基质孔隙和割理孔隙的特征及孔隙度的测定方法 [J]. 华北水利水电学院学报, 1999, 20(1): 23 - 27.

[52] 韩同春, 张杰. 考虑含缺陷岩石的声发射数值模拟研究 [J]. 岩石力学与工程学报, 2014, 33(增1): 3198 - 3204.

[53] 郝守玲, 赵群, 周正仁. EDA 介质的 P 波方位各向异性—物理模型研究 [J]. 石油地球物理勘探, 1998, 33(增刊2): 54 - 62.

[54] 何登科, 赵斯诺, 刘莉辉, 等. 煤样本中方位各向异性测试与分析 [C]. 中国地球科学联合学术年会, 2015: 1758 - 1760.

[55] 何培寿, 董名山. 腐殖无烟煤显微硬度各向异性的研究 [J]. 煤田地质与勘探, 1982, 10: 30 - 33.

[56] 黄志平, 唐春安, 马天辉, 等. 卸载岩爆过程数值试验研究 [J]. 岩石力学与工程学报, 2011, 30(增1): 3120 - 3128.

[57] 蒋宇, 葛修润, 任建喜. 岩石疲劳破坏过程中的变形规律及声发射特性 [J]. 岩石力学与工程学报, 2004, 23(11): 1810 - 1818.

[58] 姜耀东, 王涛, 宋义敏, 等. 煤岩组合结构失稳滑动过程的实验研究 [J]. 煤炭学报, 2013, 38 (2): 177 - 182.

[59] 贾炳, 魏建平, 温志辉, 等. 基于层理影响的煤样加载过程声发射差异性分析 [J]. 煤田地质与勘探, 2016, 44(4): 35 - 39.

[60] 康建宁. 煤的电导率随地应力变化关系的研究 [J]. 河南理工大学学报, 2005, 24(6): 430 - 433.

[61] 李正川. 岩石各向异性的单轴压缩试验研究 [J]. 铁道科学与工程学报, 2008, 5(3): 69 - 72.

[62] 李东会, 董守华, 赵小翠, 等. 气煤孔隙度与 Thomsen 各向异性参数高阶交错网格数值模拟 [J]. 物探与化探, 2011, 35(6): 855 - 859.

[63] 李家铸. 镜煤反射率各向异性比与煤的某些物化性质的关系 [J]. 煤炭分析及利用, 1994, 2: 5 - 9.

[64] 李庶林, 尹贤刚, 王泳嘉, 等. 单轴受压岩石破坏全过程声发射特征研究 [J]. 岩石力学与工程

学报，2004，23（15）：2499 - 2503.

[65] 刘树才. 煤矿底板突水机理及破坏裂隙带演化动态探测技术 [D]. 徐州：中国矿业大学，2008.

[66] 刘延保，曹树刚，李勇，等. 煤体吸附瓦斯膨胀变形效应的试验研究 [J]. 岩石力学与工程学报，
2010，29（12）：2484 - 2491.

[67] 刘超，李树刚，成小雨. 采动煤岩体劣化过程中声发射损伤效应数值模拟 [J]. 西安科技大学学
报，2013，33（4）：379 - 382.

[68] Levine J R. Davis A. 赵承华 译. 煤的各向光学异性 - 美国宾夕法尼亚州布罗德托煤田构造变形的一
个指标 [J]. 国外煤田地质，1985.

[69] 陆海龙，贾迎梅. 煤体电阻率受压变化规律实验研究 [J]. 矿业研究与开发，2009，29（4）：
37 - 38.

[70] 马衍坤，王恩元，李忠辉，等. 煤体瓦斯吸附渗流过程及声发射特性实验研究 [J]. 煤炭学报，
2012，37（4）：641 - 646.

[71] 孟磊，刘明举，王云刚. 构造煤单轴压缩条件下电阻率变化规律的实验研究 [J]. 煤炭学报，
2010，35（12）：2028 - 2032.

[72] 孟召平，朱绍军，贾立龙，等. 煤工业分析指标与测井参数的相关性及其模型 [J]. 煤田地质与
勘探，2011，39（2）：1 - 6.

[73] 史燕红，马新欣，李魏志，等. 高阶交错网格有限差分波场模拟理论研究简析 [J]. 2008（1）：
19 - 23.

[74] 孙卫，史成恩，赵惊蛰，等. X - CT 扫描成像技术在特低渗透储层微结构及渗流机理研究中的应用
[J]. 地质学报，2006，80（5）：775 - 779.

[75] 王恩元，何学秋，李忠辉，等. 煤岩电磁辐射技术及其应用 [M]. 北京：科学出版社，2009.

[76] 王恩元，陈鹏，李忠辉，等. 受载煤体全应力 - 应变过程电阻率响应规律 [J]. 煤炭学报，2014，
39（11）：2220 - 2224.

[77] 王晓刚. 渭北煤田东部构造控水研究及预测分析 [D]. 西安：西安矿业学院，1988.

[78] 王晓刚，樊怀仁，雷汉平. 煤的光学各向异性在构造分析中的应用 [J]. 西安矿业学院学报，
1996，16（4）：339 - 342.

[79] 王文侠. 湖南涟源坳陷晚古生代煤田构造变形 [D]. 徐州：中国矿业大学，1988.

[80] 王赟，许小凯，张玉贵. 常温压条件下六种变质程度煤的超声弹性特征 [J]. 地球物理学报，
2016，59（7）：2726 - 2738.

[81] 徐宏武. 煤层电性参数测试及其与煤岩特性关系的研究 [J]. 煤炭科学技术，2005，33（3）：
42 - 46.

[82] 许江，李树春，唐晓军，等. 单轴压缩下岩石声发射定位实验的影响因素分析 [J]. 岩石力学与
工程学报，2008，27（4）：765 - 772.

[83] 严国超，段春生，马忠辉. 声发射技术在蹬空开采采场关键层中的应用 [J]. 辽宁工程技术大学
学报（自然科学版），2010，29（1）：9 - 12.

[84] 尹光志，秦虎，黄滚，等. 不同应力路径下含瓦斯煤岩渗流特性与声发射特征实验研究 [J]. 岩
石力学与工程学报，2013，32（7）：1315 - 1320.

[85] 尹贤刚，李庶林. 岩石受载破坏前兆特征 - 声发射平静研究 [J]. 金属矿山，2008（7）：
124 - 128.

[86] 岳建华，刘树才. 矿井直流电法勘探 [M]. 徐州：中国矿业大学出版社，2000.

[87] 张代钧，鲜学福. 煤大分子堆垛结构的研究 [J]. 重庆大学学报，1992，15（3）：56

[88] 张慧，李小彦. 扫描电子显微镜在煤岩学上的应用 [J]. 电子显微学报，2004，23（4）：

467 – 468.

[89] 孙超群，程国强，李术才，等. 基于 SPH 的煤岩单轴加载声发射数值模拟 [J]. 煤炭学报，2014，39(11)：2183 – 2189.

[90] 赵群，郝守玲. 煤样的超声速度和衰减各向异性测试 [J]. 石油地球物理勘探，2005，40(6)：708 – 710.

[91] 赵宇，张玉贵，王松领. 含氮气煤体超声各向异性特征实验研究 [J]. 西南石油大学学报（自然科学版），2018，40(2)：83 – 90.

[92] 赵宇，张玉贵，周俊义. 单轴加载条件下煤岩超声各向异性特征实验 [J]. 物探与化探，2017，41(2)：306 – 310.

[93] 赵海燕，宫伟力. 基于图像分割的煤岩割理 CT 图像各向异性特征 [J]. 煤田地质与勘探，2009，37(6)：14 – 18.

[94] 邹俊鹏，陈卫忠，杨典森，等. 基于 SEM 的珲春低阶煤微观结构特征研究 [J]. 岩石力学与工程学报，2016，35(9)：1805 – 1814.

[95] 邹韧. 煤的最小反光率和反光旋转角试验 [J]. 煤田地质与勘探，1980，6：72 – 73.

[96] Appoloni C R, Fernandes C, Rodrigues C R O. X – ray microtomography study of a sandstone reservoir rock [J]. Nuclear Instruments and Methods in Physics Research, 2007, 580(A): 629 – 632.

[97] Cetin E, Gupta R, Moghtaderi B. Effect of pyrolysis pressure and heating rate on radiata pine char structure and apparent gasification reactivity [J]. Fuel, 2005, 84(10): 1328 – 1334.

[98] Crampin S. A review of wave motion in anisotropy and cracked elastic – medium [J]. Wave Motion, 1981, 3.

[99] Maa G W, Wangb X J, Renb F. Numerical simulation of compressive failure of heterogeneous rock – like materials using SPH method [J]. International Journal of Rock Mechanics and Mining Sciences, 2011, 48(3): 353 – 363.

[100] Rai C, Hanson K E. Shear – wave velocity anisotropy in sedimentary rock: A laboratory study [J]. Geophysics, 1988, 53.

[101] Ting F T C. Uniaxial and hiaxial vitrinite reflectance models and their relationship to Paleotectonic, Organic Maturation Studies and Fossil Fuel Exploration [M]. Academic Press, New York, 1984.

[102] Ruizde Argandona V G, Rey A R, Celorio C. Characterization by computed X – ray tomography of the evolution of the pore structure of a dolomite rock during freeze – thaw cyclic tests [J]. Physical, Chemical and Earth Sciences(A), 1999, 24(7): 633 – 637.

[103] Sharma R K, Wooten J B, Baliga V L, et al. Characterization of chars from pyrolysis of lignin [J]. Fuel, 2004, 83(11): 1469 – 1482.

[104] Tang C A, Kaiser P K. Numerical simulation of damage accumulation and seismic energy release in unstable failure of brittle rock [J]. Part I: fundamentals. International Journal of Rock Mechanics and Mining Sciences, 1998, 35(2): 113 – 121.

[105] Thomsen L. Weak elastic anisotropy [J]. Geophysics, 1986, 51(10): 1954 – 1966.

[106] Wu Aixiang, Sun Yezhi, Gou Sen, et al. Characteristics of rockburst and its mining technology in mines [J]. Journal of Central South University of Technology, 2002, 9(4): 255 – 259.

[107] Wu Yanqing. Application of radio wave penetration coal mine disaster [A]. Coalmine Safety and Health. Proceedings of the International Mining Tech. 98 Symposium [C]. Chongqing, 1998: 14 – 16.

[108] 白冰，李小春，刘延峰，等. CO_2 – ECBM 中气固作用对煤体应力和强度的影响分析 [J]. 岩土力学，2007，28(4)：823 – 826.

[109] 曹树刚，张遵国，李毅，等．突出危险煤吸附、解吸瓦斯变形特性试验研究［J］．煤炭学报，2013，38(10)：1792 – 1799.

[110] 郭平，曹树刚，张遵国，等．煤体吸附膨胀变形模型理论研究［J］．岩土力学，2014，35(12)：3467 – 3472.

[111] 黄运飞，孙广忠，成彬芳．煤 – 瓦斯介质力学［M］．北京：煤炭工业出版社，1993.

[112] 于洪雯．煤吸附解吸变形规律试验研究［D］．阜新：辽宁工程技术大学，2013.

[113] 何学秋．含瓦斯煤岩流变动力学［M］．徐州：中国矿业大学出版社，1995.

[114] 何学秋，王恩元，林海燕．孔隙气体对煤体变形及蚀损作用机理［J］．中国矿业大学学报，1996，25(1)：6 – 11.

[115] 李祥春，郭勇义，吴世跃，等．考虑吸附膨胀应力影响的煤层瓦斯流 – 固耦合渗流数学模型及数值模拟［J］．岩石力学与工程学报，2007，26(S1)：2743 – 2748.

[116] 李祥春，郭勇义，吴世跃．煤吸附膨胀变形与孔隙率、渗透率关系的分析［J］．太原理工大学学报，2005，36(3)：264 – 266.

[117] 李传亮，孔祥言，徐献芝，等．多孔介质的双重有效应力［J］．自然杂志，1999，21(5)：288 – 297.

[118] 梁冰，于洪雯，孙维吉，等．煤低压吸附瓦斯变形试验［J］．煤炭学报，2013，38(3)：373 – 377.

[119] 林柏泉，周世宁．含瓦斯煤体变形规律的试验研究［J］．中国矿业学院学报，1986(3)：9 – 16.

[120] 刘延保，曹树刚，李勇，等．煤体吸附瓦斯膨胀变形效应的试验研究［J］．岩石力学与工程学报，2010，29(12)：2484 – 2491.

[121] 刘延保．基于细观力学试验的含瓦斯煤体变形破坏规律研究［D］．重庆：重庆大学，2009.

[122] 刘向峰，刘建军，吕祥锋，等．煤体基质吸附（解吸）变形规律试验研究［J］．广西大学学报：自然科学版，2012，37(1)：173 – 177.

[123] 卢平，沈兆武，朱贵旺，等．岩样应力应变全过程中的渗透性表征与试验研究［J］．中国科学技术大学学报，2002，32(6)：678 – 684.

[124] 潘哲军，CONNELL L．煤的膨胀和收缩在二氧化碳增产煤层甲烷过程中的影响［J］．中国煤层气，2007，4(1)：7 – 10.

[125] 裴正林，董玉珊，彭苏萍．裂隙煤层弹性波场方位各向异性特征数值模拟研究［J］．石油地球物理勘探，2007，42(6)：665 – 672.

[126] 桑树勋，朱炎铭，张时音．煤吸附气体的固气作用机制（Ⅰ）：煤孔隙结构与固气作用［J］．天然气工业，2005，25(1)：13 – 15.

[127] 桑树勋，朱炎铭，张井．煤吸附气体的固气作用机制（Ⅱ）：煤吸附气体的物理过程与理论模型［J］．天然气工业，2005，25(1)：16 – 18.

[128] 苏现波，陈润，林晓英，等．吸附势理论在煤层气吸附—解吸中的应用［J］．地质学报，2008，82(10)：830 – 837.

[129] 唐杰，王浩，李健，等．岩石形变及渗透率的非线性滞后演化特征［J］．石油地球物理勘探，2017，52(3)：509 – 515.

[130] 唐巨鹏，潘一山，李成全，等．三维应力作用下煤层气吸附解吸特性试验［J］．天然气工业，2007，27(7)：35 – 38.

[131] 陶云奇，许江，彭守建，等．含瓦斯煤孔隙率和有效应力影响因素试验研究［J］．岩土力学，2010，31(11)：3417 – 3422.

[132] 王佑安，陶玉梅，王魁军，等．煤的吸附变形与吸附变形力［J］．煤矿安全，1993，6：19 – 26

[133] 魏彬，赵宇，张玉贵. 煤岩吸附—解吸变形各向异性特征试验分析 [J]. 石油地球物理勘探，2019，54(1)：112-117.

[134] 吴世跃，赵文，郭勇义. 煤岩体吸附膨胀变形与吸附热力学的参数关系 [J]. 东北大学学报（自然科学版），2005，26(7)：683-686.

[135] 吴世跃，赵文. 含吸附煤层气煤的有效应力分析 [J]. 岩石力学与工程学报，2005，24(10)：1674-1678.

[136] 席道瑛，张程远，刘小燕. 储层砂岩的各向异性 [J]. 石油地球物理勘探，2001，36(2)：187-192.

[137] 谢剑勇，魏建新，狄帮让，等. 页岩各向异性参数间关系及其影响因素分析 [J]. 石油地球物理勘探，2015，50(6)：1141-1145.

[138] 姚宇平. 吸附瓦斯对煤的变形及强度的影响 [J]. 煤矿安全，1988，12：37-41.

[139] 于不凡. 煤矿瓦斯灾害防治及利用技术手册 [M]. 北京：煤炭工业出版社，2005.

[140] 于洪雯. 煤吸附解吸变形规律试验研究 [D]. 阜新：辽宁工程技术大学，2013.

[141] 张遵国，曹树刚，郭平，等. 原煤和型煤吸附—解吸瓦斯变形特性对比研究 [J]. 中国矿业大学学报，2014，43(3)：388-394.

[142] 张遵国. 煤吸附—解吸变形特征及其影响因素研究 [D]. 重庆：重庆大学，2015.

[143] 赵宇，张玉贵，于弘奕. 煤岩吸水率对声波速度各向异性影响的实验研究 [J]. 石油地球物理勘探，2017，52(5)：999-1004.

[144] 周世宁，林伯泉. 煤层瓦斯赋存与流动理论 [M]. 北京：煤炭工业出版社，1999.

[145] 周世宁，鲜学福，朱旺喜. 煤矿瓦斯灾害防治理论战略研讨 [M]. 徐州：中国矿业大学出版社，2001.

[146] 周军平，鲜学福，姜永东，等. 基于热力学方法的煤岩吸附变形模型 [J]. 煤炭学报，2011，36(3)：468-472.

[147] 祝捷，张敏，传李京，等. 煤吸附—解吸瓦斯变形特征及孔隙性影响实验研究 [J]. 岩石力学与工程学报，2016，35(S1)：2620-2626.

[148] Gao H, Masakutsa, Murata S, et al. Statistical distribution characteristics of pyridine transport in coal particles and a series of new phenomenological models for overshoot and non-overshoot solvent swelling of coal particles [J]. Energy and Fuels, 1999, 13(2): 518-528.

[149] Goodman A L, Favors R N, Hill M M, et al. Structure changes in Pittsburgh No. 8 coal caused by sorption of CO_2 gas [J]. Energy and Fuels, 2005, 19(4): 1759-1760.

[150] Karacan C O. Heterogeneous sorption and swelling in a confined and stressed coal during CO_2 injection [J]. Energy and Fuels, 2003, 17(6): 1595-1608.

[151] Karacan C O. Swelling-induced volumetric strains internal to a stressed coal associated with CO_2 sorption [J]. International Journal of Coal Geology, 2007, 72(3-4): 209-220.

[152] Levine J R. Model study of the influence of matrix shrinkage on absolute permeability of coal bed reservoirs// Gayer R, Harris I(Eds). Coalbed Methane and Coal Geology [J]. Geological Society Special Publication, London, 1996, 197-212.

[153] Majewska Z, Zietek J. Acoustic emission and volumetric strain induced in coal by the displacement sorption of methane and carbon dioxide [J]. Acta Geophysica, 2008, 56(2): 372-390.

[154] Majewska Z, Zietek J. Acoustic emission and sorptive deformation induced in coals of various rank by the sorption-desorption of gas [J]. Acta Geophysica, 2007, 55(3): 324-343.

[155] Pan Zhejun, Connell L D. A theoretical model for gas adsorption: induced coal swelling [J]. Interna-

tional Journal of Coal Geology, 2007, 69(4): 243 - 252.

[156] 陈世达, 汤达祯, 高丽军, 等. 有效应力对高煤级煤储层渗透率的控制作用 [J]. 煤田地质与勘探, 2017, 45(4): 76 - 80.

[157] 傅雪海, 李大华, 秦勇, 等. 煤基质收缩对渗透率影响的实验研究 [J]. 中国矿业大学学报, 2002, 31(2): 129 - 131.

[158] 傅雪海, 秦勇, 姜波, 等. 煤割理压缩实验及渗透率数值模拟 [J]. 煤炭学报, 2001, 26(6): 573 - 577.

[159] 胡雄, 梁为, 侯厶靖, 等. 温度与应力对原煤、型煤渗透特性影响的试验研究 [J]. 岩石力学与工程学报, 2012, 31(6): 1222 - 1229.

[160] 黄学满. 煤结构异性对瓦斯渗透特性影响的实验研究 [J]. 矿业安全与环保, 2012, 39(2): 1 - 3.

[161] 李波, 魏建平, 王凯, 等. 煤层瓦斯渗流非线性运动规律实验研究 [J]. 岩石力学与工程学报, 2014, 33(s1): 3219 - 3224.

[162] 刘星光. 含瓦斯煤变形破坏特征及渗透行为研究 [D]. 徐州: 中国矿业大学, 2013.

[163] 潘荣锟, 程远平, 董骏, 等. 不同加卸载下层理裂隙煤体的渗透特性研究 [J]. 煤炭学报, 2014, 39(3): 473 - 477.

[164] 孙东生, 李阿伟, 王红才, 等. 低渗砂岩储层渗透率各向异性规律的实验研究 [J]. 地球物理学进展, 2012, 27(3): 1101 - 1106.

[165] 王刚, 程卫民, 郭恒, 等. 瓦斯压力变化过程中煤体渗透率特性的研究 [J]. 采矿与安全工程学报, 2012, 29(5): 735 - 749.

[166] 王端平, 周涌沂, 马泮光, 等. 方向性岩石渗透率的矢量特性与计算模型 [J]. 岩土力学, 2005, 26(8): 1294 - 1297.

[167] 王培涛, 杨天鸿, 于庆磊, 等. 基于离散裂隙网络模型的节理岩体渗透张量及特性分析 [J]. 岩土力学, 2013, 34(S2): 448 - 455.

[168] 王锦山. 煤层气储层两相流体渗透率试验研究 [J]. 西安科技大学学报, 2006, 26(1): 26.

[169] 魏建平, 李明助, 王登科, 等. 煤样渗透率围压敏感性试验研究 [J]. 煤炭科学技术, 2014, 42(6): 76 - 80.

[170] 岳高伟, 王辉, 赵宇, 等. 结构异性煤体的渗透率特性研究 [J]. 科技导报, 2015, 33(12): 50 - 55.

[171] 周涌沂, 王端平, 马泮光, 等. 渗透率的矢量性研究 [J]. 新疆石油地质, 2004, 25(6): 683 - 685.

[172] Bagheri M, Settari A. Methods for modeling full tensor permeability in reservoir simulators [J]. Journal of Canadian Petroleum Technology, 2007, 46(3): 31 - 38.

[173] Barna A, Szabo. Permeability of orthotropic porous mediums [J]. Water Resources Research, 1968, 4(4): 801 - 808.

[174] Danilo Bandiziol, Gerard Massonnat, Elf Aquitaine. Horizontal Permeability Anisotropy characterization by pressure transient testing and geological data(SPE 24667) [M]. Texas: SPE Technical Publications, 1992. 39 - 52.

[175] GEORGE J D, Barakat M A. The change in effective stress associated with shrinkage from gas desorption in coal [J]. International Journal of Coal Geology, 2001, 45(2): 105 - 113.

[176] KOENIG P A, STUBBS P B. Interference testing of a coal - bed methane reservoir [A]. SPE Unconventional Gas Technology Symposium. Louisville, Kentucky [C], 1986.

[177] Laubach S E, Marrett R A, Olson J E, et al. Characteristics and origins of coal cleat: a review [J]. International Journal of Coal Geology, 1998, 35: 175 – 207.

[178] Li Huoyin, Shimada Sohei, Zhang Ming. Anisotropy of gas permeability associated with cleat pattern in a coal seam of the Kushiiro coalfield in Japan [J]. Environmental Geology, 2004, 47: 45 – 50.

[179] Wang Jianguo, Liu Jishan, Kabir Akim. Combined effects of directional compaction, non – Darcy flow and anisotropic swelling on coal seam gas extraction [J]. International Journal of Coal Geology, 2013, 109 – 110: 1 – 14.

[180] Wang Kai, Zang Jie, Wang Gongda, et al. Anisotropic permeability evolution of coal with effective stress variation and gas sorption: Model development and analysis [J]. International Journal of Coal Geology, 2014, 130(15): 53 – 65.

[181] Wang Shugang, Elsworth Derek, Liu Jishan. Permeability evolution in fractured coal: the roles of fracture geometry and water – content [J]. International Journal of Coal Geology, 2011, 87: 13 – 25.

[182] Yin Guangzhi, Jiang Changbao, Wang Jianguo, et al. Combined effect of stress, pore pressure and temperature on methane permeability in anthracite coal an experimental study [J]. Transport in porous Media, 2013, 11(1): 1 – 16.

[183] 陈代询, 王章瑞. 致密介质中低速渗流气体的非达西现象 [J]. 重庆大学学报（自然科学版）, 2000, 23(增): 25 – 27.

[184] 陈代询. 渗流气体滑脱现象与渗透率变化的关系 [J]. 力学学报, 2002, 34(1): 96 – 100.

[185] 葛家理. 油气层渗流力学 [M]. 石油工业出版社, 1982.

[186] 高建良, 候三中. 掘进工作面动态瓦斯压力分布及涌出规律 [J]. 煤炭学报, 2007, 32(11): 1127 – 1131.

[187] 李中锋, 何顺利, 门成全. 低渗透油田非达西渗流规律研究 [J]. 油气井测试, 2005, 14(3): 14 – 17.

[188] 李云浩, 杨清岭, 杨鹏. 煤层瓦斯流动的数值模拟及在煤壁的应用 [J]. 中国安全生产科学技术, 2007, 3(2): 74 – 77.

[189] 李椿, 章立源, 钱尚武. 热学 [M]. 北京: 人民教育出版社, 1978.

[190] 彭守建, 许江, 尹光志, 等. 基质收缩效应对含瓦斯煤渗流影响的实验分析 [J]. 重庆大学学报, 2012, 35(5): 109 – 114.

[191] 宋洪庆, 朱维耀, 王一兵, 等. 煤层气低速非达西渗流解析模型及分析 [J]. 中国矿业大学学报, 2013, 42(1): 93 – 99.

[192] 孙平, 王勃, 孙粉锦, 等. 中国低煤阶煤层气成藏模式研究 [J]. 石油学报, 2009, 30(5): 648 – 653.

[193] 王轶波, 齐黎明, 马尚权, 等. 煤巷两帮卸压瓦斯带宽度理论分析及应用 [J]. 中国煤炭, 2009, 35(2): 59 – 61.

[194] 王勇杰, 王昌杰, 高家碧. 低渗透多孔介质中气体滑脱行为的研究 [J]. 石油学报, 1995, 16(3): 101 – 105.

[195] 王新海, 张冬丽, 宋岩. 低渗非达西渗流煤层气羽状井开发机理研究 [J]. 地质学报, 2008, 82(10): 1437 – 1443.

[196] 肖晓春, 潘一山. 低渗煤储层气体滑脱效应试验研究. 岩石力学与工程学报, 2008, 27(s2): 3509 – 3515.

[197] 轩朴实. 主控因素下巷帮煤体瓦斯排放带宽度计算方法研究 [D]. 郑州: 河南理工大学, 2013.

[198] 徐绍良, 岳湘安. 低速非线性流动特性的实验研究 [J]. 中国石油大学学报（自然科学版），

2007，31(5)：60 - 63.

[199] 薛国庆，李闽，罗碧华，等．低渗透气藏低速非线性渗流数值模拟研究 [J]．西南石油大学学报，2009，31(2)：163 - 166.

[200] 杨正明，于荣泽，苏致新，等．特低渗透油藏非线性渗流数值模拟 [J]．石油勘探与开发，2010，37(1)：94 - 96.

[201] 杨建，康毅力，李前贵，等．致密砂岩气藏微观结构及渗流特征 [J]．力学进展，2008，38(2)：229 - 235.

[202] 叶礼友，高树生，熊伟，等．储层压力条件下低渗砂岩气藏气体渗流特征 [J]．复杂油气藏，2011，4(1)：59 - 62.

[203] 张普，张连忠，李文耀，等．边界层对低渗透非达西渗流规律影响的实验研究 [J]．河北工程大学学报（自然科学版），2008，25(3)：70 - 72.

[204] 张俊璟，李秀生，马新仿，等．非达西渗流微观描述及对低渗透油田开发的影响 [J]．特种油气藏，2008，15(3)：52 - 55.

[205] 张小东，刘炎昊，桑树勋，等．高煤级煤储层条件下的气体扩散机制 [J]．中国矿业大学学报，2011，40(1)：43 - 48.

[206] 张冬丽，王新海，宋岩．考虑启动压力梯度的煤层气羽状水平井开采数值模拟 [J]．石油学报，2006，27(4)：89 - 92.

[207] Bear J. Dynamics of fluids in porous media [M]．BeiJing：China Building Industry Press，1983.

[208] Dehghanpour H，Shirdel M. A triple porosity model for shale gas reservoirs [J]．SPE，2011，149501：1 - 14.

[209] DULLIEN F A. 多孔介质—流体渗移与孔隙结构 [M]．北京：石油工业出版社，1990.

[210] Estes R K，Fulton P F. Gas slippage and permeability measurements [J]．Trans AIME，1956，207(3)：338 - 342.

[211] Kaluarachchi J J，Parker J C. Modeling multicomponent organic chemical transport in three fluid phase porous media [J]．Journal of Contaminant Hydrology，1990，5：349 - 374.

[212] Klinkenberg L J. The permeability of porous media to liquid sand gases [A]．In：Drilling and Production Practice [C]．Washington：American Petroleum Institute，1941，200 - 213.

[213] Miller R J，Low P F. Threshold gradient for water flow in clay systems [J]．Soil Science Society of America Proceedings，1963，27(6)：606 - 609.

[214] Mirshekari B，Modearress H，Hamzehnataj Z，et al. Application of pressure derivative function for well test analysis of triple porosity naturally fractured reservoirs [J]．SPE，2007，110943：1 - 10.

[215] Richard E Ewing，Lin Yanping. A Mathematical Analysis for Numercial Well Models for Non - Darcy Flow [J]．Applied Numercial Mathematics，2001，39：17 - 30.

[216] Sampath K，Keighin C W. Factors affecting gas slippage in tight sandstones of cretaceous age in the Uinta basin [R]．JPT，1982，2715 - 2720.

[217] Zhu Wei - yao，Song Hong - qing，Huang Xiao - he，et al. Pressure characteristics and effective deployment in a water - bearing tight gas reservoir with low - velocity non - Darcy flow [J]．Energy Fuels，2011，25：1111 - 1117.

[218] 程远平，俞启香，周红星，等．煤矿瓦斯治理"先抽后采"的实践与作用 [J]．采矿与安全工程学报，2006，23(4)：389 - 392.

[219] 邓博知，康向涛，李星，等．不同层理方向对原煤变形及渗流特性的影响 [J]．煤炭学报，2015，40(4)：888 - 894.

[220] 黄学满. 煤结构异性对瓦斯渗透特性影响的实验研究 [J]. 矿业安全与坏保, 2012, 39 (2): 1-3.

[221] 季淮君, 李增华, 杨永良, 等. 基于瓦斯流场的抽采半径确定方法 [J]. 采矿与安全工程学报, 2013, 30 (6): 917-921.

[222] 梁冰, 袁欣鹏, 孙维吉. 本煤层顺层瓦斯抽采渗流耦合模型及应用 [J]. 中国矿业大学学报, 2014, 43 (2): 208-213.

[223] 刘军, 王兆丰, 李学臣, 等. 消除矿井瓦斯抽采空白带方法的研究 [J]. 煤炭科学技术, 2012, 40 (12): 59-61.

[224] 鲁义, 申宏敏, 秦波涛, 等. 顺层钻孔瓦斯抽采半径及布孔间距研究 [J]. 采矿与安全工程学报, 2015, 32 (1): 156-156.

[225] 倪小明, 苏现波, 张小东. 煤层气开发地质学 [M]. 北京: 化学工业出版社, 2009.

[226] 潘荣锟, 程远平, 董骏, 等. 不同加卸载下层理裂隙煤体的渗透特性研究 [J]. 煤炭学报, 2014, 39 (3): 473-477.

[227] 申宝宏, 刘见中, 张泓. 我国煤矿瓦斯治理的技术对策 [J]. 煤炭学报, 2007, 32 (7): 673-679.

[228] 唐志成, 夏才初, 宋英龙, 等. 考虑基体变形的节理闭合变形理论模型 [J]. 岩石力学与工程学报, 2012 (S1): 3068-3074.

[229] 王伟有, 汪虎. 基于 COMSOL Multiphysics 的瓦斯抽采有效半径数值模拟 [J]. 矿业工程研究, 2012, 27 (2): 40-43.

[230] 王宏图, 江记记, 王再清, 等. 本煤层单一顺层瓦斯抽采钻孔的渗流场数值模拟 [J]. 重庆大学学报, 2011, 34 (4): 24-29.

[231] 魏建平, 李明助, 王登科, 等. 煤样渗透率围压敏感性试验研究 [J]. 煤炭科学技术, 2014, 42 (6): 76-80.

[232] 魏国营, 秦宾宾. 煤体钻孔瓦斯有效抽采半径判定技术 [J]. 辽宁工程技术大学学报 (自然科学版), 2013, 32 (6): 754-758.

[233] 王猛. 本煤层钻孔抽采防突效果影响因素研究 [D]. 河南理工大学, 2015.

[234] 夏才初. 岩石结构面表面形貌的波纹度特征及其力学效应 [J]. 同济大学学报 (自然科学版), 1993, 3: 371-377.

[235] 夏才初, 孙宗顺, 潘长良. 表面形貌含波纹度的节理的闭合模型 [J]. 工程地质学报, 1994 (02): 38-47.

[236] 夏才初, 孙宗顺, 潘长良. 节理表面波纹度对其闭合性质的影响 [J]. 工程地质学报, 1995 (02): 47-53.

[237] 尹光志, 李铭辉, 李生舟, 等. 基于含瓦斯煤岩固气耦合模型的钻孔抽采瓦斯三维数值模拟 [J]. 煤炭学报, 2013, 38 (4): 535-541.

[238] 余陶, 卢平, 孙金华, 等. 基于钻孔瓦斯流量和压力测定有效抽采半径 [J]. 采矿与安全工程学报, 2012, 29 (4): 596-600.

[239] 岳高伟, 王辉, 赵宇, 等. 结构异性煤体渗透率特性 [J]. 科技导报, 2015, 33 (12): 50-55.

[240] 赵继展, 韩保山, 陈志胜, 等. 煤层瓦斯含量计算方法探讨 [J]. 中国煤田地质, 2006, 18 (5): 22-24.

[241] Chen Dong, Pan Zhejun, Liu Jishan, et al. Characteristic of anisotropic coal permeability and its impact on optimal design of multi-lateral well for coalbed methane production [J]. Journal of Petroleum Science and Engineering, 2012, 88-89: 13-28.

[242] Hanes J, Shepherd J. Mining induced cleavage? cleats and instantaneous outbursts in the Gemini seam at Leichhardt Colliery, Blackwater, Queensland [J]. Proceedings, Australian Institute of Mining, Metallurgical, 1981, 277: 17 – 26.

[243] Hu Guozhong, Wang Hongtu, Fan Xiaoguang, et al. Mathematical model of coalbed gas flow with Klinkenberg effects in multi – physical fields and its analytic solution [J]. Transport in Porous Media, 2009, 76(3): 407 – 420.

[244] Johnson W E, Hughes R V. Directional permeability measure – ments and their significance [J]. Producers Monthly, 1948, 10(11): 17 – 25.

[245] Klinkenberg L J. The permeability of porous media to liquids and gases [C] // Drill production practices. New York: American Petroleum institute, 1941.

[246] Lake L. W. The origins of anisotropy [C]. SPE, 1988, 40(4): 395 – 396.

[247] Li Huoyin, Shimada Sohei, Zhang Ming. Anisotropy of gas permeability associated with cleat pattern in a coal seam of the Kushiiro coalfield in Japan [J]. Environmental Geology, 2004, 47: 45 – 50.

[248] Lin Haifei, Huang Meng, Li Shugang, et al. Numerical simulation of influence of Langmuir adsorption constant on gas drainage radius of drilling in coal seam [J]. International Journal of Mining Science and Technology, 2016, 26: 377 – 382.

[249] Prats M. The influence of oriented arrays of thin impermeable shale lenses or of highly conductive natural fractures on apparent per – meability anisotropy [J]. JPT, 1972, 24(6): 1219 – 1221.

[250] Saghafi A, Faiz M, Roberts D. CO_2 storage and gas diffusivity properties of coals from Sydney Basin, Australia [J]. International Journal of Coal Geology, 2007, 70: 240 – 254.

[251] Wang Kai, Zang Jie, Wang Gongda, et al. Anisotropic permeability evolution of coal with effective stress variation and gas sorption: Model development and analysis [J]. International Journal of Coal Geology, 2013, 130: 53 – 65.

[252] Wu Bing, Hua Mingguo, Feng Xiaoyan, et al. Study on methods of determining gas extraction radius with numerical simulation [J]. Procedia Engineering, 2012, 45: 345 – 351.

[253] Wu Dongmei, Wang Haifeng, Ge Chungui, et al. Research on forced gas draining from coal seams by surface well drilling [J]. Mining Science and Technology, 2011, 21(2): 229 – 232.

[254] 李志强, 王兆丰. 井下注气强化煤层气抽采效果的工程试验与数值模拟 [J]. 重庆大学学报, 2011, 34(4): 74 – 75.

[255] 任子阳. 阳泉无烟煤、贫煤对 $CH_4 - CO_2$ 吸附特性研究 [D]. 焦作: 河南理工大学安全学院, 2010.

[256] 杨宏民. 井下注气驱替煤层甲烷机理及规律研究 [D]. 焦作: 河南理工大学安全学院, 2010.

[257] 于宝种. 阳泉无烟煤对 $N_2 - CH_4$ 二元气体的吸附—解吸特性研究 [D]. 焦作: 河南理工大学安全学院, 2010.

[258] Clarkson C R, Bustin R M. Binary gas adsorption/desorption isotherms: effect of moisture and coal composition upon carbon dioxide selectivity over methane [J]. International Journal of Coal Geology, 2000, 42(4): 241 – 272.

[259] Cui Xiaojun, R Marc Bustin, Gregory Dipple. Selective transport of CO_2, CH_4, and N_2 in coals: insights from modeling of experimental gas adsorption data [J]. Fuel, 2004, 83: 293 – 303.

[260] Dutka B, Kudasik M, Pokryszka Z, et al. Balance of CO_2/CH_4 exchange sorption in a coal briquette [J]. Fuel Processing Technology, 2013, 106: 95 – 101.

[261] Frank van Bergen, Pawel Krzystolik, Niels van Wageningen, et al. Production of gas from coal seams in

the Upper Silesian Coal Basin in Poland in the post – injection period of an ECBM pilot site [J]. International Journal of Coal Geology, 2009, 77(1 – 2): 175 – 187.

[262] Jessen K, Tang G Q, Kovscek A R. Laboratory and simulation investigation of enhanced coalbed methane recovery by gas injection [J]. Transport in Porous Media, 2008, 73(2): 141 – 159.

[263] Katayama Y. Study of coalbed methane in Japan [A]. Proceedings of United Nations international conference on coalbed methane development and Utilization [C]. Beijing: Coal Industry Press, 1995: 238 – 243.

[264] Koenig P A, Stubbs P B. Interference testing of a coal – bed methane reservoir [A]. SPE Unconventional Gas Technology Symposium. Louisville, Kentucky [C], 1986.

[265] Laubach S E, Marrett R A, Olson J E, et al. Characteristics and origins of coal cleat: a review [J]. International Journal of Coal Geology, 1998, 35: 175 – 207.

[266] Li Huoyin, Shimada Sohei, Zhang Ming. Anisotropy of gas permeability associated with cleat pattern in a coal seam of the Kushiiro coalfield in Japan [J]. Environmental Geology, 2004, 47: 45 – 50.

[267] Masaji Fujioka, Shinji Yamaguchi, Masao Nako. CO_2 – ECBM field tests in the Ishikari Coal Basin of Japan [J]. International Journal of Coal Geology, 2010, 82(3 – 4): 287 – 298.

[268] Michael Godec, George Koperna, John Gale. CO_2 – ECBM: A Review of its Status and Global Potential [J]. Energy Procedia, 2014, 63: 5858 – 5869.

[269] Scott S H, Schoeling L, Pekot L. CO_2 injection for enhanced coalbed methane recovery: project screening and design [A]. Proceedings of the 1993 International Coalbed Methane Symposium [C]. Tuscaloosa, Alabama, 1999.

[270] Shang Qun, Yang Zhan – wei, Jin Jian – wei. Study on rational borehole space of crossed boreholes for gas pre – drainage [J]. Coal Science and Technology, 2009, 37(9): 48 – 50.

[271] Wang Wenchao, Li Xianzhong, Lin Baiquan, et al. Pulsating hydraulic fracturing technology in low permeability coal seams [J]. International Journal of Mining Science and Technology, 2015, 25(4): 681 – 685.

[272] Wang Kai, Zang Jie, Wang Gongda, et al. Anisotropic permeability evolution of coal with effective stress variation and gas sorption: Model development and analysis [J]. International Journal of Coal Geology, 2014, 130(15): 53 – 65.

[273] Wang Shugang, Elsworth Derek, Liu Jishan. Permeability evolution in fractured coal: the roles of fracture geometry and water – content [J]. International Journal of Coal Geology, 2011, 87: 13 – 25.

[274] Yan Fazhi, Lin Baiquan, Zhu Chuanjie, et al. A novel ECBM extraction technology based on the integration of hydraulic slotting and hydraulic fracturing [J]. Journal of Natural Gas Science and Engineering, 2015, 22: 571 – 579.

[275] Yuan Liang. Theories and techniques of coal bed methane control in China [J]. Journal of Rock Mechanics and Geotechnical Engineering, 2011, 3(4): 343 – 351.

[276] Yang Hongmin, Zhang Tiegang, Wang Zhaofeng, et al. Experimental study on technology of accelerating methane release by nitrogen injection in coalbed [J]. Journal of China Coal Society, 2010, 35(5): 792 – 796.

[277] 陈腾飞, 许金余, 刘石, 等. 混凝土与岩石类脆性材料的动态破坏机制研究 [J]. 混凝土, 2013, 7: 20 – 22.

[278] 付玉凯, 谢北京, 王启飞. 煤的动态力学本构模型 [J]. 煤炭学报, 2013, 38(10): 1769 – 1774.

[279] 高文姣，单仁亮．无烟煤在冲击荷载下破坏模式与强度特性［J］．煤炭学报，2012，37（增1）：13－18．

[280] 李胜林，刘殿书，张慧，等．石灰岩的 SHPB 试验研究［J］．北京理工大学学报，2013，33（12）：1224－1228．

[281] 李战鲁，王启智．加载速率对岩石动态断裂韧度影响的试验研究［J］．岩土工程学报，2006，28（12）：2116－2119．

[282] 刘石，徐军余，陈腾飞，等．基于 SHPB 试验的岩石动态力学响应分析［J］．地下空间与工程学报，2013，9（5）：992－995．

[283] 刘少虹，李凤明，蓝航，等．动静加载下煤的破坏特性及机制的试验研究［J］．岩石力学与工程学报，2013，32（增2）：3749－3759．

[284] 刘晓辉，张茹，刘建锋．不同应变率下煤岩冲击动力试验研究［J］．煤炭学报，2012，33（9）：1528－1534．

[285] 刘文震．煤在冲击载荷下的动态力学特性试验研究［D］．淮南：安徽理工大学，2011．

[286] 刘晓辉，张茹，刘建锋．不同应变率下煤岩冲击动力试验研究［J］．煤炭学报，2012，37（09）：1528－1534．

[287] 刘孝敏，胡时胜．应力脉冲在变截面 SHPB 锥杆中的传播特性［J］．爆炸与冲击，2000，20（2）：110－114．

[288] 刘少虹，毛德兵，齐庆新，等．动静加载下组合煤岩的应力波传播机制与能量耗散［J］．煤炭学报，2014，39（增1）：15－22．

[289] 平琦，吴明静，袁璞，等．冲击载荷作用下高温砂岩动态力学性能试验研究．岩石力学与工程学报，2019，38：1－11．

[290] 平琦，马芹永．被动围压条件下岩石材料冲击压缩试验研究［J］．振动与冲击，2014，33（2）：55－59．

[291] 单仁亮，程瑞强，徐慧玲，等．云驾岭煤矿无烟煤的动态本构特性试验研究［J］．岩石力学与工程学报，2005，24（增1）：4658－4662．

[292] 王立新．不同围压和轴压下花岗类岩石的动力特性分析［J］．新疆有色金属，2018，41（06）：46－48＋51．

[293] 吴绵拨，高建光．阳泉煤的动力特性试验研究［J］．煤炭学报，1987，（3）：31－38．

[294] 谢北京，崔永国，王金贵．煤冲击破坏力学特性试验研究［J］．煤矿安全，2013，44（11）：18－21．

[295] 谢理想，赵光明，孟祥瑞．岩石在冲击荷载下的过应力本构模型研究［J］．岩石力学与工程学报，2013，32（增1）：2772－2781．

[296] 占国平．基于分离式霍普金森压杆试验技术的脆性材料动态性能研究［D］．武汉：武汉纺织大学，2013．

[297] 支乐鹏，许金余，刘军忠，等．基于 SHPB 试验下两种岩石的动态力学性能研究［J］．四川建筑科学研究，2012，38（4）：111－114．

[298] 张海东，朱志武，宁建国．冻土单轴动态加载下的力学性能［J］．固体力学学报，2014，35（1）：39－48．

[299] 张海东，朱志武，刘煦．单轴动态加载下冻土的力学性能试验研究［J］．中国测试，2012，38（3）：17－19．

[300] 章超，徐松林，王道荣，等．花岗岩动静态压剪复合加载试验研究［J］．固体力学学报，2014，35（2）：115－123．

[301] 朱晶晶，李夕兵，宫凤强，等. 冲击荷载作用下砂岩的动力学特性及损伤规律［J］. 中南大学学报，2012，43(7)：2701 - 2707.

[302] Ai Dihao, Zhao Yuechao, Wang Qifei, et al. Experimental and numerical investigation of crack propagation and dynamic properties of rock in SHPB indirect tension test［J］. International Journal of Impact Engineering, 2019, 126.

[303] Butcher B M, Stevens A L. Shock wave response of windows rock coal［J］. Int J of Rock Mech and Min Sci and Geomechanics Abstract, 1975, 12(5)：147 - 155.

[304] Costantino M. A computerized database for the mechanical properties of coal［J］. Computers & Geosciences, 1983, 9(1)：53 - 58.

[305] Gomeza J T, Shukla A, Shannab A. Static and dynamic behavior of concrete and granite in tension with damage［J］. Theoretical and Applied Fracture Mechanics, 2001, 36(1)：37 - 49.

[306] Klepaczko J R, Hsu T R, Bassim M N. Elastic and pseudoviscous properties of coal under quasi - static and impact loadings［J］. Canadian Geotechnical Journal, 1984, 21(2)：203 - 212.

[307] Kumar A. The effect of stress rate and temperature on the strength of basalt and granite［J］. Geophysics, 1968, 33(3)：501 - 510.

[308] Li X B, Lok T S, Zhao J. Dynamic characteristics of granite subjected to intermediate loading rate［J］. Rock Mechanics and Rock Engineering, 2005, 38(1)：21 - 39.

[309] Ma Q Y. Experimental analysis of dynamic mechanical properties for artificially frozen clay by the split Hopkinson pressure bar［J］. Journal of Applied Mechanics and Technical Physics, 2010, 51 (3)：448 - 452.

[310] Moomivand H. Effect of size on the compressive strength of coal［C］// Mining Science and Technology 99. Rotterdam：A A Balkema, 1999：399 - 404.

[311] Omidvar M, Iskander M, Bless S. Stress - strain behavior of sand at high strain rates［J］. International Journal of Impact Engineering, 2012, 49(2)：192 - 213.

[312] Toihidul I M, BindiganavileVivek. Stress rate sensitivity of Paskapoo sandstone under flexure［J］. Canadian Journal of Civil Engineering, 2012, 39(11)：1184 - 1192.

[313] Zemanek J, Rudnick I. Attenuation and dispersion of elastic waves in a cylindrical bar［J］. Journal of Acoustical Society of America, 1961, 33(10)：1283 - 1288.

[314] Zhang Hua, Wang Lei, Bai Lingyu, et al. Research on the impact response and model of hybrid basalt - macro synthetic polypropylene fiber reinforced concrete［J］. Construction and Building Materials, 2019, 204.

[315] 曹树刚，李勇，刘延保. 深孔控制预裂爆破对煤体微观结构的影响［J］. 岩石力学与工程学报，2009，28(4)：673 - 678.

[316] 陈娟，赵耀江. 近十年来我国煤矿事故统计分析及启示［J］. 煤炭工程，2012，(3)：137 - 139.

[317] 池鹏. 低透气性煤层深孔控制预裂爆破强化抽采技术研究［D］. 焦作：河南理工大学，2012.

[318] 戴俊. 柱状装药爆破的岩石压碎圈与裂隙圈计算. 辽宁工程技术大学学报（自然科学版），2001，20(2)：144 - 147.

[319] 戴俊. 岩石动力学特性与爆破理论［M］. 北京：冶金工业出版社，2014.

[320] 樊九林. 煤矿瓦斯事故的原因及对策［J］. 煤炭科技，2005，(2)：41 - 42.

[321] 何晓东，李守国. 应用深孔控制预裂爆破技术提高煤层瓦斯抽放率［J］. 煤矿安全，2005，36(12)，18 - 21.

[322] 胡松，苏金龙，徐博洋，等. 煤破碎过程中表面结构演化与力学特性关系. 华中科技大学学报

（自然科学版），2017，45（1）：118 – 122.

[323] 李夕兵. 岩石冲击动力学［M］. 长沙：中南工业大学出版社，1994.

[324] 李志刚，付胜利，乌效鸣，等. 煤岩力学特性测试与煤层气井水力压裂力学机理研究［J］. 石油钻探技术，2000，28（3）：11 – 12.

[325] 齐庆新. 煤的直接单轴拉伸特性的试验研究［J］. 煤矿开采，2001，4：15 – 18.

[326] 王文龙. 钻眼爆破［M］. 北京：煤炭工业出版社，1984.

[327] 王汉军，朱国胜. 深孔致裂爆破技术在煤矿瓦斯防治中的应用［J］. 中国爆破新技术Ⅲ，2012，1069 – 1072.

[328] 王兆丰，刘军. 我国煤矿瓦斯抽放存在的问题及对策探讨［J］. 煤矿安全，2005，36（3）：29 – 32.

[329] 王赟，许小凯，张玉贵. 常温压条件下六种变质程度煤的超声弹性特征. 地球物理学报，2016，59（7）：2726 – 2738.

[330] 王生维，张明. 东胜煤田补连塔矿煤物理力学特性试验研究［J］. 岩石力学与工程学报，1996，15（4）：390 – 394.

[331] 吴基文，樊成. 煤块抗拉强度的套筒致裂法实验室测定［J］. 煤田地质与勘探，2003，31（1）：17 – 19.

[332] 闫立宏，吴基文. 淮北杨庄煤矿煤的抗拉强度试验研究与分析［J］. 煤炭科学技术，2002，30（5）：39 – 41.

[333] 颜志丰. 山西晋城地区煤岩力学性质及煤储层压裂模拟研究［D］. 北京：中国地质大学，2009.

[334] 杨永琦. 矿山爆破技术与安全. 北京：煤炭工业出版社，1991.

[335] 杨陆武，万斌. 积极开发煤层气资源，保护人类生态环境［J］. 科技导报，1999，（11）：61 – 63.

[336] An FH, Cheng YP. 2014 An explanation of large – scale coal and gas outbursts in underground coal mines: the effect of low – permeability zones on abnormally abundant gas［J］. Nat. Hazards Earth Syst. Sci. 14, 2125 – 2132.

[337] Black D J. 2018 Control and management of outburst in Australian underground coal mines［C］. Proceedings of the 2018 Coal Operator's Conference, University of Wollongong.

[338] Chen X Z, Xue S, Yuan L. Coal seam drainage enhancement using borehole pre – splitting basting technology – A case study in Huainan［J］. International Journal of Mining Science and Technology, 2017, 27（5）：771 – 775.

[339] Chen B V, Liu C Y, Yang J X. Design and application of blasting parameters for presplitting hard roof with the aid of empty – hole effect［J］. Shock and Vibration, 2018, goi. org/10. 1155/2018/8749415.

[340] Davis W, Fauquignon C. Classical Theory of Detonation. Journal de Physique IV Colloque, 1995, 5（C4）：C4 – 3 – C4 – 21.

[341] Deng S S, Guo LH, Guan J F, et al. Research on the prediction model for abrasive water jet cutting based on GA – BP neural network［J］. Chemical Engineering Transactions, 2016, 51, 1297 – 1302.

[342] EPA A. Inventory of U. S. Greenhouse Gas Emissions and Sinks: 1990 – 2016. EPA 430 – R – 18 – 003. 2018. https://www. epa. gov/ sites/production/files/ 2018 – 01/documents /2018 _ complete_ report. pdf.

[343] Fan CJ, Li S, Luo MK, Du WZ, et al. 2017 Coal and gas outburst dynamic system［J］. International Journal of Mining Science and Technology 27, 49 – 55.

[344] Gao Y, Lin B, Yang W, et al. Drilling large diameter cross – measure boreholes to improve gas drainage

in highly gassy soft coal seams ［J］. Journal of Natural Gas Science & Engineering, 2015, 26: 193 - 204.

［345］ Gong M, Huang Y, Wang D, et al. Numerical Simulation on mechanical characteristics of deep - hole pre - splitting blasting in soft coal bed ［J］. Chinese Journal of Rock Mechanics and Engineering. 2008, 8: 1674 - 1681.

［346］ Karacan CÖ, Ruiz FA, Cotè M, Phipps S. 2011 Coal mine methane: a review of capture and utilization practices with benefits to mining safety and to greenhouse gas reduction ［J］. International Journal of Coal Geology 86, 121 - 156.

［347］ Laubach S E, Marrett R A, Olson J E, et al. Characteristics and origins of coal cleat: a review ［J］. International Journal of Coal Geology, 1998, 35 : 175 - 207.

［348］ Li Chengwu, Liu Jikun, Wang Cuixia, Li Jijun, Zhang Hao. Spectrum characteristics analysis of micro-seismic signals transmitting between coal bedding ［J］. Safety Science, 2012, 50: 761 - 767.

［349］ Mohammadi S, Pooladi A. A two - mesh coupled gas flow - solid interaction model for 2D blast analysis in fractured media ［J］. Finite Elements in Analysis and Design, 2012, 50: 48 - 69.

［350］ Ridha S, Pratama E, Ismail M S. Performance assessment of CO_2 sequestration in a horizontal well for en-hanced coalbed methane recovery in deep unmineable coal seams ［J］. Chemical Engineering Transac-tions, 2017, 56: 589 - 594.

［351］ Shen D J, Lu X L. Experimental study on dynamic compressive properties of microconcrete under different strain rate ［C］. The 14th World Conference on Earthquake Engineering, Beijing, China. 2008, 12 - 17.

［352］ Ti Z, Zhang F, Pan J, Ma X, et al. Permeability enhancement of deep hole pre - splitting blasting in the low permeability coal seam of the Nanting coal mine. 2018, PLoS ONE 13 (6): e0199835. https: // doi. org/10. 1371/journal. pone. 0199835.

［353］ Wang F T, Tu S H , Yuan Y, et al. Deep - hole pre - split blasting mechanism and its application for controlled roof caving in shallow depth seams. International Journal of Rock Mechanics and Mining, 2013, 64: 112 - 121.

［354］ Wang S R, Lai X P, Shan P F. Analysis of pre - blasting cracks in horizontal section top - coal mecha-nized caving of steep thick seams. Research Journal of Applied Sciences, Engineering and Technology, 2013, 6(2): 249 - 253.

［355］ Wang Kai, J Zang ie, Wang Gongda, et al. Anisotropic permeability evolution of coal with effective stress variation and gas sorption: Model development and analysis. International Journal of Coal Geology, 2013, 130: 53 - 65.

［356］ Wold MB, Connell LD, Choi SK. 2008 The role of spatial variability in coal seam parameters on gas out-burst behaviour during coal mining. International Journal of Coal Geology 75, 1 - 14.

［357］ Wu Jiwen, Jiang Zhenquan, Fan Cheng, Lin Feng. Study on tensile strength of coal seam by wave veloci-ty. Chinese Journal of Geotechnical Engineering, 2005, 27(9): 999 - 1003.

［358］ Xie Z C, Zhang D M, Song Z L, et al. Optimization of drilling layouts based on controlled presplitting blasting through strata for gas drainage in coal roadway strips. Energies, 2017, 10, 1228, doi: 10. 3390/en10081228.

［359］ Xu J, Yang X, Lai F. Present situation and development of permeability improvement technology for en-hanced gas drainage in our mines. Mining Safety and Environmental Protection, 2014, 41 (4), 100 - 103.

[360] Yavuz H, Tufekci K, Kayacan R, et al. Predicting the Dynamic Compressive Strength of Carbonate Rocks from Quasi – Static Properties. Experimental Mechanics, 2013, 53(3): 367 – 376.

[361] Zhai C, Li X, Li Q. Research and application of coal seam pulse hydraulic fracturing technology. Journal of China Coal Society, 2011, 36(12): 1996 – 2001.

[362] Zhao B. Wang H. Different technologies of permeability enhancement of single coal seam in china and new technique of high pressure gas shock. Blasting. 2014, 31 (3) . DOI: 10. 3963/j. issn. 1001 – 487X. 2014. 03. 007.

[363] Zhao Yixin, Zhao GaoFeng, Jiang Yaodong, Derek Elsworth, Huang Yaqiong. Effects of bedding on the dynamic indirect tensile strength of coal: Laboratory experiments and numerical simulation. International Journal of Coal Geology, 2014, 132: 81 – 93.

[364] Zheng Z T, Xu Y, Li D S, et al. Numerical analysis and experimental study of hard roofs in fully mechanized mining faces under sleeve fracturing. Minerals, 2015, 5: 758 – 777.